国家重点研发计划项目(2022YFC2905700)资助
国家自然科学基金项目(42077231、42107159)资助
江苏省自然科学基金项目(BK20221547)资助

花岗岩高温后力学行为 与损伤破裂机理研究

黄彦华　杨圣奇　田文岭　著

中国矿业大学出版社
·徐州·

内 容 提 要

本书系统介绍了高温后花岗岩力学和渗透特性试验、花岗岩热-力耦合以及流固耦合模拟方法。针对不同应力路径下花岗岩损伤破裂机理、温度-应力耦合花岗岩力学特性及渗透演化机理不清,全书以揭示花岗岩高温后力学行为与损伤破裂机理为研究目标,采用室内试验、理论分析和数值模拟等方法,开展了高温后花岗岩强度与变形破裂特性试验、高温后花岗岩渗流特性与演化规律试验、花岗岩高温损伤破裂及渗透演化机理数值模拟等方面的研究,为保障高放废物处置库围岩稳定提供了理论支撑。

本书可供高放废物处置、多场耦合岩石力学等研究领域的科技工作者、高等院校相关专业的师生和工程技术人员参考。

图书在版编目(C I P)数据

花岗岩高温后力学行为与损伤破裂机理研究 / 黄彦华,杨圣奇,田文岭著. — 徐州 :中国矿业大学出版社,2025.1. — ISBN 978 - 7 - 5646 - 6514 - 2

Ⅰ. P588.12

中国国家版本馆 CIP 数据核字第 2024L5C302 号

书　　名	花岗岩高温后力学行为与损伤破裂机理研究	
著　　者	黄彦华　杨圣奇　田文岭	
责任编辑	李　敬	
出版发行	中国矿业大学出版社有限责任公司	
	(江苏省徐州市解放南路　邮编221008)	
营销热线	(0516)83885370　83884103	
出版服务	(0516)83995789　83884920	
网　　址	http://www.cumtp.com　E-mail:cumtpvip@cumtp.com	
印　　刷	徐州中矿大印发科技有限公司	
开　　本	787 mm×1092 mm　1/16　印张 18.5　字数 362 千字	
版次印次	2025 年 1 月第 1 版　2025 年 1 月第 1 次印刷	
定　　价	65.00 元	

(图书出现印装质量问题,本社负责调换)

前　言

随着我国核电事业的发展,会产生大量核废料需要处置。由于高放核废料处置具有需要隔离时间长、处置介质一般选用透水性较差的岩石及处置深度大的特点,所以一般选择地质处置法对高放核废料进行集中深地质处置。核废料在衰变过程中会产生大量的热,对周围岩体产生损伤,因此研究高温对岩石力学行为及损伤破裂机理的影响十分重要。花岗岩作为储存核废料的理想材质,具有渗透性低、强度高且致密等一系列优点。当前,国际上普遍认为花岗岩是处置库建设的理想介质之一,也是我国高放废物深地质处置工程的候选围岩。由于核废料处置库围岩处于热、水、力(THM)三场耦合作用下,损伤破裂机理复杂,所以学者对花岗岩在常温不同应力路径下损伤破坏机理、温度-应力耦合损伤破坏机理及渗流演化机理展开了研究,保障处置库最后一道防线的安全。

国内外学者对花岗岩高温力学行为进行了大量卓有成效的研究工作。针对花岗岩强度及破坏特性,学者通过三轴压缩试验、循环加卸载试验、卸围压试验等手段展开了广泛研究,但对晶粒尺寸影响花岗岩力学行为的研究不充分。针对温度-应力耦合作用下花岗岩损伤力学特性,学者们研究了高温对花岗岩物理特性的影响、高温作用下花岗岩单轴及三轴条件下的力学行为以及高温后花岗岩在复杂加载路径下的力学行为,通常认为花岗岩热损伤是由于矿物晶粒之间的非均匀膨胀引入热裂纹导致的。但是,在中高温范围内花岗岩单轴抗压强度随着温度的升高而升高,有学者解释是花岗岩热膨胀导致原生孔隙闭合,增加了试样强度,但高温后晶粒会有所收缩,故该解释方法有待商榷。因此,有必要开展高温后花岗岩的力学试验,进一步解释高温后花岗岩的力学行为变化原因。针对花岗岩渗流特性,学者们开展了常温及高温下花岗岩渗流特性试验研究,但高温后花岗岩渗透试验开展较少,对高温后花岗岩渗透率随有效应力的变化规律认识不够深入,对高温后花岗岩微裂纹分布特征随温度的演化趋势认识不清。针对花岗岩力学特性的数值模拟研究,学者们主要开展了花岗岩强度及破坏特性数值模拟、花岗岩温度-应力耦合力学特性数值模拟及花岗岩渗流特性数值模拟,但现有的模拟手段往往只通过高温后不同晶粒之间的不均匀变形引起的热损伤来描述花岗岩高温力学行为。因此,应通过系统研究,在深入揭示花岗岩高温作用机理的基础上,对现有模拟算法进行改进,使其能够更好地反映高温后花岗岩的力学行为变化。此外,现有颗粒流(PFC)渗流算法主要考虑基质渗流,将试样简化为均质体,未建立模拟晶粒岩体渗流特征的方法,但是花岗岩作为晶粒岩体,在细观上表现为明显的非均质特征,晶粒边界、晶粒内部及裂纹表现为不同的渗流特征,所以应在考虑三者渗流特征不同的基础上,对原有渗流算法进行改进,使其能够更好地模拟花岗岩高温后渗流特征变化。

针对上述问题,本书以揭示高温作用花岗岩损伤破裂及渗透演化机理为研究目标,选取不同晶粒尺寸花岗岩为研究对象,采用高温高压三轴压缩系统、全自动岩石渗透率测试系统、低频核磁共振系统、视频显微等试验设备,开展花岗岩高温处理、三轴压缩、渗透试验及显微观察,并通过颗粒流程序构建晶粒花岗岩数值模型,发展高温热处理及渗透过程模拟算法,进而揭示花岗岩高温热损伤及渗透细观机理。

本书共分为8章。第1章详细阐述了花岗岩高温损伤破裂及渗透特征研究现状;第2章着重探究了高温作用后不同粒径花岗岩力学特性,开展了高温后花岗岩的常规三轴压缩试验和巴西劈裂试验,分析了高温后花岗岩全应力-应变曲线、强度及变形参数以及破坏特征和失稳模式;第3章着重研究了高温后花岗岩循环加卸载强度及变形破裂特征,研究了应力-应变曲线、弹性模量、泊松比、塑性应变、能量演化、声发射特征随循环加卸载的演化过程,结合试样的最终破裂模式,分析了温度与围压对花岗岩循环加卸载损伤演化特征的影响;第4章着重探究了高温损伤后花岗岩渗透及裂纹特征,测试了不同高温作用后花岗岩试样渗透率、孔隙率和地层因数,根据其与细观裂纹特征参数的联系,研究了不同高温作用后花岗岩微裂纹张开度、半径、密度及连通率随温度的变化规律,分析了不同高温作用后花岗岩微裂纹张开度、孔隙率、地层因数及导热系数随有效应变的变化规律;第5章开展了高温后花岗岩常规三轴压缩数值模拟研究,根据 Cluster 单元算法构建了 GBM 单元,对不同矿物晶粒细观参数赋值,通过常规三轴压缩试验标定了一组细观参数,通过对不同矿物晶粒热膨胀系数赋值,模拟了高温作用对花岗岩的影响,并模拟了高温作用后试样常规三轴压缩;第6章开展了高温后花岗岩循环加卸载力学行为数值模拟研究,模拟了高温处理后花岗岩三轴循环加卸载,分析了应力-应变曲线特征、弹性模量随温度及围压的演化特征以及试样的损伤破裂过程;第7章开展了高温损伤后花岗岩渗透特性颗粒流研究,在考虑晶粒内部、晶粒边界及裂纹渗透特征差异的基础上对原有流固耦合算法进行改进,分析了不同围压作用下高温后花岗岩试样渗透特征;第8章对主要结论进行了总结,提出了研究展望。

　　本书以作者在中国矿业大学学习及工作期间主持的国家重点研发计划项目(2022YFC2905700)、国家自然科学基金项目(42077231、42107159)和江苏省自然科学基金项目(BK20221547)所取得的研究成果为基础撰写而成。

　　本书的完成,需要感谢宾夕法尼亚州立大学 D.Elsworth 教授、莫纳什大学 P.G.Ranjith 教授、中国矿业大学李文平教授、中国矿业大学(北京)鞠杨教授的指导与支持。感谢董晋鹏、殷鹏飞、朱振南、孙博文、徐杰等合作者的支持与帮助。

　　由于作者水平有限,书中难免有疏漏和不妥之处,恳请前辈及同仁不吝赐教。

作　者

2024 年 6 月 25 日

目　　录

第1章　绪　　论

1.1　研究意义

核能作为一种清洁高效的能源,可以在几乎零排放的条件下提供电能。1942 年 12 月,恩里克·费米在芝加哥大学完成首次自持链式反应的试验并实现了可控的核能释放。1954 年 6 月,第一座核电站(电功率为 5 000 kW,发电效率 16.6%)在苏联奥布宁斯克投入使用,标志着人类首次将核能用于和平建设[1]。在接下来的时间,美国、法国、比利时、瑞典、匈牙利和韩国等国家相继投入到核电行业[2]。截至 2023 年 12 月 31 日,全球在运核电机组 413 台,总装机容量 37 151 万 kW,全球在建核电机组达到 58 台,分布在 17 个国家或地区,总装机容量 5 986.7 万 kW,还有 5 台核电机组新开工建设[3]。

我国拥有较完整的核工业体系,2022 年国家发展改革委、国家能源局发布《"十四五"现代能源体系规划》,指出到 2025 年我国核电运行装机容量达到 7 000 万 kW 左右。同时明确提出要"积极安全有序发展核电",在确保安全的前提下,积极有序推动沿海核电项目建设,保持平稳建设节奏,合理布局新增沿海核电项目。《中国核能发展报告 2024》提到,至 2035 年核能发电量在我国电力结构中的占比将达到 10% 左右,2060 年核电发电量占比将达到 18% 左右,2023 年核电发电量占比只有 4.86%。

根据国际能源署的数据,预计在 2024—2026 年,全球核能发电量将平均每年增长近 3%。截至 2023 年年底,全球共有 437 座运行的商业核电站。全球核电发电量达到 26 020 亿 kW·h。核电发电量占比约为 9%,在全球清洁能源占比中仅次于水力发电。

核电为人类提供了高效清洁的能源,同时作为一种不安全的能源,在发电过程中会产生较多的核废料。根据国际原子能机构(IAEA)统计,一座 1 000 MWe 核电厂运行一年将产生 600 m³ 的放射性固体废物[4]。1983 年伦敦公约第七次缔约国会议之前,中低放射物处置主要以倾倒在海洋中为主。随着人们对核废料危害海洋环境的认识逐渐提高,伦敦公约第七次缔约国会议全面禁止向海洋倾倒核废料[5]。

我国核电事业发展较晚,但同样有大量的核废料需要处置。据 2020 年《中国能源报》报道,按目前核电装机容量计算,2060 年以前,全国每年产生的低放废物量将接近 $5\,500\ \text{m}^3$,累积总量在 15 万 m^3 左右;若按有关机构预测 2035 年国内核电装机总规模 1.5 亿 kW 推算,到 2060 年每年将产生低放废物近 1 万 m^3,累积总量将达到 25 万 m^3 左右。我国高放核废料的处理方式是暂时搁置,但随着我国大力发展核电站,势必要对如此庞大的核废料进行处理。

中低放废物数量较大,但由于其能量低,半衰周期短,处理较容易[6-11]。虽然高放废物数量较中低放废物少,但由于高放废物含有较长寿命的 α 辐射体,并具有较大的放射性比活度和产生较多的衰变热,所以对高放废物处置的要求较中低放废物高,具体表现为[12-14]:

① 需隔离时间长,高放废物隔离需要 $10^4 \sim 10^5$ 年;

② 处置介质一般选用透水性较差的岩石;

③ 处置库深度大,高放废物处置库深度为 $500 \sim 1\,000$ m。

地质处置法和非地质处置法是两类较常用的高放废物处置方法。地质处置法有深地质处置法、废矿井处置法、深钻孔处置法、岩石熔融处置法和深海床处置法;非地质处置法有冰层处置法、太空处置法和核嬗变处理法等。其中只有深地质处置法已进入实施阶段,其他方法尚处于研究开发阶段,或仅仅是一种设想[15]。同时根据《中华人民共和国放射性污染防治法》规定,高水平放射性固体废物实行集中的深地质处置。

深地质处置是将固化后的高放废物处置于地下的人工岩硐中。深地质处置库通常分为地面设施库和地下处置库两部分[16]。较理想的处置库介质需具备孔隙和裂隙较少、渗透率低、导热性和抗辐射性好、机械强度大和岩床体积足够大等特点,可用于处置高放废物的地质介质主要为盐岩、花岗岩、凝灰岩、黏土岩、玄武岩、流纹岩和辉长岩等。表 1-1 为各国家拟采用的高放废物处置库围岩类型[15]。

表 1-1　各国家高放废物处置库围岩类型[15]

国家	处置库围岩类型	国家	处置库围岩类型
白俄罗斯	黏土、盐岩	荷兰	盐岩
比利时	黏土	斯洛文尼亚	泥灰岩
保加利亚	花岗岩、泥灰岩	瑞典	花岗岩
加拿大	花岗岩	瑞士	黏土、花岗岩
中国	花岗岩	乌克兰	花岗岩、盐岩
捷克	花岗岩	英国	火山岩
芬兰	花岗岩	美国	凝灰岩

表 1-1(续)[15]

国家	处置库围岩类型	国家	处置库围岩类型
德国	盐岩	匈牙利	黏土岩
印度	花岗岩	印度尼西亚	玄武岩

核废料在衰变过程中会产生大量的热,对周围岩体产生损伤。图 1-1 为高放核废料衰变过程中能量释放及周围岩体温度变化情况,从图中可看出,在核废料衰变前期,周围岩土温度升高[17]。所以研究高温条件下岩石的力学行为与损伤破裂机理十分重要。

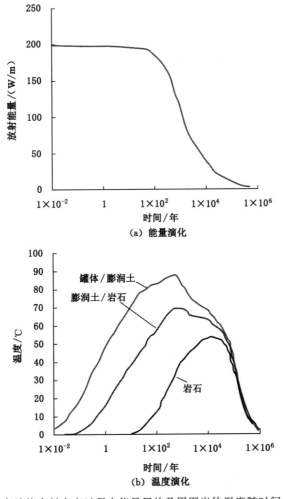

（a）能量演化

（b）温度演化

图 1-1 高放核废料衰变过程中能量释放及周围岩体温度随时间的变化[17]

1.2 国内外研究现状

花岗岩作为储存核废料的理想材质,具有渗透性低、强度高且致密等一系列优点[18]。当前,国际上普遍认为花岗岩是处置库建设的理想介质之一,也是我国高放废物深地质处置工程的候选围岩[19]。由于核废料处置库围岩处于热、水、力(THM)三场耦合作用下(图 1-2),损伤破裂机理复杂,所以学者对花岗岩在常温不同应力路径下损伤破坏机理、温度-应力耦合损伤破坏机理及渗流演化机理展开了研究,保障处置库最后一道防线的安全[20-21]。

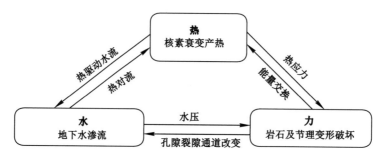

图 1-2 热、水、力三场耦合作用示意图

1.2.1 花岗岩强度及破坏特性试验研究

在高放废物处置库开挖过程中,由于打眼爆破、开挖、后期使用过程中对花岗岩围岩的扰动,隧道周边岩体产生一定的损伤,降低了围岩力学性能,从而影响工程的稳定,同时还会为放射性核素迁移提供潜在通道,降低高放废物处置库工程的安全与稳定性。因此,处置库在不同应力路径条件下的损伤演化机制,是处置库工程技术研发的重要前提和基础。

1.2.1.1 花岗岩单轴及三轴条件下强度及破坏特性试验研究

单轴及常规三轴压缩试验由于操作简单,且试验结果是工程设计施工的重要参考依据,已经得到国内外专家学者的认可。为了研究花岗岩在单轴和常规三轴压缩过程中的力学特性,学者们从细观和宏观层面,使用 SEM、CT 和声波测试等研究了单轴、常规三轴及真三轴条件下花岗岩的破坏机理。

相较于自然形成的裂纹,压缩形成的裂纹一般较长、较窄同时尖端较锋利,同时微裂纹一般萌生于晶粒边界并在峰前 75% 时形成穿晶裂纹[22]。Kawakata 等[23]对加载至破坏点的花岗岩试样卸载并进行 CT 扫描,观察到单轴压缩试样的破裂模式较三轴压缩下的复杂,且单轴压缩破裂面与加载轴的夹角较常规三轴的小;裂纹萌生于试样表面的局部位置,并在峰后残余阶段逐渐形成剪切面。Haimson等[24]通过真三轴压缩试验发现增加中间主应力将会增加试样的剪切面倾角,但真三轴试样微裂纹的萌生扩展、裂纹位置及主剪切面特征与常规三轴的相似。

花岗岩由不同矿物晶粒组成,在单轴压缩过程中不同细观组分发生明显变形的先后顺序是黑云母、长石和石英[25]。在研究北山花岗岩在压力条件下的力学行为特征和损伤演化机制的基础上,陈亮等[26]在热力学框架下提出北山花岗岩准唯象弹塑性损伤模型。研究者们[27-28]在研究北山花岗岩的单轴抗压强度、抗拉强度、抗剪强度及三轴抗压强度等基本力学性能的基础上,提出模拟北山花岗岩非线性力学行为的损伤-摩擦耦合本构模型,并运用该模型对北山花岗岩的三轴压缩力学特性进行模拟。波速变化直接反映花岗岩试样的损伤程度,张国凯等[29]通过宏细观方法确定各应力门槛值,研究裂纹扩展不同阶段声发射演化及波传播规律。

钻爆法是隧道及矿山开挖的主要方法,由于处置库花岗岩坚硬致密,采用钻爆法开挖可以节约工程造价,压缩工期,而施工过程中所产生的应力波往往导致围岩的失稳破坏,一定程度上会造成围岩的损伤,研究动荷载条件下花岗岩的损伤对确保高放废物处置库安全和稳定性具有重要意义。研究发现,动态裂纹的扩展与裂纹的扩展速度和动态断裂韧度相关[30],同时试样的损伤与吸收的能量正相关,动态抗压强度随冲击次数的增多而减小,但随加载应变率的增大而增大;声发射事件峰值计数随着加载次数的增多而增大[31]。

吴帅峰等[32]研究发现,花岗岩的动态抗压强度与应变率呈线性正相关,动态抗压强度因子与应变率的自然对数呈线性相关;峰值应变与应变率呈线性正相关,且波长的增加使峰值应变水平整体抬升。刘希灵等[33]研究发现加载速率会影响声发射特征,冲击荷载下岩石声发射 b 值要小于静载下的,且随着加载速率的增加 b 值不断减小。同时,于淼等[34]研究发现动态抗拉强度随着冲击速度的增大而增大,并表现出明显的应变率效应。李淼等[35]研究发现试样的动态力学行为受节理、裂隙的影响较大,预制单节理岩石的节理与加载方向之间的夹角对破坏模式的影响明显。夏开文等[36]发现结合图像相关(DIC)技术,可以实时采集并分析试样的位移场和应变。

1.2.1.2 花岗岩循环加卸载条件下强度及破坏特性试验研究

由于处置库开采过程中不断爆破开挖及后期使用过程中不断改变荷载状态,岩体不断受到循环荷载作用。循环加卸载试验为定量描述岩石在压缩条件下的损伤和变形提供了有效的技术手段,受到了国内外专家的关注。

Rao等[37]研究发现,在循环加卸载过程中,花岗岩试样的波速及声发射特征与损伤存在一定联系,在加载方向上压缩波的幅值和速度对试样的微裂纹比较敏感,当应力大于损伤阈值时 Kaiser 效应明显。同时,花岗岩强度主要由黏聚力和内摩擦力组成,当内摩擦力被激活时,黏聚力相应降低[38]。在此基础上 Eberhardt 等[39]论证了花岗岩峰前损伤的发展对破裂和变形的影响。Akesson 等[40]研究发现循环荷载会导致新裂纹的萌生和已有裂纹的扩展,已有裂纹在最易连通的水平方向发生贯通,新裂纹主要萌生于长石晶粒中并平行于钻取方向,但是,当长石方向改变后,裂纹较难扩展,云母和不透明矿物提供了裂纹扩展的通道。Heap 等[41]研究发现增加循环荷载的幅值,可以造成试样损伤程度不断增大,降低试样的弹性模量和增加泊松比。在考虑轴向塑性变形的基础上,Xiao 等[42-43]提出了一种翻转 S 形疲劳损伤累积模型,该模型可以较好地拟合试验结果。当应力水平较高时,试样的疲劳寿命缩短,主要是高应力水平导致损伤速度在平稳阶段提高。疲劳循环荷载作用下花岗岩的破裂过程可分为 3 个阶段:第一阶段,峰值应变增加速度逐渐减小,主要是石英晶粒中的微观裂纹扩展后没有更多的裂纹出现;第二阶段,峰值应变线性增加,主要是在长石晶粒中平行于加载方向的裂纹扩展;第三阶段,微裂纹之间出现贯通,形成较长的裂纹[44]。在此基础上,Momeni 等[45]研究了不同最大加载力和不同加载频率下的花岗岩疲劳损伤行为,结果表明裂纹主要沿加载方向扩展,当加载力减小时裂纹成核于整个加载过程中,而加载力较大时裂纹扩展;切线模量随着加载不断减小,而割线模量可以分为 3 个阶段。

通过对花岗岩进行三轴循环荷载试验,王者超等[46]系统研究了花岗岩疲劳力学特性,提出了花岗岩疲劳力学模型。李春阳等[47]研究发现花岗岩试样循环加卸载的平均抗压强度较单轴压缩强度高,弹性恢复时间较长,试样的变形极限也随之增大,声发射事件数与应力、应变具有良好的对应关系。借助声发射系统可以记录花岗岩破坏过程的声发射信号,花岗岩振铃计数突变点大致在峰前90%处,可将此点作为判断花岗岩破坏的前兆[48]。同时借助声发射定位技术,可以分析岩石全应力-应变曲线与累计声发射撞击数和事件数的时空分布关系,揭示岩石在压缩变形各个阶段的破裂演化机制[49-50]。在此基础上,可以研究岩石强度参数的演化特征,在损伤应力点,岩石的塑性剪切应变接近 0;在损伤应力点后,岩石黏聚力随塑性参数的增加呈指数函数形式衰减[51]。

1.2.1.3 花岗岩卸围压条件下强度及破坏特性试验研究

隧道、硐室、边坡的开挖过程会扰动初始应力场,从而引起应力的重新分布,在此过程中岩体在一个方向上可能会呈现明显的卸荷状态。岩石卸荷可引起岩爆、隧道表面剥落等灾害,同时岩体在加卸荷条件下的力学特性存在本质区别[52],所以研究不同卸荷条件下的岩石强度、破裂特征对分析地下岩体工程的安全具有重要意义[53]。

以何满潮为代表的团队[54-56]利用自主设计的深部岩爆过程试验系统,对深部高应力条件下的花岗岩岩爆过程进行了系统的研究:通过快速卸载一个方向的水平应力,保持其他两向应力不变或保持其中一向应力不变的方式,模拟了隧道开挖卸载过程,将花岗岩岩爆全过程分为平静期、小颗粒弹射、片状剥离伴随颗粒混合弹射及全面崩垮 4 个阶段,并根据卸载后至发生岩爆现象的时间将岩爆分为滞后岩爆、标准岩爆和瞬时岩爆;使用 SEM 分析了不同加载路径下的试样断面形态,表明卸围压条件下试样表面具有最小散射率;同时研究了卸载破坏后微裂纹的分布,研究结果表明沿晶裂纹多于穿晶裂纹,长石的变形是导致试样发生断裂的主要原因,石英边界是另一个脆弱点。

不同应力水平卸载可能导致表面剥落破坏和不规则块体破坏,当卸载前应力水平较高时更容易出现不规则块体破坏[57]。试样的长宽比会影响花岗岩岩爆特征,当长宽比从 2.5 减小到 1.0 时岩爆从局部岩爆转变为全断面岩爆,同时当长宽比较小时岩爆更加剧烈[58]。卸载速率同样影响岩爆剧烈程度及声发射能量释放,高速卸载更利于岩爆的发生,而当卸载速率降低时岩爆转化为剥落破坏[59]。同时随着中间主应力增大,试样发生板裂破坏的可能性不断增大[60]。卸围压试样破裂模式明显区别于常规三轴压缩试样破裂模式,常规三轴加载条件下试样以剪切破坏为主,而卸围压条件下试样以剪切拉伸组合破坏为主[61]。

在卸围压过程中试样轴向应变增加较小,侧向变形加速增长,体积膨胀[62],同时卸载路径下侧向应变与围压先呈线性关系后呈非线性关系[63]。相较于加载破坏,卸荷破坏发生较突然且剧烈,试样峰后脆性特征更加明显[64]。在高应力卸荷条件下,Mogi-Coulomb 强度准则较 Mohr-Coulomb 强度准则更能反映岩石的卸荷破坏强度特征,且在不同卸载路径下试样破坏的主控因素也会发生变化[65]。卸载峰值强度包络线在循环加卸载峰值强度包络线上方,且随着卸荷试验速率的升高,岩样峰值承载能力增强;随着卸荷速率的增加,黏聚力增大,但内摩擦力变化不大[66]。

1.2.2　温度-应力耦合作用下花岗岩损伤力学特性试验研究

高放废物在衰变过程中释放大量的热,使得处置库围岩温度升高,最高可以达到 240 ℃[67]。高温作用下岩体内由于不同矿物的热膨胀系数及弹性模量差异较大,在高温及温度梯度共同作用下会诱发热应力,导致微裂纹的萌生扩展,改变岩体的物理力学性质,同时高温使得岩体失水、矿物成分改变,一定程度上改变岩体的物理力学行为。为了研究热力耦合作用下花岗岩的损伤破坏机理,国内外学者从不同层面上对花岗岩高温作用力学行为展开了研究。

1.2.2.1　高温对花岗岩物理特性影响研究

高温作用导致花岗岩物理性质(如密度、孔隙率、波速、导电率、渗透率、微裂纹分布情况等)发生了改变,进而引起其力学行为发生相应的改变。为了对高温后花岗岩力学行为改变进行合理解释,要对花岗岩高温后的物理性质进行充分研究。

物理性质的变化与引入的损伤呈现较好的关系,同时由于压缩损伤的非均质、各向异性导致波速在不同方向上发生变化[68]。高温后花岗岩的张开孔隙、连通孔隙和孔隙分布的整体情况都与热损伤程度对应较好[69]。根据高温后的花岗岩物理性质变化将加温区间分为 5 个阶段:25～100 ℃、100～300 ℃、300～400 ℃、400～600 ℃和 600～800 ℃。在第一阶段对应附着水、束缚水和结构水的蒸发,力学行为在 300～600 ℃变化较大,发生脆延性转化,400 ℃为热损伤阈值[70]。在此基础上,根据附着水、束缚水及结构水逃逸的温度将花岗岩的加温区间在 25～500 ℃之间分为 3 个阶段:25～100 ℃、100～300 ℃和 300～500 ℃,在第二和第三阶段花岗岩的孔隙率、渗透率和声发射增加明显,声波速度持续降低。当温度在 200～300 ℃时,由于强束缚水逃逸导致微裂纹增加,同时试样的渗透率增加;在 400～500 ℃时,由于矿物脱水和晶粒膨胀,导致试样体积增大和微裂纹数目迅速增加[71]。同时可以将花岗岩经历不同高温后单位面积内微裂纹长度和个数与其抗压强度建立联系,进而预测试样的抗压强度[72]。

高温会改变花岗岩中流体包裹体的初始分布状态,高温下流体包裹体的爆裂会导致花岗岩中微小裂纹的形成[73]。经历高温后花岗岩的密度和纵波波速等物理特性常数与常温下相比均有不同程度的减小,而且随加热温度的升高,减小的幅度增大,但是纵波波速的变化幅度要比密度的变化幅度大[74]。使用高精度显微 CT 系统可以对高温后花岗岩细观结构进行研究,结果表明在 200 ℃时有极少数很小的微裂纹出现,300 ℃时部分裂纹搭接形成较大裂纹,500 ℃时包围花岗岩矿物颗粒的密闭多边形几乎全部形成[75]。同时通过实时观察不同温度下北山花岗岩的热开裂过程,获得北山花岗岩的热开裂临界温度为 68～88 ℃[76]。热破裂不仅受到矿物颗粒的热膨胀性质不匹配及热膨胀各向异性的影响,还受到矿物颗粒的物理、力学、热学性质及矿物颗粒性质结构的影响,在低于 330 ℃时,热破裂为弹性破裂,而 330 ℃后局部塑性破坏造成大量低能量释放率的声发射产生[77]。随着温度的升高,岩石孔隙率呈指数增加,500～800 ℃是岩石孔隙结构变化的阈值温度区间;温度升高所导致的岩石新孔隙孔径为 1～10 μm,高于 500 ℃后稳步上升;孔隙分形维数在2.99～3.00 范围内,随着温度升高分形维数降低[78]。热破裂从试件端部开始发生,逐渐向内缓慢扩展,表现出分段性和独立性,根据声发射撞击率可将热破裂分为稳定热损伤、宏观裂纹形成、宏观裂纹扩展和裂纹冷却闭合 4 个阶段[79]。随着热处理温度的提高,孔隙率和渗透性逐渐提高,热传导系数和声波波速逐渐降低[80]。从损伤力学和热力学的角度出发,可以推导缺陷花岗岩裂纹热损伤的临界应力公式,进而分析高温作用对花岗岩热弹性比能变化的影响规律[81]。

1.2.2.2 高温作用花岗岩单轴及三轴条件下力学行为研究

高温作用花岗岩的单轴及常规三轴试验较容易进行,且可以在一定程度上反映花岗岩高温损伤特性,故被广泛采用。由研究可知,当温度大于 300 ℃时花岗岩微裂纹开始显著增加,且大多数力学参数都会随着温度的增高而衰变,但 450 ℃时单轴抗压强度会达到最大值,同时 600 ℃时环向应变在压缩过程中会有所减小[82]。800 ℃可能导致花岗岩发生脆延性转化,通过 SEM 观察可以看出在 800 ℃时宏观裂纹面的破裂比较复杂,包含穿晶裂纹、台阶劈裂、滑移和表面凹陷,X 射线衍射表明矿物晶粒发生变形[83-84]。花岗岩晶粒尺寸及降温速度会在一定程度上影响其高温后的力学行为,同时实时高温与高温作用后对花岗岩力学行为的影响有所不同[85-86]。

以杨圣奇为代表的团队[87-88]展开了花岗岩高温后力学行为的试验研究,同时考虑了预制缺陷的影响,研究了不同高温作用后花岗岩单轴压缩力学行为,结果表明在 300 ℃之前,随着温度的升高,损伤阈值、强度和弹性模量不断升高,其后不断降低。超声波测试表明动态弹性模量不断降低,而动态泊松比对温度不敏感。从微观尺度上分析了微裂纹在高温作用后岩样内的分布特征,表明温度在 25~300 ℃时几乎没有裂纹产生,而当温度在 400~600 ℃时微裂纹主要集中在晶粒边界,同时伴随有少量的穿晶裂纹在长石和石英晶粒中,当温度在 700~800 ℃时晶粒边界裂纹和穿晶裂纹发生贯通。并使用 CT 分析了不同温度下花岗岩试样的破坏机理,发现在 25~600 ℃时试样发生脆性破坏,而当温度在 700~800 ℃时试样发生延性破坏。研究了不同高温作用后含不同岩桥倾角花岗岩的裂纹扩展模式及力学行为,并将最终的破裂模式分为 3 类:劈裂破坏、剪切破坏和混合破坏,这 3 种破裂模式与岩桥倾角和温度密切相关。最后通过观察 SEM 结果,对高温后花岗岩的力学行为进行了合理解释:当温度较低时,由于矿物晶粒膨胀,导致原生缺陷闭合,单轴抗压强度随温度的升高而升高;当温度较高时,颗粒不均匀膨胀引入热应力,导致原生裂隙扩展和新裂隙萌生。

实时高温作用下,花岗岩力学参数在 400 ℃后发生显著变化[89]。对比实时高温及高温作用后花岗岩力学行为,并结合声发射监测了实时高温单轴压缩下声发射特性,可以分析升温过程中花岗岩声发射计数率随时间的变化规律及高温加载过程中声发射特征参量与应力-应变曲线之间的关系[18]。通过观测实时高温作用下花岗岩的细观形态,结合其在高温下单轴压缩与声发射监测试验结果,对不同温度下花岗岩的强度和声发射与细观结构形态关系进行了初步探讨,结果表明不同温度下花岗岩细观结构形态的变化主要体现在裂纹萌生及扩展速度的不同[90]。冷却方式不同对花岗岩力学参数影响较大,可以从纵波波速、应力-应变曲线、单轴抗压强度、峰值应变和杨氏模量等方面探讨水中快速冷却对花岗岩高温残余力学性能的影响[91]。

由于处置库一般在地下 500～1 000 m,工程围岩承受一定的围压,所以研究围压作用下花岗岩在高温作用下的力学性质更具有意义。在高温三轴应力条件下,花岗岩受压表现出与常温下不一致的变形特征,即先是体积膨胀,当偏应力超过一定值后则体积收缩[92]。根据中高温三轴应力作用下花岗岩内部物理化学性质和结构特性变化,可以将热破裂的声发射现象分为 5 个阶段:原生裂隙整合阶段、热破裂前声发射静默阶段、热破裂声发射阶段、大规模热破裂后声发射静默阶段和二次热破裂开始阶段[93]。花岗岩三轴抗压强度、破坏应变能随温度的升高先增大后减小,400 ℃时达到最大。对矿物成分进行 X 射线衍射分析,表明石英在 573 ℃发生相变,长石的差热曲线在 700～900 ℃出现吸热谷,在 997 ℃云母矿物晶格破坏羟基逸出形成钠长石,这些因素共同导致试样在 400 ℃后逐渐劣化[94-95]。通过记录花岗岩实时高温三轴压缩试验过程中的声发射,发现升高温度导致试样强度和剪切参数初期增高,后期逐渐降低,该变化规律与试样的破裂模式相似,通过 SEM 观察可以发现初期试样微结构基本不变,后期随着温度升高微裂纹萌生于晶粒边界[96]。

1.2.2.3 高温后花岗岩复杂加载路径下力学行为研究

除了单轴压缩、常规三轴压缩及动荷载可以反映花岗岩高温损伤机理,三点弯曲断裂试验、巴西劈裂试验、流变试验、真三轴卸荷岩爆试验等同样可以在一定程度上反映岩体高温损伤机理。三点弯曲条件下,花岗岩断裂韧度随温度和加温速率发生变化[97]。在此基础上,对花岗岩断裂韧度的高温效应进行了系统的研究,获得了直接测定的花岗岩临界应力强度因子 K_{1c} 随温度的变化规律,发现了一个门槛温度[98]。使用带加载 SEM 高温试验系统对经过热处理的花岗岩进行三点弯曲破坏试验,可以看到在 25～100 ℃范围内花岗岩以脆性破坏为主,平均断裂韧度几乎不发生变化,界面两边颗粒受到拉力作用[99]。

部分花岗岩高温力学特性试验研究如表 1-2 所示。

表 1-2 部分花岗岩高温力学特性试验研究

最高温度/℃	研究内容	试验方法	辅助手段	参考文献
600	微裂纹密度、单轴抗压强度、抗拉强度及断裂韧度	高温后单轴压缩、巴西劈裂、三点弯曲	波速仪、差应变分析	Alm 等[82]
1 200	微裂纹结构、强度及应力-应变曲线特征	高温后单轴压缩	SEM、AE、XRD	Xu 等[83-84]
800	单轴抗压强度、弹性模量、峰值应变	不同降温速度下单轴压缩	—	Shao 等[85]
1 100	峰值强度、弹性模量、峰值应力、峰值应变、损伤阈值	实时高温条件下单轴压缩	AE、SEM	Shao 等[86]
800	孔隙率、峰值强度、损伤阈值、弹性模量、泊松比、峰值应变、损伤阈值应变、破裂模式、声发射特征	高温后单轴压缩	压汞实验、AE、SEM、CT、XRD	Yang 等[87]
900	峰值强度、弹性模量、峰值应变、孔洞之间的贯通模式	含预制孔洞岩样高温后单轴压缩	AE、SEM	Huang 等[88]
800	纵横波波速、弹性模量	高温后单轴压缩	波速仪	杜守继等[89]
800	纵波波速、应力-应变曲线、抗压强度、峰值应变、杨氏模量	不同冷却速度下单轴压缩	波速仪	王朋等[91]
800	声发射特征	高温后单轴压缩	AE	翟松韬[18]
1 381	细观形态、声发射特征	高温后单轴压缩	偏光显微镜、AE	吴刚等[90]
600	破裂形式、弹性模量	实时高温三轴压缩		万志军等[92]
600	声发射特征	实时高温三轴应力	AE	武晋文等[93]
1 000	应力-应变曲线、峰值强度、弹性模量、破裂形式	高温后三轴压缩	—	徐小丽等[94]
300	破裂模式、峰值强度、弹性模量、强度参数、声发射特征	实时高温三轴压缩	AE、光学显微镜、SEM	Kumari 等[96]

为了定义高温后花岗岩巴西劈裂热损伤变量,方新宇等[100]从损伤力学角度研究花岗岩在拉伸荷载下的热损伤特性,结果表明试样的径向模量随温度升高呈下降趋势,表现出明显的阶段特征。预制孔洞会影响花岗岩巴西劈裂力学行为,通过室内试验可以看到完整花岗岩呈典型径向劈裂破坏,水平和倾斜分布3孔试样是由中心孔边缘萌生的裂纹造成的劈裂破坏,而竖直分布3孔试样是由3个孔洞边缘萌生的裂纹贯通导致的破裂[101]。

高温后花岗岩试验的时间效应更加明显,单轴应变和黏聚力会随温度和时间发生响应,反映了温度和时间对花岗岩变形特性和强度特性的影响规律[102]。温度和偏应力在一定程度上加快了流变效率,声发射与轴向应变之间吻合较好[103]。

高温会影响花岗岩真三轴岩爆弹射过程、破裂形态特征、峰值强度、声发射特征、碎块特征及弹射动能的变化规律[104-105]。通过声发射系统对经历不同高温后花岗岩真三轴岩爆试验进行全场监控,可以研究小颗粒弹射、劈裂成板、块片弹射等岩爆过程中3种典型破坏现象之间的声发射特征差异,进而探讨不同高温后花岗岩岩爆过程声发射信号的演化特征与岩爆发生的前兆信息[106]。高温同样影响花岗岩冲击压缩特性,通过研究高温作用后花岗岩的动态应力-应变曲线,可以得到温度损伤、加载率及围压等参数对花岗岩动态力学特性的影响规律[107]。

赵阳升团队使用自主研发的600 ℃ 20 MN伺服控制高温高压岩体三轴试验机展开了钻孔变形、蠕变及遇水热破裂机理研究,发现在5 000 m埋深、静水压力及500 ℃以上时,钻孔易发生破坏,随着温度升高,花岗岩内部发生不同程度塑性变形和局部塑性破坏[108-109]。高温状态花岗岩遇水冷却过程中,由于岩体内温度急剧变化,岩体内产生热破裂或热冲击现象,岩体力学性能劣化,从而导致超声波波速、单轴抗压强度、抗拉强度及弹性模量逐渐减小[110]。同时研究了高温高压下花岗岩中钻孔围岩的流变特性、热弹性变形及热力耦合作用下花岗岩流变模型的本构关系[111-113]。

罗承浩[114]通过对比分析高温处理后岩石在不同应力路径下的变形特征、变形参数特征,发现在卸荷路径下经历300 ℃热处理后的花岗岩最容易破坏。蔡燕燕等[115]在此基础上对卸围压花岗岩进行了更加深入的研究,发现花岗岩在三轴卸围压下破坏形态比较复杂,常温时为高角度的局部剪切破坏,随着温度升高,变为贯通的剪切破坏,到900 ℃时又变为局部剪切破坏。赵金昌等[116-117]发现高温同样影响花岗岩切削破裂规律,在高围压状态下,随着温度升高花岗岩的可切削性逐渐增强,在超过一定的钻压时,切削速度随着温度的升高而明显增大。

1.2.3 花岗岩渗流特性试验研究

地下处置库开挖过程中由于应力重新分布,会造成周围岩体内裂纹重新发育。对于高放废物处置库工程而言,裂纹的萌生扩展不仅会引起岩体力学特性的劣化,还会导致其渗流特性发生变化[118],为放射性核素提供迁移通道,影响工程的整体稳定性和安全性。因此,研究花岗岩在不同应力及高温条件下的流固耦合行为,是保证高放废物处置库安全的重要课题。

1.2.3.1 常温下花岗岩渗流特性试验研究

围岩的渗流特性及其演化对于处置库附近地下水的运动、工程屏障系统的饱和及核素的迁移等过程具有重要影响,是处置库系统性能评价的重要指标。为了研究处置库花岗岩的渗流特性,首先对花岗岩常温下的渗流特性进行研究。花岗岩渗透率随围压升高迅速降低,同时试样渗透率和电阻关系密切,存在一定的函数关系[119]。体积应变与渗透率存在较好的对应关系,体积开始膨胀导致渗透率增加[120]。三轴压缩过程中,当试样内裂纹密度较低时,水力学特性必须考虑球形孔隙对其影响;当压力增大至试样破坏时,渗透率增加 2～3 个数量级;破裂试样的渗透张量可以表示为各向同性张量,尽管裂纹扩展具有一定的方向性[121]。渗透率会随围压和孔压发生变化,同时卸围压和加孔压,渗透率有较大的延迟效应,并且孔压折减值 α 对加载历史比较敏感[122]。渗透率在蠕变过程中不断变化:在流变加载初始阶段渗透率不断降低,而在稳定蠕变阶段渗透率基本不变,在加速蠕变阶段渗透率快速升高[123]。Mata 等[124]研究了含有 30% 膨润土和 70% 粉碎花岗岩混合物的渗透特性。

岩石变形过程中渗透率与变形破坏形式密切相关[125-126],同时纵波波速与渗透率同样存在较紧密的联系[127]。初始应力-应变阶段微裂纹的压缩闭合可导致渗透率下降约 1 个数量级,峰前破坏可导致渗透率剧增达 2～3 个数量级,围压从 5 MPa 增加至 10 MPa 可导致渗透率下降 1 个数量级[128]。结合三维声发射监测信息,可以观察到三轴压缩过程中,在裂隙贯通并产生宏观破裂面之前,裂隙扩展对花岗岩渗透率影响非常有限。在低围压条件下,岩石渗透率随围压增大迅速减小;当围压增大到一定程度后,该趋势逐渐减弱[129]。王伟等[130-131]在研究花岗岩在不同围压和渗透压力下的渗流特性的基础上,分析了花岗岩分级加载流变全过程中渗透率变化规律和演化机制,特别是在低应力水平和流变破坏应力水平下的渗透率演化。张亚洲[132]将加载过程中渗透率演化分为下降、稳定、缓慢上升和急剧上升等 4 个阶段。陈培培[133]通过室内试验模拟花岗岩在深部的水-岩耦合条件,以能量原理为基础分析了花岗岩变形破坏全过程。杨春和等[134]对甘肃北山预选区岩体渗透特性进行研究,结果表明该花岗岩具有高密度、低含水量、低吸水率和低孔隙率的特性。

岩体经过漫长的地质演化形成了复杂的结构体,内部孕育了从微观(微裂纹)到细观(晶粒)再到宏观(节理面)的各种尺度的缺陷[135],不仅严重降低了岩体的力学特性,使得抗压强度、抗拉强度、抗剪强度显著降低,更严重影响了岩体的渗流特性,在低渗岩体中流体主要沿裂隙进行渗透,而节理的渗流特性主要受到赋存地应力、渗透压力、温度、裂隙张开度等方面的影响。为了研究不同赋存环境下花岗岩的渗流特性,国内外学者进行了大量的研究,通过对较高连通率但张开度较小的裂隙网络及独立张开度较大的裂隙网络花岗岩进行渗透试验,总结出了 3 种典型的渗流裂隙:① 在较浅地层中较大宽度裂隙是渗流的主要通道;② 深度 2 975～3 200 m 时,细裂隙是渗流的主要通道;③ 深度 3 200～3 500 m 时,渗透率急剧下降[136]。裂隙不断闭合过程中渗透率不断减小,而当应力解除可以使渗透率增大 3 个数量级[137]。注水过程中可能导致含单裂隙花岗岩试样发生剪切滑移,从而导致渗透率变化[138]。

周创兵等[139]通过在室内精确地观测花岗岩节理非饱和渗透排泄和吸湿过程,提出基于节理张开度概率分布的毛细压力与饱和度的解析模型以及节理非饱和水力传导理论表达式。应力历史同样影响渗透特性演化,从试验前、后裂隙面粗糙度系数值的对比可以看出,由于法向应力挤压及流体的冲蚀作用,试验后裂隙面粗糙度系数明显降低[140]。同时,裂隙岩体的非线性流动特征与裂隙形式、剪切位移及荷载水平存在一定的相关性[141]。相较于常规三轴压缩,真三轴条件下的三维应力状态会造成试样的渗透特性发生改变[142]。

1.2.3.2 高温下花岗岩渗流特性试验研究

高放废物处置过程中,由于放射性元素衰变,会产生大量的热。高温作用下,由于不同矿物热膨胀系数和弹性模量不同,加热过程中矿物颗粒间会形成拉、压应力,同时矿物的相变和温度梯度也会引起不均匀膨胀诱发热应力,进而激活岩体内部缺陷,诱发新裂纹萌生扩展,改变岩体内的渗流特性及流固耦合力学特性。由于核废料处置库等工程的需要,学者们对高温条件下花岗岩流固耦合特性研究较早。

Morrow 等[143]为了模拟核废料处置库的工况,采用在圆柱形花岗岩中心孔布置加热装置同时加水压的方式,研究高温下花岗岩的渗流行为,结果表明由于高温的存在导致水压在比较小的情况下就能穿过试样,且随着温度的升高渗透率降低。Morrow 等[144-145]还测试了围压为 50 MPa 时不同高温(150～500 ℃)条件下渗透率随时间的变化,发现渗透率随着时间不断减小,符合指数关系。Darot 等[146]研究发现当温度在 20～125 ℃时花岗岩渗透率随温度的升高逐渐降低,通过观察试样的微观性质发现微裂纹的宽度随温度的升高而降低,而当温度大于 125 ℃时裂纹宽度随温度升高不断增大。Géraud[147]通过 SEM 观察发现了 3 种典型的微观结构:① 较少交叉的穿晶裂纹;② 管状穿晶裂纹和沿晶裂纹网络;③ 穿晶裂纹和沿晶裂纹混合连接。其研究结果显示在 50 ℃ 和 400 ℃ 之间渗透率和裂纹连通率下降,随后迅速升高,渗透率降低主要是渗流通道半径减小造成的,而渗透率升高主要是渗流通道半径变大和孔隙体积增大造成的。Yasuhara 等[148]研究发现含单裂隙花岗岩渗透率会随着时间增加不断降低,并在 400 h 后达到平衡,而随着温度升高到 90 ℃ 渗透率继续降低。Chen 等[149]研究发现常规三轴压缩过程中,在加载初始阶段渗透率降低,在弹性阶段渗透率基本不变,在裂纹扩展阶段渗透率快速升高,同时,在相同偏压条件下,随着围压的升高,渗透率逐渐降低。Tanikawa 等[150]研究发现在剪切滑移过程中,当初始渗透率较高时,在滑移过程中渗透率不断降低;而当初始渗透率较低时,滑移过程中会导致渗透率升高。随着温度的升高,渗透率不断下降,可能是由于温度的升高导致裂隙面的正应力增大,从而导致裂隙闭合。Nara 等[151]研究发现当裂隙中充填黏土时,可以大大降低裂隙的渗透率。Jiang 等[152]研究发现经历高温后花岗岩渗透率与波速可以借助孔隙建立联系。

高温会影响花岗岩水压致裂过程:在 200 ℃ 时水压致裂较少的裂纹直接穿过试样,致裂水压为围压的两倍;随着温度的升高,短小裂纹逐渐增多,同时致裂应力不断下降[153]。裂纹萌生应力在 300 ℃ 后迅速降低,冷水通过热孔道时可以导致热冲击现象,导致孔道表面产生拉应力[154]。

以赵阳升为代表的团队利用自主研发的 600 ℃ 20 MN 伺服控制高温高压岩体三轴试验机对花岗岩高温力学行为进行了深入探讨,同时对花岗岩热破裂过程及渗透率变化规律进行研究,发现随温度升高,热破裂呈间断性与多期性变化特征,渗透率也呈现出同步的多个峰值段[155-156];通过实时测试花岗岩在热破裂作用下的渗流规律,可以看出在热破裂升温过程中,花岗岩渗透率随温度的升高而表现出正指数增大的规律[157-158]。

路威等[159]用充填砂土的方式模拟处置库围岩裂隙,进行裂隙水渗透传热试验,结果表明热源温度越高,其水平影响距离越大,模型达到稳定所需要的时间越长。在不均匀地应力下,花岗岩裂缝开裂模式随着温度升高从脆性开裂逐渐转化为连续开裂[160-161]。花岗岩饱水率、波速、弹性模量、峰值强度等物理力学性质及渗透率突变温度阈值均在 500~600 ℃[162]。热处理后试样在加载过程中表现出两种不同的渗流类型:低于 600 ℃ 时,渗透率在压缩过程中分为下降段、水平段、稳定增长段和急剧上升段;高于 600 ℃ 时,渗透率在压缩全过程持续降低[163]。

1.2.4 花岗岩力学特性数值模拟研究

1.2.4.1 花岗岩强度及破坏特性数值模拟研究

随着计算机技术的不断发展,数值模拟在一定程度上丰富了探究花岗岩损伤破裂机理的工具,已经被学者们广泛采用,并不断拓展。使用 RFPA-DIP 程序可以建立反映真实细观结构的含缺陷花岗岩数值模型,进而研究不同矿物颗粒结构与结构对其细观破裂力学行为的影响,表明缺陷的存在削弱了颗粒形态对花岗岩强度的影响[164]。PFC 作为常用的离散元软件,广泛用于模拟花岗岩力学行为,可以模拟不同加载速率下花岗岩在单轴试验及巴西劈裂试验中的力学特性[165]和不同围压下花岗岩脆延性转化特征[166]。由于 PFC 中基本单元为颗粒,不能模拟花岗岩矿物晶粒的形状特征,学者们使用簇粒和聚粒表示黑云母、长石和石英,建立了考虑细观组分实际类型和分布的花岗岩颗粒流数值几何模型[167],同时,使用 PFC 中的 GBM 单元模拟了不同晶粒尺寸与颗粒尺寸比例、颗粒大小均质性对花岗岩直接拉伸、常规三轴压缩力学行为的影响,同时研究了试样破坏过程中的裂纹萌生扩展情况[168-170]。

岩体作为一种典型的非均质、非连续、各向异性材料,经过漫长的地质作用,内部孕育了诸多裂隙、孔隙、节理和层理等缺陷,而这些缺陷往往决定了工程岩体的稳定性,因而受到了广泛关注。使用原位试验可以较好地反映缺陷对工程岩体的影响,但该方法耗时耗力,因此学者们通过抽象简化工程岩体结构,在实验室尺度对含缺陷岩体进行研究,开展了不同缺陷裂隙对花岗岩力学特性影响的研究,一定程度上保证了高放废物处置库的安全稳定性。孔洞的空间分布一定程度上影响了花岗岩试样裂纹的萌生、扩展和峰值强度,结合试验与数值模拟可以从细观层面上解释单轴压缩条件下试样易发生轴向劈裂的特性,对含孔洞岩体的破裂失稳过程有了更加深刻的认识[171-174]。同时借助 PFC[2D],可以分析不同几何分布情况下圆孔之间的贯通情况[175]。结合声发射特征可以分析含孔试样的破裂过程,随着轴向应力的增加,试样在平行于孔洞竖直方向的位置相继出现劈裂裂纹并逐渐贯通,孔洞周边岩土出现块体弹射、片帮等应变型岩爆特征[176]。当花岗岩裂隙充填材料时,充填材料会一定程度上影响裂纹的扩展模式[177]。同时围压会在一定程度上影响裂隙花岗岩的破裂模式及强度特征[178]。

花岗岩巴西劈裂力学行为同时受到了学者们的关注,使用数字图像技术对花岗岩内部不同矿物晶粒进行识别,并将相对位置导入 FLAC,可以模拟花岗岩劈裂力学行为[179]。同时可以将数字图像技术获得的数据导入 PFC,建立反映岩石细观非均质组构特性的颗粒离散元模型,对不同风化程度花岗岩巴西劈裂力学行为进行模拟[180]。

1.2.4.2 花岗岩温度-应力耦合力学特性数值模拟研究

通过试验,我们提高了对花岗岩高温损伤及热裂纹的认识,但试验手段很难获得高温作用下花岗岩损伤破坏的微细观机理,例如微裂纹及能量演化,需要采用花岗岩细观结构的数值模拟软件来解决该问题[181],所以有限元、离散元等模拟手段被用来模拟高温作用下花岗岩的力学行为。基于 SEM 获取的岩石非均质数字图像,左建平等[182]提出了一种既能考虑预制与原生缺陷,又能近似反映材料非均匀性的三维细观结构有限元模型的单元质心对应法,该方法可以进行热力耦合下岩石的热开裂及变形破坏数值模拟。Yu 等[183]通过图像识别技术将花岗岩内矿物晶粒进行区分提取,将提取到的位置信息导入 RFPA 中,并赋予矿物晶粒不同的热膨胀系数,模拟了高温作用对花岗岩力学行为的影响,通过分析模拟结果可以看出热损伤裂纹萌生于晶粒的边界,并随着温度升高不断闭合,同时单轴抗压强度及弹性模量随温度的升高逐渐降低。Vázquez 等[184]使用有限元软件 OOF 模拟花岗岩热损伤过程,将石英、长石和云母含量作为一种变量研究矿物晶粒对花岗岩热弹性的响应,数值模拟结果显示尽管石英的非均质热膨胀较大,但石英晶粒的应力并不大,而云母造成应力集中于晶粒边界,所以导致含有 10% 云母试样的应力集中较单一矿物试样的明显。

Zhao[185]使用 PFC^{2D}模拟了 Lac du Bonnet 花岗岩在实时高温及高温作用后的裂纹分布情况,同时模拟了花岗岩在实时高温及高温作用后的单轴压缩及直接拉伸试验,结果表明花岗岩单轴压缩强度及抗拉强度随着温度的增高不断减小,同时研究了热传导过程中含孔洞试样在不同边界条件下的破裂模式。刘鹏等[186]使用 PFC^{2D}模拟不同温度和围压下花岗岩的力学行为,结果表明随着温度升高,试样的峰值强度和起裂强度均有增大的趋势,弹性模量随着温度升高逐渐下降,泊松比随着温度升高而逐渐增大。

在前人的研究基础上,Yang 等[187-189]使用 PFC^{2D}中的 Cluster 单元模拟了 Australian Strathbogie 花岗岩在实时高温条件下的单轴压缩力学行为。他们随机选取试样中的 Cluster 单元,并赋予不同的热膨胀系数,用于模拟不同矿物晶粒(石英、正长石、钾长石和云母)。数值模拟结果的峰值强度和破裂模式与试验结果的相似。试样加温后首先在云母晶粒边界产生拉裂纹,同时在拉应力集中的云母晶粒边界产生,其后裂纹不断扩展贯通,在晶粒边界发生闭合。统计结果表明微裂纹主要集中在云母晶粒周围,而穿晶裂纹较少。分析了试样在单轴压缩破坏过程中的应力分布,表明高温后试样应力分布较离散,这也是导致试样发生脆延性转化的原因。在此基础上引入石英在 573 ℃ 发生相变的模拟程序,以更好地模拟高温后花岗岩的力学行为。研究表明该方法可以较好地模拟花岗岩高温作用后的力学行为。穿晶裂纹较晶粒边界裂纹少,但随着温度升高穿晶裂纹的比例逐渐提高;在加温过程中温度大于 150 ℃ 后微裂纹数目开始增加,在573 ℃ 时微裂纹数目突然增加,而降温过程中微裂纹数目几乎变化不大。加温后试样单轴压缩破坏过程中的裂纹扩展过程较常温下明显不同,高于 600 ℃ 后试样表现出明显的延性。在此基础上模拟了含不同岩桥倾角 3 孔洞花岗岩高温作用后的力学行为,由于热破裂导致试样内产生微裂纹,而在加载过程中应力会在微裂纹处集中,一定程度上削弱孔洞的应力集中效应,所以试样在不同岩桥倾角条件下仍然出现劈裂破坏。同时使用试样测量圆监测了岩桥位置法向应力及切向应力的变化过程,表明岩桥位置受力不同是导致试样出现不同破裂模式的主要原因。

1.2.4.3　花岗岩渗流特性数值模拟研究

使用数值模拟手段可以监测花岗岩破裂过程中的渗流特性演化,且通过不断改进算法能较好地反映花岗岩的渗流特性。Souley 等[190]根据试验结果拓展了 Homand-Etienne 等[191]的各向异性损伤模型,并将其嵌入 FLAC[3D]中,模拟了花岗岩在三轴加载过程中渗透率的变化,结果与试验结果拟合较好。Rutqvist 等[192]使用 FLAC[3D]模拟了隧道开挖过程中的花岗岩损伤、渗透率及流体压力的变化。Levasseur 等[193]通过考虑微裂纹对渗透率的影响,研究了隧道开挖过程中的渗透率变化。Massart 等[194]采用均化模型计算了花岗岩由于应力引起的小尺度上的膨胀导致的渗透率演化过程,通过该方法得到的模拟结果与试验结果相似。

胡大伟等[195]在已建立的细观损伤力学模型的基础上,对摩擦准则和加载函数进行改进,采用改进模型模拟 Lac du Bonnet 花岗岩三轴压缩试验,根据力学模型中得到的损伤变量和裂纹的法向、切向位移,引入连通系数描述裂纹扩展过程中裂纹逐渐贯通形成渗流通道,采用立方定律作为单个裂纹中渗流方程,利用细观力学定义裂纹半径和等效开度,对各方向上的渗流速度进行平均化,得到了渗流系数张量计算方法。刘君[196]基于双重连续介质模型,根据单裂隙岩体核素迁移规律,推导总结了核素在平行板单裂隙岩体裂隙域和基质域中的迁移方程。考虑裂隙入口具有指数衰变注入,利用拉普拉斯变换,结合核素在裂隙域和基质域交界面的耦合吸附,得到了核素在基质域和裂隙域中的浓度值的解析解。

1.2.5　研究现状小结

综合来看,现有的研究从试验和数值模拟角度研究了花岗岩在常温条件下不同应力路径下的损伤破裂机理、温度-应力耦合花岗岩损伤破裂机理及花岗岩渗流演化机理,对高放废物处置库围岩稳定有了较为充分的认识,尽管如此,关于花岗岩高温力学行为与损伤破裂机理的研究在以下方面仍稍显不足:

(1) 对于高温后花岗岩力学行为的改变认识不够清晰。现在关于花岗岩的热损伤机理的认识主要是花岗岩矿物晶粒之间的非均匀膨胀引入热裂纹,而在中高温范围内花岗岩的单轴抗压强度随着温度的升高不断升高。虽然有学者解释是花岗岩热膨胀导致原生孔隙闭合,增加了试样强度,但高温后晶粒会有所收缩,故该解释有待商榷,所以要开展高温后花岗岩的力学试验,尝试解释高温花岗岩的力学行为变化。

(2)对于高温后花岗岩渗透率演化规律随有效应力的变化认识不够充分,相关试验开展较少,所以对高温后微裂纹分布特征随温度的演化趋势认识不清。

(3)由于对花岗岩高温损伤机理认识不清,现有的模拟手段只能通过高温后不同晶粒之间的不均匀变形引起的热损伤来描述花岗岩高温力学行为,所以,应在充分认识花岗岩高温作用机理的基础上,对现有模拟算法进行改进,使其能够较好地反映高温后花岗岩的力学行为变化。

(4)未建立模拟晶粒岩体渗流特征的方法。现有 PFC 渗流算法主要考虑基质渗流,将试样简化为均质体。而花岗岩作为晶粒岩体,在细观上表现为明显的非均质特征,晶粒边界、晶粒内部及裂纹表现为不同的渗流特征,所以应在考虑三者渗流特征不同的基础上,对原有渗流算法进行改进,使其能够较好地模拟花岗岩高温后的渗流特征变化。

1.3 主要研究内容

本书深入研究高温作用后花岗岩单轴、常规三轴压缩及循环加卸载应力路径条件下的力学特性及损伤破裂机理,同时研究高温后花岗岩渗流特征随围压的变化特征,在此基础上开发合适的模拟方法,从细观层面认识花岗岩的损伤破裂过程及渗流细观机理,以保证高放废物处置库花岗岩稳定性。

本书依托国家重点研发计划项目(2022YFC2905700)、国家自然科学基金项目(42077231、42107159)和江苏省自然科学基金项目(BK20221547)展开研究,旨在研究高放废物处置库花岗岩高温力学行为及损伤机理这一科学问题,围绕这一关键科学问题主要研究内容如下:

(1)高温作用后花岗岩强度与变形破裂特性试验研究。研究温度对花岗岩常规三轴、循环加卸载应力路径下力学行为的影响,分析强度、变形特征随温度的变化,探讨高温作用对花岗岩损伤演化过程的影响,揭示花岗岩热损伤机理。

① 研究温度对花岗岩质量、体积、密度、孔隙率、纵横波速度及裂纹密度的影响;

② 研究高温作用后不同粒径花岗岩常规三轴力学行为的变化;

③ 研究高温作用后温度对花岗岩循环加卸载力学行为的影响。

(2)高温作用后花岗岩渗流特性与演化规律试验研究。研究温度对花岗岩渗透率的影响,分析渗透率随有效应力的演化规律,探讨花岗岩热损伤对孔隙率、地层因数及导热系数的影响,揭示损伤裂纹的演化特性。

① 研究不同高温作用后花岗岩静水压力对花岗岩渗透率演化的影响；

② 分析不同高温作用后花岗岩试样内热裂纹的分布特征；

③ 推导出孔隙率、地层因数和导热系数等宏观参数随温度及围压的变化规律。

（3）花岗岩高温损伤破裂机理的数值算法研究。根据试验研究结果提出花岗岩高温损伤破裂机理，并根据高温损伤破裂机理改进 PFC 算法。

① 根据试验研究结果探究高温损伤破裂机理；

② 根据损伤破裂机理改进 PFC 算法；

③ 进行细观参数验证，确定各细观参数对花岗岩宏观力学行为的影响规律；

④ 使用改进后的 PFC 算法研究高温对花岗岩常规三轴力学行为的影响，并研究高温后花岗岩损伤演化过程。

（4）花岗岩高温渗流特征数值模拟研究。改进渗流算法，模拟高温作用后花岗岩渗流特征随温度的演化。

① 在考虑晶粒边界、晶粒内部及热裂纹渗流特征不同的基础上，改进现有渗流程序；

② 使用改进程序模拟高温作用后花岗岩试样在不同围压作用下的渗流特征，得到一组渗流细观参数；

③ 分析高温作用后试样的渗流过程，探讨高温及围压对试样渗流特征的影响。

参考文献

[1] 薛广彬，陈雪芹.核电站的发展历程及应用前景[J].科技展望，2016，26(13):100.

[2] 王能明.世界核电站发展动态及其经济环境效益[J].核物理动态，1993，10(2):65-67.

[3] 王茜，王峥，李言瑞.全球核电发展新趋势[EB/OL].(2024-05-30)[2024-08-31].https://www.163.com/dy/article/J3ERV8CM0552LIVZ.html.

[4] HIRAYAMA T. International atomic energy agency[J]. Science,1997, 129(3341):87.

[5] 王志雄.放射性废物海洋处置及有关问题[J].海洋与海岸带开发，1991，8(2):45-49.

[6] SIMON R. Radioactive waste management and disposal 1985 [M].

Cambridge,Eng.:Cambridge University Press,1986.

[7] MISHURA Y S,TOMILOV Y V.Method of successive approximations for abstract Volterra equations in a Banach space[J].Ukrainian mathematical journal,1999,51(3):419-426.

[8] UPCHURCH R S.Conference report[J].Journal of travel & tourism marketing,1997,5(4):95-98.

[9] 姜玉松.矿业城市废弃矿井地下工程二次利用[J].中国矿业,2003,12(2):59-62.

[10] 孟鹏飞.废弃矿井资源二次利用的研究[J].中国矿业,2011,20(7):62-65.

[11] MILNES A G.Geology and radwaste[M].London:Academic Press,1985.

[12] 韦红钢.核素在高放废物地质处置预选场的迁移行为研究[D].北京:中国地质大学(北京),2012.

[13] 李寻.基于高放废物深地质处置的溶质运移研究[D].杭州:浙江大学,2009.

[14] 李新春,张展适,欧阳荷根.高放废物地质处置天然类比研究:以某铀矿床地下水为例[J].铀矿冶,2009,28(1):26-30.

[15] 郝卿.核废料处理方法及管理策略研究[D].北京:华北电力大学,2013.

[16] CHEN S W,YANG C H,WANG G B.Evolution of thermal damage and permeability of Beishan granite[J].Applied thermal engineering,2017,110:1533-1542.

[17] RUTQVIST J,ZHENG L G,CHEN F,et al.Modeling of coupled thermo-hydro-mechanical processes with links to geochemistry associated with bentonite-backfilled repository tunnels in clay formations [J].Rock mechanics and rock engineering,2014,47(1):167-186.

[18] 翟松韬.高温下岩石的宏细观特性试验研究[D].上海:上海交通大学,2013.

[19] 王驹,陈伟明,苏锐,等.高放废物地质处置及其若干关键科学问题[J].岩石力学与工程学报,2006,25(4):801-812.

[20] WANG J.High-level radioactive waste disposal in China:update 2010[J].Journal of rock mechanics and geotechnical engineering,2010,2(1):1-11.

[21] 潘自强,钱七虎.高放废物地质处置战略研究[M].北京:原子能出版社,2009:1-10.

[22] TAPPONNIER P,BRACE W F.Development of stress-induced microcracks in Westerly granite [J].International journal of rock mechanics and mining sciences & geomechanics abstracts,1976,13(4):103-112.

[23] KAWAKATA H,CHO A,KIYAMA T,et al.Three-dimensional observations

of faulting process in Westerly granite under uniaxial and triaxial conditions by X-ray CT scan[J].Tectonophysics,1999,313(3):293-305.

[24] HAIMSON B,CHANG C.A new true triaxial cell for testing mechanical properties of rock, and its use to determine rock strength and deformability of Westerly granite [J]. International journal of rock mechanics and mining sciences,2000,37(1/2):285-296.

[25] 刘芳,徐金明.基于试验视频图像的花岗岩细观组分运动过程研究[J].岩石力学与工程学报,2016,35(8):1602-1608.

[26] 陈亮,刘建锋,王春萍,等.北山深部花岗岩弹塑性损伤模型研究[J].岩石力学与工程学报,2013,32(2):289-298.

[27] 刘月妙,王驹,谭国焕,等.高放废物处置北山预选区深部完整岩石基本物理力学性能及时温效应[J].岩石力学与工程学报,2007,26(10):2034-2042.

[28] 朱其志,刘海旭,王伟,等.北山花岗岩细观损伤力学本构模型研究[J].岩石力学与工程学报,2015,34(3):433-439.

[29] 张国凯,李海波,夏祥,等.单轴加载条件下花岗岩声发射及波传播特性研究[J].岩石力学与工程学报,2017,36(5):1133-1144.

[30] LI H B,ZHAO J,LI T J.Micromechanical modelling of the mechanical properties of a granite under dynamic uniaxial compressive loads[J]. International journal of rock mechanics and mining sciences,2000,37(6):923-935.

[31] 李地元,孙小磊,周子龙,等.多次冲击荷载作用下花岗岩动态累计损伤特性[J].实验力学,2016,31(6):827-835.

[32] 吴帅峰,张青成,李胜林,等.花岗岩冲击力学特性及损伤演化模型[J].煤炭学报,2016,41(11):2756-2763.

[33] 刘希灵,潘梦成,李夕兵,等.动静加载条件下花岗岩声发射 b 值特征的研究[J].岩石力学与工程学报,2017,36(增刊1):3148-3155.

[34] 于淼,柳小波,白玉奇,等.动态扰动对围岩力学性质及破坏模式的影响[J].金属矿山,2017(1):169-173.

[35] 李淼,乔兰,李庆文.高应变率下预制单节理岩石 SHPB 劈裂试验能量耗散分析[J].岩土工程学报,2017,39(7):1336-1343.

[36] 夏开文,徐颖,姚伟,等.静态预应力条件作用下岩板动态破坏行为试验研究[J].岩石力学与工程学报,2017,36(5):1122-1132.

[37] RAO M V M S,RAMANA Y V.A study of progressive failure of rock

under cyclic loading by ultrasonic and AE monitoring techniques[J].Rock mechanics and rock engineering,1992,25(4):237-251.

[38] MARTIN C D,CHANDLER N A.The progressive fracture of Lac du Bonnet granite[J].International journal of rock mechanics and mining sciences and geomechanics abstracts,1994,31(6):643-659.

[39] EBERHARDT E,STEAD D,STIMPSON B.Quantifying progressive pre-peak brittle fracture damage in rock during uniaxial compression[J]. International journal of rock mechanics and mining sciences,1999,36(3): 361-380.

[40] AKESSON U,HANSSON J,STIGH J.Characterisation of microcracks in the Bohus granite,western Sweden,caused by uniaxial cyclic loading[J]. Engineering geology,2004,72(1):131-142.

[41] HEAP M J,FAULKNER D R.Quantifying the evolution of static elastic properties as crystalline rock approaches failure[J].International journal of rock mechanics and mining sciences,2008,45(4):564-573.

[42] XIAO J Q,DING D X,XU G,et al.Inverted S-shaped model for nonlinear fatigue damage of rock[J].International journal of rock mechanics and mining sciences,2009,46(3):643-648.

[43] XIAO J Q,DING D X,JIANG F L,et al.Fatigue damage variable and evolution of rock subjected to cyclic loading[J].International journal of rock mechanics and mining sciences,2010,47(3):461-468.

[44] CHEN Y Q,WATANABE K,KUSUDA H,et al.Crack growth in Westerly granite during a cyclic loading test[J].Engineering geology,2011,117(3/4): 189-197.

[45] MOMENI A,KARAKUS M,KHANLARI G R,et al.Effects of cyclic loading on the mechanical properties of a granite[J].International journal of rock mechanics and mining sciences,2015,77:89-96.

[46] 王者超,赵建纲,李术才,等.循环荷载作用下花岗岩疲劳力学性质及其本构模型[J].岩石力学与工程学报,2012,31(9):1888-1900.

[47] 李春阳,周宗红,刘松.花岗岩单轴循环加卸载试验及声发射特性研究[J]. 煤矿机械,2016,37(11):67-70.

[48] 刘亚运,苗胜军,魏晓,等.三轴循环加卸载下花岗岩损伤的声发射特征及能量机制演化[J].矿业研究与开发,2016,36(6):68-72.

[49] 赵星光,马利科,苏锐,等.北山深部花岗岩在压缩条件下的破裂演化与强

度特性[J].岩石力学与工程学报,2014,33(增刊2):3665-3675.

[50] 赵星光,李鹏飞,马利科,等.循环加、卸载条件下北山深部花岗岩损伤与扩容特性[J].岩石力学与工程学报,2014,33(9):1740-1748.

[51] 李鹏飞,赵星光,郭政,等.北山花岗岩在三轴压缩条件下的强度参数演化[J].岩石力学与工程学报,2017,36(7):1599-1610.

[52] 哈秋舲.加载岩体力学与卸荷岩体力学[J].岩土工程学报,1998,20(1):114.

[53] HUANG R Q,WANG X N,CHAN L S.Triaxial unloading test of rocks and its implication for rock burst[J].Bulletin of engineering geology and the environment,2001,60(1):37-41.

[54] 何满潮,苗金丽,李德建,等.深部花岗岩试样岩爆过程实验研究[J].岩石力学与工程学报,2007,26(5):865-876.

[55] HE M C,NIE W,HAN L Q,et al.Microcrack analysis of Sanya grantite fragments from rockburst tests[J].Mining science and technology (China),2010,20(2):238-243.

[56] HE M C,NIE W,ZHAO Z Y,et al.Micro- and macro-fractures of coarse granite under true-triaxial unloading conditions[J].Mining science and technology (China),2011,21(3):389-394.

[57] MIAO J L,JIA X N,CHENG C.The failure characteristics of granite under true triaxial unloading condition[J].Procedia engineering,2011,26:1620-1625.

[58] ZHAO X G,CAI M.Influence of specimen height-to-width ratio on the strainburst characteristics of Tianhu granite under true-triaxial unloading conditions[J].Canadian geotechnical journal,2015,52(7):890-902.

[59] ZHAO X G,WANG J,CAI M,et al.Influence of unloading rate on the strainburst characteristics of Beishan granite under true-triaxial unloading conditions[J].Rock mechanics and rock engineering,2014,47(2):467-483.

[60] DU K,LI X B,LI D Y,et al.Failure properties of rocks in true triaxial unloading compressive test[J].Transactions of nonferrous metals society of China,2015,25(2):571-581.

[61] LI D Y,SUN Z,XIE T,et al.Energy evolution characteristics of hard rock during triaxial failure with different loading and unloading paths[J].Engineering geology,2017,228:270-281.

[62] 胡云华.高应力下花岗岩力学特性试验及本构模型研究[D].武汉:中国科

学院研究生院(武汉岩土力学研究所),2008.

[63] 方前程,商丽,商拥辉,等.加轴压卸围压条件下岩石的力学特性与能量特征[J].中南大学学报(自然科学版),2016,47(12):4148-4153.

[64] 赵国彦,杨晨,郭阳,等.不同应力路径下花岗岩变形参数劣化试验研究[J].世界科技研究与发展,2015,37(4):355-358,373.

[65] 李地元,孙志,李夕兵,等.不同应力路径下花岗岩三轴加卸载力学响应及其破坏特征[J].岩石力学与工程学报,2016,35(增刊2):3449-3457.

[66] 胡帅,马洪素,任奋华,等.不同卸荷速率下北山花岗岩力学特性试验研究[J].金属矿山,2017(2):36-42.

[67] MARTIN R J,PRICE R H,BOYD P J,et al. Creep in Topopah Spring Member welded tuff[R]. [S.l.:s.n.],1995.

[68] DAVID C,MENÉNDEZ B,DAROT M.Influence of stress-induced and thermal cracking on physical properties and microstructure of La Peyratte granite[J].International journal of rock mechanics and mining sciences,1999,36(4):433-448.

[69] CHAKI S,TAKARLI M,AGBODJAN W P.Influence of thermal damage on physical properties of a granite rock:porosity,permeability and ultrasonic wave evolutions[J].Construction and building materials,2008,22(7):1456-1461.

[70] SUN Q,ZHANG W Q,XUE L,et al. Thermal damage pattern and thresholds of granite[J]. Environmental earth sciences,2015,74(3):2341-2349.

[71] ZHANG W Q,SUN Q,HAO S Q,et al. Experimental study on the variation of physical and mechanical properties of rock after high temperature treatment [J]. Applied thermal engineering,2016,98:1297-1304.

[72] GRIFFITHS L,HEAP M J,BAUD P,et al.Quantification of microcrack characteristics and implications for stiffness and strength of granite[J].International journal of rock mechanics and mining sciences,2017,100:138-150.

[73] 林为人,铃木舜一,高桥学,等.稻田花岗岩中的流体包裹体及由其导致高温条件下微小裂纹的形成[J].岩石力学与工程学报,2003,22(6):899-904.

[74] 杜守继,刘华,陈浩华,等.高温后花岗岩密度及波动特性的试验研究[J].上海交通大学学报,2003,37(12):1900-1904.

[75] 赵阳升,孟巧荣,康天合,等.显微CT试验技术与花岗岩热破裂特征的细观研究[J].岩石力学与工程学报,2008,27(1):28-34.

[76] 左建平,周宏伟,方园,等.甘肃北山地区深部花岗岩的热开裂试验研究[J].岩石力学与工程学报,2011,30(6):1107-1115.

[77] 武晋文,赵阳升,万志军,等.高温均匀压力花岗岩热破裂声发射特性实验研究[J].煤炭学报,2012,37(7):1111-1117.

[78] 张志镇,高峰,高亚楠,等.高温影响下花岗岩孔径分布的分形结构及模型[J].岩石力学与工程学报,2016,35(12):2426-2438.

[79] 陈世万,杨春和,刘鹏君,等.北山花岗岩热破裂室内模拟试验研究[J].岩土力学,2016,37(增刊1):547-556.

[80] 赵建建.热力耦合条件下花岗岩物理力学特性研究[D].武汉:湖北工业大学,2017.

[81] 高红梅,兰永伟,周莉,等.温度作用下缺陷花岗岩热损伤:以甘肃北山缺陷花岗岩为例[J].吉林大学学报(地球科学版),2017,47(6):1795-1802.

[82] ALM O,JAKTLUND L L,KUO S Q.The influence of microcrack density on the elastic and fracture mechanical properties of Stripa granite[J]. Physics of the earth and planetary interiors,1985,40(3):161-179.

[83] XU X L,GAO F,SHEN X M,et al.Mechanical characteristics and microcosmic mechanisms of granite under temperature loads[J].Journal of China University of Mining and Technology,2008,18(3):413-417.

[84] XU X L,KANG Z X,JI M,et al.Research of microcosmic mechanism of brittle-plastic transition for granite under high temperature[J].Procedia earth and planetary science,2009,1(1):432-437.

[85] SHAO S S,WASANTHA P L P,RANJITH P G,et al.Effect of cooling rate on the mechanical behavior of heated Strathbogie granite with different grain sizes[J].International journal of rock mechanics and mining sciences,2014,70:381-387.

[86] SHAO S S,RANJITH P G,WASANTHA P L P,et al.Experimental and numerical studies on the mechanical behaviour of Australian Strathbogie granite at high temperatures:an application to geothermal energy[J]. Geothermics,2015,54:96-108.

[87] YANG S Q,RANJITH P G,JING H W,et al.An experimental investigation on thermal damage and failure mechanical behavior of granite after exposure to different high temperature treatments[J].Geothermics,2017,65:180-197.

[88] HUANG Y H, YANG S Q, TIAN W L, et al. Physical and mechanical behavior of granite containing pre-existing holes after high temperature treatment[J]. Archives of civil and mechanical engineering, 2017, 17(4): 912-925.

[89] 杜守继,刘华,职洪涛,等.高温后花岗岩力学性能的试验研究[J].岩石力学与工程学报,2004,23(14):2359-2364.

[90] 吴刚,翟松韬,王宇.高温下花岗岩的细观结构与声发射特性研究[J].岩土力学,2015,36(增刊1):351-356.

[91] 王朋,陈有亮,周雪莲,等.水中快速冷却对花岗岩高温残余力学性能的影响[J].水资源与水工程学报,2013,24(3):54-57,63.

[92] 万志军,赵阳升,董付科,等.高温及三轴应力下花岗岩体力学特性的实验研究[J].岩石力学与工程学报,2008,27(1):72-77.

[93] 武晋文,赵阳升,万志军,等.中高温三轴应力下鲁灰花岗岩热破裂声发射特征的试验研究[J].岩土力学,2009,30(11):3331-3336.

[94] 徐小丽,高峰,张志镇,等.高温后花岗岩能量及结构效应研究[J].岩土工程学报,2014,36(5):961-968.

[95] 徐小丽,高峰,张志镇.高温作用后花岗岩三轴压缩试验研究[J].岩土力学,2014,35(11):3177-3183.

[96] KUMARI W G P, RANJITH P G, PERERA M S A, et al. Mechanical behaviour of Australian Strathbogie granite under in situ stress and temperature conditions: an application to geothermal energy extraction [J]. Geothermics, 2017, 65: 44-59.

[97] 张静华,王靖涛,赵爱国.高温下花岗岩断裂特性的研究[J].岩土力学,1987,8(4):11-16.

[98] 王靖涛,赵爱国,黄明昌.花岗岩断裂韧度的高温效应[J].岩土工程学报,1989,11(6):113-119.

[99] 左建平,周宏伟,范雄,等.三点弯曲下热处理北山花岗岩的断裂特性研究[J].岩石力学与工程学报,2013,32(12):2422-2430.

[100] 方新宇,许金余,刘石,等.高温后花岗岩的劈裂试验及热损伤特性研究[J].岩石力学与工程学报,2016,35(增刊1):2687-2694.

[101] 黄彦华,杨圣奇.高温后含孔花岗岩拉伸力学特性试验研究[J].中国矿业大学学报,2017,46(4):783-791.

[102] 刘泉声,许锡昌,山口勉,等.三峡花岗岩与温度及时间相关的力学性质试验研究[J].岩石力学与工程学报,2001,20(5):715-719.

［103］CHEN L，WANG C P，LIU J F，et al.Effects of temperature and stress on the time-dependent behavior of Beishan granite［J］.International journal of rock mechanics and mining sciences，2017，93：316-323.

［104］尹宏雪.高温后花岗岩岩爆的真三轴试验研究［D］.南宁：广西大学，2016.

［105］苏国韶，陈智勇，尹宏雪，等.高温后花岗岩岩爆的真三轴试验研究［J］.岩土工程学报，2016，38（9）：1586-1594.

［106］李燕芳.高温后花岗岩岩爆的声发射特征研究［D］.南宁：广西大学，2017.

［107］王思维.高温后花岗岩在复杂应力下的动态力学性能研究［D］.西安：长安大学，2017.

［108］赵阳升，邵保平，万志军，等.高温高压下花岗岩中钻孔变形失稳临界条件研究［J］.岩石力学与工程学报，2009，28（5）：865-874.

［109］武晋文，赵阳升，万志军，等.热力耦合作用鲁灰花岗岩蠕变声发射规律［J］.岩石力学与工程学报，2012，31（增刊1）：3061-3067.

［110］邵保平，赵阳升.600 ℃内高温状态花岗岩遇水冷却后力学特性试验研究［J］.岩石力学与工程学报，2010，29（5）：892-898.

［111］邵保平，赵阳升.高温高压下花岗岩中钻孔围岩的热物理及力学特性试验研究［J］.岩石力学与工程学报，2010，29（6）：1245-1253.

［112］邵保平，赵阳升，万志军，等.高温静水应力状态花岗岩中钻孔围岩的流变实验研究［J］.岩石力学与工程学报，2008，27（8）：1659-1666.

［113］邵保平，赵阳升，万志军，等.热力耦合作用下花岗岩流变模型的本构关系研究［J］.岩石力学与工程学报，2009，28（5）：956-967.

［114］罗承浩.热处理花岗岩三轴卸围压力学特性与声发射规律试验研究［D］.泉州：华侨大学，2016.

［115］蔡燕燕，罗承浩，俞缙，等.热损伤花岗岩三轴卸围压力学特性试验研究［J］.岩土工程学报，2015，37（7）：1173-1180.

［116］赵金昌，万志军，李义，等.高温高压条件下花岗岩切削破碎试验研究［J］.岩石力学与工程学报，2009，28（7）：1432-1438.

［117］赵金昌，李义，赵阳升，等.花岗岩高温高压条件下冲击凿岩规律试验研究［J］.煤炭学报，2010，35（6）：904-909.

［118］SHAO J F，ZHOU H，CHAU K T.Coupling between anisotropic damage and permeability variation in brittle rocks［J］.International journal for numerical and analytical methods in geomechanics，2005，29（12）：1231-1247.

［119］BRACE W F，WALSH J B，FRANGOS W T.Permeability of granite under high pressure［J］.Journal of geophysical research，1968，73（6）：2225-2236.

［120］ZOBACK M D,BYERLEE J D.The effect of microcrack dilatancy on the permeability of Westerly granite［J］.Journal of geophysical research, 1975,80(5):752-755.

［121］ODA M,TAKEMURA T,AOKI T.Damage growth and permeability change in triaxial compression tests of Inada granite［J］.Mechanics of materials,2002,34(6):313-331.

［122］BERNABE Y.The effective pressure law for permeability in Chelmsford granite and Barre granite［J］.International journal of rock mechanics and mining sciences & geomechanics abstracts,1986,23(3):267-275.

［123］LIU L,XU W Y,WANG H L,et al.Permeability evolution of granite gneiss during triaxial creep tests［J］.Rock mechanics and rock engineering,2016,49(9):3455-3462.

［124］MATA C,LEDESMA A.Permeability of a bentonite-crushed granite rock mixture using different experimental techniques［J］.Géotechnique, 2003,53(8):747-758.

［125］朱珍德,刘立民.脆性岩石动态渗流特性试验研究［J］.煤炭学报,2003,28 (6):588-592.

［126］朱珍德,张爱军,徐卫亚.脆性岩石全应力-应变过程渗流特性试验研究 ［J］.岩土力学,2002,23(5):555-558.

［127］KUBO T,MATSUDA N,KASHIWAYA K,et al.Characterizing the permeability of drillhole core samples of Toki granite,central Japan to identify factors influencing rock-matrix permeability［J］.Engineering geology,2019,259:105163.

［128］胡少华,陈益峰,周创兵.北山花岗岩渗透特性试验研究与细观力学分析 ［J］.岩石力学与工程学报,2014,33(11):2200-2209.

［129］陈亮,刘建锋,王春萍,等.压缩应力条件下花岗岩损伤演化特征及其对渗 透性影响研究［J］.岩石力学与工程学报,2014,33(2):287-295.

［130］王伟,徐卫亚,王如宾,等.低渗透岩石三轴压缩过程中的渗透性研究［J］. 岩石力学与工程学报,2015,34(1):40-47.

［131］曹亚军,王伟,徐卫亚,等.低渗透岩石流变过程渗透演化规律试验研究 ［J］.岩石力学与工程学报,2015,34(增刊2):3822-3829.

［132］张亚洲.高温后砂岩与花岗岩力学和渗透性能的对比试验研究［D］.泉州: 华侨大学,2015.

［133］陈培培.水-岩耦合作用下花岗岩力学特性试验研究［D］.阜新:辽宁工程技

术大学,2014.

[134] 杨春和,王贵宾,王驹,等.甘肃北山预选区岩体力学与渗流特性研究[J].岩石力学与工程学报,2006,25(4):825-832.

[135] 杨圣奇.裂隙岩石力学特性研究及时间效应分析[M].北京:科学出版社,2011:1-2.

[136] SAUSSE J, GENTER A. Types of permeable fractures in granite[J]. Geological Society, London, special publications, 2005, 240(1):1-14.

[137] SELVADURAI A P S. Normal stress-induced permeability hysteresis of a fracture in a granite cylinder[J]. Geofluids, 2015, 15(1/2):37-47.

[138] YE Z, JANIS M, GHASSEMI A, et al. Experimental investigation of injection-driven shear slip and permeability evolution in granite for EGS stimulation [C]//Proceedings of 42nd Workshop on Geothermal Reservoir Engineering, February 13-15, 2017, Stanford University, Stanford, California.[S.l.:s.n.], 2017:1-12.

[139] 周创兵,叶自桐,韩冰.岩石节理非饱和渗透特性初步研究[J].岩土工程学报,1998,20(6):1-4.

[140] 杨金保,冯夏庭,潘鹏志.考虑应力历史的岩石单裂隙渗流特性试验研究[J].岩土力学,2013,34(6):1629-1635.

[141] 尹乾.复杂受力状态下裂隙岩体渗透特性试验研究[D].徐州:中国矿业大学,2017.

[142] 尹立明,郭惟嘉,陈军涛.岩石应力-渗流耦合真三轴试验系统的研制与应用[J].岩石力学与工程学报,2014,33(增刊1):2820-2826.

[143] MORROW C A, LOCKNER D A, MOORE D E, et al. Permeability of granite in a temperature gradient[J]. Journal of geophysical research: solid earth, 1981, 86(B4):3002-3008.

[144] MORROW C A, ZHANG B C, BYERLEE J D. Effective pressure law for permeability of westerly granite under cyclic loading[J]. Journal of geophysical research: solid earth, 1986, 91(B3):3870-3876.

[145] MORROW C A, MOORE D E, LOCKNER D A. Permeability reduction in granite under hydrothermal conditions[J]. Journal of geophysical research: solid earth, 2001, 106(B12):30551-30560.

[146] DAROT M, GUEGUEN Y, BARATIN M L. Permeability of thermally cracked granite[J]. Geophysical research letters, 1992, 19(9):869-872.

[147] GÉRAUD Y. Variations of connected porosity and inferred permeability

第1章　绪　论

in a thermally cracked granite[J].Geophysical research letters,1994,21 (11):979-982.

[148] YASUHARA H,KINOSHITA N,OHFUJI H,et al.Temporal alteration of fracture permeability in granite under hydrothermal conditions and its interpretation by coupled chemo-mechanical model[J].Applied geochemistry, 2011,26(12):2074-2088.

[149] CHEN Y F,HU S H,WEI K,et al.Experimental characterization and micromechanical modeling of damage-induced permeability variation in Beishan granite[J].International journal of rock mechanics and mining sciences,2014,71:64-76.

[150] TANIKAWA W,TADAI O,MUKOYOSHI H.Permeability changes in simulated granite faults during and after frictional sliding[J].Geofluids, 2014,14(4):481-494.

[151] NARA Y,KATO M,NIRI R,et al.Permeability of granite including macro-fracture naturally filled with fine-grained minerals[J].Pure and applied geophysics,2018,175(3):917-927.

[152] JIANG G H,ZUO J P,MA T,et al.Experimental investigation of wave velocity-permeability model for granite subjected to different temperature processing[J].Geofluids,2017,2017:6586438.

[153] WATANABE N,EGAWA M,SAKAGUCHI K,et al.Hydraulic fracturing and permeability enhancement in granite from subcritical/brittle to supercritical/ductile conditions[J].Geophysical research letters,2017,44(11): 5468-5475.

[154] ZHOU C B,WAN Z J,ZHANG Y,et al.Experimental study on hydraulic fracturing of granite under thermal shock[J].Geothermics,2018,71: 146-155.

[155] 赵阳升,万志军,张渊,等.岩石热破裂与渗透性相关规律的试验研究[J].岩石力学与工程学报,2010,29(10):1970-1976.

[156] ZHAO Y S,FENG Z J,ZHAO Y,et al.Experimental investigation on thermal cracking, permeability under HTHP and application for geothermal mining of HDR[J].Energy,2017,132:305-314.

[157] 张宁,赵阳升,万志军,等.三维应力下热破裂对花岗岩渗流规律影响的试验研究[J].岩石力学与工程学报,2010,29(1):118-123.

[158] 张宁.高温三轴应力下花岗岩蠕变-渗透-热破裂规律与地热开采研究[D].

太原：太原理工大学，2013.

[159] 路威，项彦勇，唐超.填砂裂隙岩体渗流传热模型试验与数值模拟[J].岩土力学，2011，32(11)：3448-3454.

[160] 张学尧.高温蒸汽作用下花岗岩热破裂及细观规律的试验研究[D].太原：太原理工大学，2016.

[161] 张学尧，杨栋.高温蒸汽作用下花岗岩热破裂的试验研究[J].力学与实践，2016，38(4)：403-406.

[162] 周长冰，万志军，张源，等.高温条件下花岗岩水压致裂的实验研究[J].中国矿业，2017，26(7)：135-141，146.

[163] 陈世万，杨春和，刘鹏君，等.热损伤后北山花岗岩裂隙演化及渗透率试验研究[J].岩土工程学报，2017，39(8)：1493-1500.

[164] 李冰峰，左宇军，李伟，等.基于数字图像处理的含缺陷花岗岩破裂力学分析[J].力学与实践，2016，38(3)：262-268.

[165] 张学朋，蒋宇静，王刚，等.基于颗粒离散元模型的不同加载速率下花岗岩数值试验研究[J].岩土力学，2016，37(9)：2679-2686.

[166] 王云飞，郑晓娟，褚怀保，等.花岗岩高应力状态脆延破坏细观力学强度特性[J].地下空间与工程学报，2017，13(5)：1180-1185.

[167] 徐金明，赵丹，黄大勇.基于实际分布的花岗岩颗粒流模拟几何模型[J].地下空间与工程学报，2017，13(3)：678-683.

[168] PENG J，WONG L N Y，TEH C I，et al.Modeling micro-cracking behavior of bukit timah granite using grain-based model[J].Rock mechanics and rock engineering，2018，51(1)：135-154.

[169] PENG J，WONG L N Y，TEH C I.Effects of grain size-to-particle size ratio on micro-cracking behavior using a bonded-particle grain-based model[J].International journal of rock mechanics and mining sciences，2017，100：207-217.

[170] PENG J，WONG L N Y，TEH C I.Influence of grain size heterogeneity on strength and microcracking behavior of crystalline rocks[J].Journal of geophysical research：solid earth，2017，122(2)：1054-1073.

[171] TANG C A，WONG R H C，CHAU K T，et al.Modeling of compression-induced splitting failure in heterogeneous brittle porous solids [J].Engineering fracture mechanics，2005，72(4)：597-615.

[172] WONG R H C，LIN P，TANG C A.Experimental and numerical study on splitting failure of brittle solids containing single pore under uniaxial

compression[J].Mechanics of materials,2006,38(1/2):142-159.

[173] LIN P,WONG R H C,TANG C A.Experimental study of coalescence mechanisms and failure under uniaxial compression of granite containing multiple holes[J].International journal of rock mechanics and mining sciences,2015,77:313-327.

[174] WONG R H C,LIN P.Numerical study of stress distribution and crack coalescence mechanisms of a solid containing multiple holes [J]. International journal of rock mechanics and mining sciences,2015,79:41-54.

[175] HUANG Y H,YANG S Q,RANJITH P G,et al.Strength failure behavior and crack evolution mechanism of granite containing pre-existing non-coplanar holes:experimental study and particle flow modeling[J].Computers and geotechnics,2017,88:182-198.

[176] 李地元,李夕兵,李春林,等.单轴压缩下含预制孔洞板状花岗岩试样力学响应的试验和数值研究[J].岩石力学与工程学报,2011,30(6):1198-1206.

[177] 尹乾,靖洪文,苏海健,等.单轴压缩下充填正交裂隙花岗岩强度及裂纹扩展演化[J].中国矿业大学学报,2016,45(2):225-232.

[178] YANG S Q,HUANG Y H.An experimental study on deformation and failure mechanical behavior of granite containing a single fissure under different confining pressures[J].Environmental earth sciences,2017,76(10):364.

[179] CHEN S,YUE Z Q,THAM L G,et al.Modeling of the indirect tensile test for inhomogeneous granite using a digital image-based numerical method[J].International journal of rock mechanics and mining sciences,2004,41(3):447.

[180] 唐欣薇,黄文敏,周元德,等.华南风化花岗岩劈拉断裂行为的试验与细观模拟研究[J].工程力学,2017,34(6):246-256.

[181] GHASSEMI A.A review of some rock mechanics issues in geothermal reservoir development[J].Geotechnical and geological engineering,2012,30(3):647-664.

[182] 左建平,周宏伟,胡本.基于单元质心对应法花岗岩热开裂及变形模拟研究[J].中国矿业大学学报,2012,41(6):878-884.

[183] YU Q L,RANJITH P G,LIU H Y,et al.A mesostructure-based damage

model for thermal cracking analysis and application in granite at elevated temperatures[J]. Rock mechanics and rock engineering, 2015, 48(6): 2263-2282.

[184] VÁZQUEZ P, SHUSHAKOVA V, GÓMEZ-HERAS M. Influence of mineralogy on granite decay induced by temperature increase: experimental observations and stress simulation[J].Engineering geology,2015,189:58-67.

[185] ZHAO Z H. Thermal influence on mechanical properties of granite: a microcracking perspective[J]. Rock mechanics and rock engineering, 2016,49(3):747-762.

[186] 刘鹏,刘俊新,刘育田.花岗岩热破裂颗粒流模拟研究[J].四川建筑科学研究,2016,42(1):100-103.

[187] YANG S Q, TIAN W L, RANJITH P G. Failure mechanical behavior of Australian Strathbogie granite at high temperatures: insights from particle flow modeling[J].Energies,2017,10(6):756.

[188] TIAN W L, YANG S Q, HUANG Y H. Macro and micro mechanics behavior of granite after heat treatment by cluster model in particle flow code[J].Acta mechanica sinica,2018,34(1):175-186.

[189] YANG S Q, TIAN W L, HUANG Y H.Failure mechanical behavior of pre-holed granite specimens after elevated temperature treatment by particle flow code[J].Geothermics,2018,72:124-137.

[190] SOULEY M, HOMAND F, PEPA S, et al.Damage-induced permeability changes in granite: a case example at the URL in Canada [J]. International journal of rock mechanics and mining sciences, 2001, 38 (2):297-310.

[191] HOMAND-ETIENNE F, HOXHA D, SHAO J F.A continuum damage constitutive law for brittle rocks[J].Computers and geotechnics,1998,22 (2):135-151.

[192] RUTQVIST J, BÖRGESSON L, CHIJIMATSU M, et al.Modeling of damage,permeability changes and pressure responses during excavation of the TSX tunnel in granitic rock at URL, Canada[J]. Environmental geology,2009,57(6):1263-1274.

[193] LEVASSEUR S, COLLIN F, CHARLIER R, et al. A micro-macro approach of permeability evolution in rocks excavation damaged zones [J].Computers and geotechnics,2013,49:245-252.

［194］MASSART T J, SELVADURAI A P S. Computational modelling of crack-induced permeability evolution in granite with dilatant cracks[J]. International journal of rock mechanics and mining sciences, 2014, 70: 593-604.

［195］胡大伟, 朱其志, 周辉, 等. 脆性岩石各向异性损伤和渗透性演化规律研究[J]. 岩石力学与工程学报, 2008, 27(9): 1822-1827.

［196］刘君. 放射性核素在花岗岩裂隙介质中迁移数值模拟[D]. 哈尔滨: 哈尔滨工程大学, 2013.

第 2 章　高温后不同粒径花岗岩力学特性试验研究

　　岩石是矿物颗粒的集合,岩石的微观结构对岩石的强度和变形特征有重要的影响。Eberhardt 等[1]分析了矿物颗粒大小对裂纹起裂应力的影响,认为颗粒大小在控制裂纹演化行为方面有显著影响。Rong 等[2]采用数值模拟方法探究了颗粒形状对岩石力学行为的影响。Nicksiar 等[3]在研究裂纹萌生的影响因素中发现,颗粒大小及其分布所导致的不均匀性对岩石峰值强度和裂纹起裂应力有显著影响。然而,这些学者对矿物颗粒的研究大多采用数值模拟方法,而相关室内试验的研究较少。鉴于此,本章对不同粒径花岗岩进行高温作用后单轴压缩、常规三轴压缩以及巴西劈裂试验,分析花岗岩的抗压和抗拉力学特性,探究粒径及高温对花岗岩强度及变形特性的影响规律及作用机制。

2.1　花岗岩岩性特征

　　本次试验所用花岗岩如图 2-1 所示,其中细晶花岗岩取自河南省驻马店市,粗晶花岗岩取自山东省济宁市。从图 2-1 中可以看出,花岗岩材料的均质性与整体性较好,没有其他矿物成分充填,且二者粒度分明,符合本次试验选材要求。图 2-2 为试样制作加工所用的设备。首先用钻机钻取岩样,随后切割岩样两端并将其打磨水平光滑,然后按照国际岩石力学学会 ISRM 公布的相关岩石力学试验规范制成直径 50 mm、高度 100 mm 的标准圆柱试样与直径 50 mm、厚度 25 mm 的圆盘试样,如图 2-3 所示。

2.1.1　花岗岩偏光显微观察

　　细晶花岗岩为灰色至灰白色细粒状,所含黑云母颗粒细小,呈点状均匀分布,部分试样含极少量充填物。粗晶花岗岩整体呈肉红色,粗粒斑状结构,所含黑云母及呈肉红色的正长石颗粒较大,呈斑状分布。采用偏光显微方法对岩石薄片进行观察,结果如图 2-4 所示,可知细晶花岗岩和粗晶花岗岩的主要矿物都为石英、长石和黑云母。

（a）细晶花岗岩

（b）粗晶花岗岩

图 2-1　花岗岩试验材料

（a）DK8235 工程钻机

（b）水刀

图 2-2　试样制作加工设备

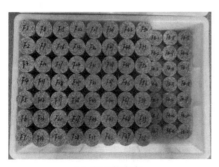
（a）细晶花岗岩

（b）粗晶花岗岩

图 2-3　标准圆柱试样和巴西圆盘试样

（a）细晶花岗岩（放大50倍）　　　　　（b）粗晶花岗岩（放大50倍）

图 2-4　偏光显微镜下观察结果

2.1.2　花岗岩孔隙特征

对花岗岩进行压汞试验以测量其孔隙特征。压汞试验是依靠施加外在压力使汞克服表面张力进入岩样，从而测得岩样的孔隙孔径和孔隙分布，基本原理是汞对一般固体不湿润，所施加的外压越大，汞能进入的孔半径越小，因此根据测量不同外压下进入孔隙中汞含量的多少即可知相应孔的体积。孔隙率可由下式求得：

$$孔隙率＝最大累计进汞体积/岩样体积×100％$$

花岗岩压汞试验结果如图 2-5 所示。由试验结果可得细晶花岗岩平均孔隙直径为 0.302 μm，孔隙率为 0.40％；粗晶花岗岩平均孔隙直径为 4.280 μm，孔隙率为 1.81％。分析可以发现，粗晶花岗岩的平均孔隙直径和孔隙率均大于细晶花岗岩的，这是由于粗晶花岗岩具有较大的矿物颗粒，进一步分析是因为粗晶花岗岩是岩浆缓慢冷却形成的，其晶体的成核速率缓慢，结晶中心少，导致存在较多的生长空间。

2.1.3　花岗岩 XRD 分析

XRD 意为 X 射线衍射，广泛用于物质晶体结构的测定和物相的定性定量分析，其原理[4]为：X 射线的波长和晶体内部晶面间距 d 相近，晶体可以作为 X 射线的空间衍射光栅，且每种晶体都有其特定的晶胞结构，对应固定的晶胞尺寸和原子数，当 X 射线照射到晶胞上发生衍射现象时，衍射波相互叠加使射线在某些方向上加强，在其他方向上减弱，分析衍射结果便可获得晶体结构。进行 X 射线衍射分析的根本依据是布拉格方程：

$$2d \sin \theta = n\lambda \tag{2-1}$$

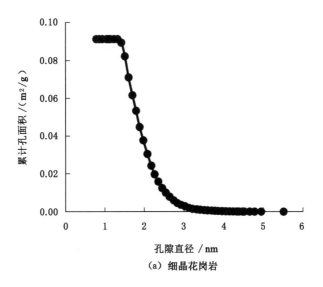

（a）细晶花岗岩

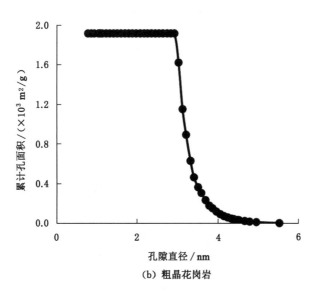

（b）粗晶花岗岩

图 2-5 花岗岩压汞试验结果

式中：d 为晶面间距；θ 为半衍射角；n 为反射级数；λ 为 X 射线的波长。该式也指明了 X 射线在晶体中产生衍射的必要条件。

XRD 试验在中国矿业大学现代分析与计算中心 D8 ADVANCE 型 X 射线

衍射仪上进行，试验后用 Jade 软件进行分析。图 2-6 和图 2-7 分别给出了细晶花岗岩和粗晶花岗岩 XRD 结果，由图可以看出，细晶花岗岩的组成为 17.8％石英、15.6％黑云母、64.5％钠长石和 2.1％绿泥石，粗晶花岗岩的组成为 17.7％石英、6.7％黑云母、56.2％钠长石、14.4％正长石和 5.1％绿泥石，两种样品中含量最高的矿物都为钠长石。

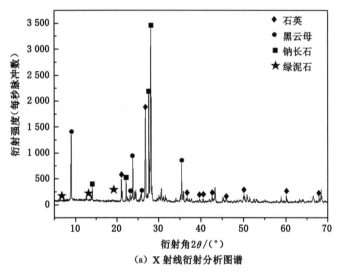

（a）X 射线衍射分析图谱

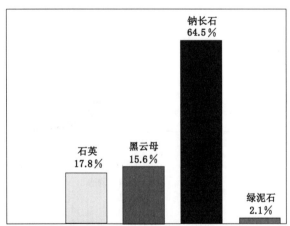

（b）Jade 定量分析结果

图 2-6　细晶花岗岩 XRD 结果

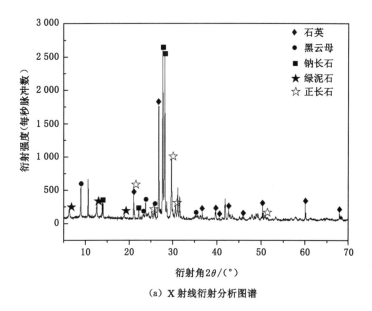

（a）X 射线衍射分析图谱

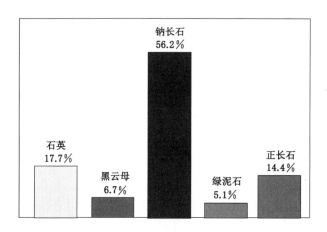

（b）Jade 定量分析结果

图 2-7　粗晶花岗岩 XRD 结果

　　根据深成岩的 QAP 三角分类方法（图 2-8），重新计算石英、碱性长石的相对含量后（不考虑黑云母等暗色矿物），将岩石定名为正长花岗岩。

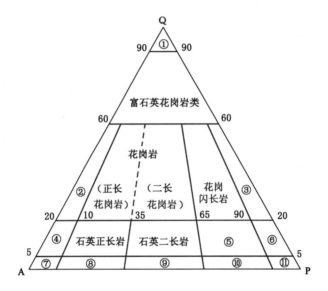

Q—石英、鳞石英、方石英;A—碱性长石(正长石、微斜长石、透长石、歪长石、条纹长石)和钠长石(An<5);P—斜长石(An>5)、方柱石;①—石英岩;②—碱性花岗岩;③—英云闪长岩;④—石英碱长正长岩;⑤—石英二长闪长岩,石英二长辉长岩;⑥—石英闪长岩,石英辉长岩,石英斜长岩;⑦—碱长正长岩;⑧—正长岩;⑨—二长岩;⑩—二长闪长岩,二长辉长岩;⑪—闪长岩、辉长岩、斜长岩。

图 2-8 深成岩的 QAP 三角分类图解

2.2 常温下不同粒径花岗岩常规三轴力学特性

本次试验的主要目的是获取试样在常温及高温作用后的基本力学参数,包括单轴和三轴抗压强度、抗拉强度、弹性模量、变形模量、损伤阈值、泊松比、黏聚力和内摩擦角等,以分析探讨细晶和粗晶两种粒径花岗岩在不同高温作用下的强度、变形及破坏特征。为此,设计进行了两种不同粒径花岗岩在常温以及不同高温作用后的单轴压缩试验、常规三轴压缩试验和巴西劈裂试验,具体试验方案如表 2-1 所示。表 2-1 中细晶花岗岩编号字母为 F,粗晶花岗岩编号字母为 C,其中用于巴西劈裂试验的试样再增加字母 B 加以区分。本次试验设计了常温、200 ℃、400 ℃、600 ℃和800 ℃共 5 种温度,其中常温下的常规三轴试验设计了0 MPa、6 MPa、12 MPa、18 MPa、24 MPa 和 30 MPa 共 6 个围压,限于同一块岩石上钻取的岩样数量,高温作用后的常规三轴试验仅设计了 0 MPa、12 MPa 和24 MPa 共 3 个围压。在具体试验过程中,为了验证试样的均质性,避免试样差异所引起的离散性影响试验结果,在正式试验前进行若干试样的单轴压缩试验和巴西劈裂试验等用于试样的离散性分析。

表 2-1　花岗岩试验条件及方案

试样类别	围压	温度				
		常温	200 ℃	400 ℃	600 ℃	800 ℃
细晶花岗岩	0 MPa	F1、F2、F3	F4	F11	F6	F7
	6 MPa	F8	/	/	/	/
	12 MPa	F9	F10	F5	F12	F13
	18 MPa	F14	/	/	/	/
	24 MPa	F15	F16	F17	F18	F19
	30 MPa	F20				
	巴西劈裂	FB-1、FB-2、FB-3	FB-4、FB-8	FB-5、FB-9	FB-6、FB-10	FB-7、FB-11
粗晶花岗岩	0 MPa	C1、C2、C3	C4	C5	C6	C7
	6 MPa	C8	/	/	/	/
	12 MPa	C9	C10	C11	C12	C13
	18 MPa	C14	/	/	/	/
	24 MPa	C15	C16	C17	C18	C19
	30 MPa	C20				
	巴西劈裂	CB-1、CB-2、CB-3	CB-4、CB-8	CB-5、CB-9	CB-6、CB-10	CB-7、CB-11

2.2.1　试验设备及程序

本节常规三轴压缩试验在中国矿业大学深地工程智能建造与健康运维全国重点实验室 GCTS RTX-4000 高温高压岩石三轴仪上进行。该设备是由美国 GCTS 公司专业设计和生产的一套闭环数字伺服控制装置,由动力加载系统、围压控制系统、数据监测传输系统、声发射系统和计算机终端控制系统等组成,如图 2-9 所示。该设备可以在模拟地层高温高压条件下进行岩石的单轴压缩、三轴压缩、拉伸、蠕变等试验,其可施加的最大轴向力为 4 000 kN,最大围压为 140 MPa(分辨率 0.01 MPa),最大孔压为 140 MPa,轴向与环向变形的测量范围为 $-2.5 \sim 2.5$ mm,其中轴向位移传感器为两个线性传感器(LVDT),试验过程中取其平均值作为试验结果,环向位移传感器为一链式传感器,布设在岩样中央外缘。

图 2-9　GCTS RTX-4000 高温高压岩石三轴仪

　　试验前首先用热缩管和绝缘胶带包裹试样,以固定试样和防止试验过程中出现浸油现象,然后依次安装轴向位移传感器、环向位移传感器和声发射探头。安装完成后将试样连同基座推入压力室内,使其在密闭环境中进行常规三轴压缩试验。试验过程中根据具体的试验方案编辑调整不同的试验程序,随后输入试样尺寸相关参数,运行预定程序开始试验,设备将依次自动施加围压和轴压荷载直至达到试样残余强度阶段后停止试验。围压加载速率为 4 MPa/min,轴向采用应变控制方式,加载速率为 0.04%/min。同时,通过声发射探头采集声发射信号,阈值设置为 60 dB。

　　试验前分别测量试样的尺寸和质量,如表 2-2 所示。

表 2-2　常温下试样参数

试样	围压 /MPa	细晶花岗岩				试样	围压 /MPa	粗晶花岗岩			
		H_1 /mm	D_1 /mm	m_1 /g	ρ_1 /(g/cm³)			H_2 /mm	D_2 /mm	m_2 /g	ρ_2 /(g/cm³)
F1	0	100.48	49.76	516.5	2.643	C1	0	99.42	49.65	508.6	2.642
F2	0	99.90	50.02	518.9	2.643	C2	0	99.90	49.62	512.8	2.655
F3	0	99.88	50.03	519.2	2.644	C3	0	99.46	49.62	509.7	2.650
F8	6	100.25	50.01	521.4	2.648	C8	6	99.74	49.61	510.0	2.645
F9	12	100.36	50.02	521.1	2.642	C9	12	99.84	49.75	515.0	2.654

表 2-2(续)

试样	围压 /MPa	细晶花岗岩				试样	围压 /MPa	粗晶花岗岩			
		H_1 /mm	D_1 /mm	m_1 /g	ρ_1 /(g/cm³)			H_2 /mm	D_2 /mm	m_2 /g	ρ_2 /(g/cm³)
F14	18	99.60	49.87	513.7	2.641	C14	18	99.86	49.63	513.1	2.656
F15	24	100.06	50.11	522.2	2.646	C15	24	99.68	49.63	512.1	2.656
F20	30	99.99	50.02	519.5	2.644	C20	30	99.74	49.67	509.7	2.637
FB-1	抗拉	25.38	49.36	127.6	2.627	CB-1	抗拉	25.40	50.09	128.6	2.569
FB-2	抗拉	25.53	49.37	128.6	2.631	CB-2	抗拉	25.35	49.93	130.5	2.629
FB-3	抗拉	25.38	50.00	130.5	2.619	CB-3	抗拉	25.16	50.01	129.2	2.614

2.2.2　花岗岩单轴压缩试验结果

选取细晶花岗岩试样 F1、F2 和粗晶花岗岩试样 C1、C3 进行常温下的单轴压缩试验，以分析试样的离散性对试验结果的影响。单轴压缩试验结果分别如图 2-10 和图 2-11 所示。根据图 2-10 和图 2-11 看出，试样 F1 和 F2、C1 和 C3 在单轴压缩条件下都经历了孔裂隙压密阶段、弹性变形阶段、变形局部化阶段后达到破坏，随后又经历了最终的应变软化阶段。根据应力-应变曲线可以获得单轴压缩强度 σ_c、弹性模量 E_s 等力学参数，其中弹性模量根据 $30\%\sigma_c$ 至 $70\%\sigma_c$ 应力-应变曲线斜率得到。

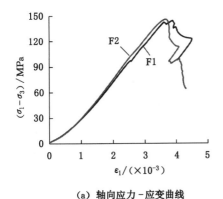
（a）轴向应力-应变曲线

（b）宏观破坏模式图

图 2-10　常温下细晶花岗岩单轴压缩试验结果

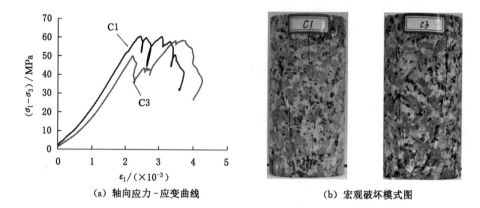

（a）轴向应力-应变曲线　　　　　　（b）宏观破坏模式图

图 2-11　常温下粗晶花岗岩单轴压缩试验结果

　　试样 F1 与 F2 的单轴压缩强度分别为 144.1 MPa 和 145.7 MPa，平均值为 144.9 MPa，离散系数（定义为一组数据的标准差与其平均值之比）为 0.55％；弹性模量分别为 45.36 GPa 和 48.51 GPa，平均值为 46.94 GPa，离散系数为 3.36％。C1 和 C3 的单轴压缩强度分别为 60.5 MPa 和 58.3 MPa，平均值为 59.4 MPa，离散系数为 1.85％；弹性模量分别为 23.177 GPa 和 19.519 GPa，平均值为 21.348 GPa，离散系数为 8.57％。另外，在单轴压缩条件下花岗岩试样均发生轴向拉伸破坏，并且可观察到试样表面存在剥落现象。由此可见，细晶花岗岩和粗晶花岗岩离散性较小，具有较好的均质性，可用于后续试验研究。

2.2.3　花岗岩常规三轴压缩试验结果

2.2.3.1　应力-应变曲线

　　图 2-12 和图 2-13 分别给出了常温下细晶花岗岩和粗晶花岗岩常规三轴压缩试验应力-应变曲线。以细晶花岗岩 $\sigma_3 = 6$ MPa 对应的应力-应变曲线为例，可以看出试样在三轴压缩条件下主要经历以下几个阶段：① 孔裂隙压密阶段。由于岩样内部存在天然的孔隙、裂隙等初始损伤，使得该阶段的应力-应变曲线呈上凹形，该阶段内相比轴向应变，环向应变较小，几乎为 0。② 弹性变形阶段。该阶段内轴向应力与轴向应变呈线性关系，服从胡克定律。这是因为孔裂隙压密之后，岩样内部之间的摩擦力抑制了微裂隙面之间的相互错动，使得变形近似为弹性。③ 变形局部化阶段。岩样内部有大量裂隙萌生、扩展，裂隙逐渐由微观分布向宏观分布过渡。此阶段轴向应力-应变曲线的斜率有所变缓，轴向应力逐渐趋于最大值，环向应变的变化速率高于轴向应变的变化速率。④ 应变软化

阶段。岩样表面出现宏观裂纹带,此时岩石已经发生破坏,其承载能力迅速降低,后续仅能依靠内部的裂隙面来承受荷载。该阶段环向应变发生突变,增幅较大。⑤ 残余强度阶段。随着荷载的持续施加,岩样内部裂隙面的有效面积逐渐减小,因此所能承载的应力也逐渐降低,应力-应变曲线逐渐趋于平缓。

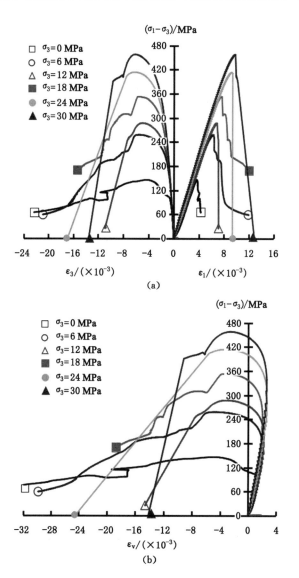

图 2-12　常温下细晶花岗岩常规三轴压缩应力-应变曲线

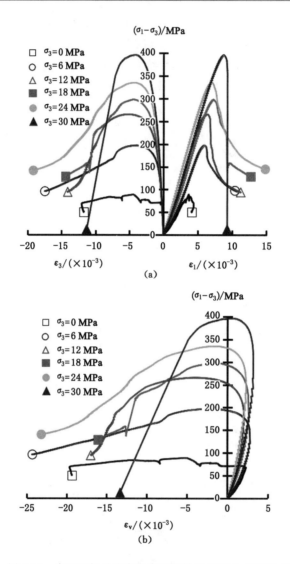

图 2-13　常温下粗晶花岗岩常规三轴压缩应力-应变曲线

　　进一步分析可以看出,围压对试样的变形特征有显著影响,体现在应力-应变曲线上主要有以下特征:① 试样孔裂隙压密阶段随着围压的增加逐渐变得不明显,这是由于在施加围压的过程中试样初始孔裂隙就已被逐渐压密。② 整体上曲线的斜率和峰值随着围压的增大被强化,表明围压对试样的强度参数和变形参数有显著的影响,具体将在本节力学参数和变形参数中分析。③ 围压对试样的峰后破坏特征有显著影响。如细晶花岗岩中围压为 0 MPa

时,试样经历了孔裂隙压密阶段、弹性变形阶段、变形局部化阶段和应变软化阶段 4 个阶段,这与前述试验结果相符;而在围压为 12 MPa、24 MPa 和 30 MPa 时,应力-应变曲线在经历前 3 个阶段后迅速跌落趋向于 ε_1 轴,不存在应变软化阶段和残余强度阶段,而围压为 6 MPa 和 18 MPa 时这两个阶段体现明显。粗晶花岗岩应力-应变曲线也存在类似现象,围压介于 6 MPa 至 24 MPa 时存在明显的应变软化阶段和残余强度阶段,围压为 30 MPa 时则不存在。不论是细晶花岗岩还是粗晶花岗岩,由应力-应变曲线可以看出试样达到峰值强度后应力迅速跌落,均呈现脆性破坏特征,但整体上看随着围压的增加,试样峰后的脆性破坏特征增强。

2.2.3.2 宏观力学参数

表 2-3 和表 2-4 给出了常温下细晶花岗岩和粗晶花岗岩的三轴压缩力学参数。表中,σ_3 表示围压,σ_p 表示轴向峰值偏应力,σ_s 表示三轴压缩强度,σ_{cd} 表示裂纹损伤阈值(为体积应变最大时对应的偏应力大小)[5-6],σ_{sd} 表示三轴压缩损伤阈值,E_s 表示弹性模量(取峰值强度 30%~70% 对应曲线的斜率),E_{50} 表示变形模量(取峰值强度 50% 与原点连线的斜率),μ 表示泊松比,ε_{vd} 表示最大体积应变,ε_{1c} 表示轴向峰值应变,ε_{3c} 表示环向峰值应变。

表 2-3 常温下细晶花岗岩三轴压缩力学参数

试样	σ_3 /MPa	σ_p /MPa	σ_s /MPa	σ_{cd} /MPa	σ_{sd} /MPa	E_s /GPa	E_{50} /GPa	μ	ε_{vd} /($\times 10^{-3}$)	ε_{1c} /($\times 10^{-3}$)	ε_{3c} /($\times 10^{-3}$)
F1	0	144.1	144.1	91.4	91.4	45.36	35.96	0.272	1.505	3.896	−4.360
F2	0	145.7	145.7	89.7	89.7	48.51	37.23	0.303	1.340	3.657	−4.901
F8	6	257.7	263.7	169.6	175.6	50.35	43.34	0.341	2.062	6.247	−5.388
F9	12	287.2	299.2	199.4	211.4	48.15	39.38	0.286	2.808	7.587	−4.985
F14	18	352.7	370.7	232.3	250.3	54.67	51.01	0.353	2.096	7.609	−5.476
F15	24	413.3	437.3	287.5	311.5	50.81	50.44	0.322	2.733	9.185	−6.133
F20	30	457.8	487.8	324.9	354.9	52.29	53.49	0.323	2.694	9.732	−6.127

表 2-4 常温下粗晶花岗岩三轴压缩力学参数

试样	σ_3 /MPa	σ_p /MPa	σ_s /MPa	σ_{cd} /MPa	σ_{sd} /MPa	E_s /GPa	E_{50} /GPa	μ	ε_{vd} /($\times 10^{-3}$)	ε_{1c} /($\times 10^{-3}$)	ε_{3c} /($\times 10^{-3}$)
C1	0	60.5	60.5	38.8	38.8	27.90	23.18	0.183	1.176	2.447	−2.692
C3	0	58.3	58.3	43.1	43.1	26.95	19.52	0.105	1.675	3.696	−9.619

表 2-4(续)

试样	σ_3 /MPa	σ_p /MPa	σ_s /MPa	σ_{cd} /MPa	σ_{sd} /MPa	E_s /GPa	E_{50} /GPa	μ	ε_{vd} /($\times 10^{-3}$)	ε_{1c} /($\times 10^{-3}$)	ε_{3c} /($\times 10^{-3}$)
C8	6	197.0	203.0	137.7	143.7	41.50	30.91	0.246	2.783	5.907	−3.804
C9	12	265.3	277.3	176.5	188.5	53.29	44.97	0.330	2.032	6.299	−4.978
C14	18	297.9	315.9	201.4	219.4	50.95	40.93	0.322	2.612	7.287	−4.41
C15	24	334.7	358.7	242.8	266.8	56.08	53.40	0.292	2.289	6.952	−4.136
C20	30	396.0	426.0	287.3	317.3	54.70	47.47	0.290	3.213	8.764	−4.122

　　根据表 2-3、表 2-4 分别绘制细晶花岗岩和粗晶花岗岩三轴压缩强度 σ_s、三轴压缩损伤阈值 σ_{sd} 与围压之间的关系曲线,如图 2-14 所示。由图 2-14 可以看出,相比粗晶花岗岩,细晶花岗岩的三轴压缩强度和三轴裂纹损伤阈值都较高,分析认为主要存在以下原因:首先,细晶花岗岩比粗晶花岗岩整体上更加致密,孔隙率更小,粗晶花岗岩矿物颗粒较大,由于体积效应,即相同条件下体积越大,内部存在的缺陷越多,在外力加载作用下更容易产生应力集中,因此粗晶晶体颗粒的强度较小;其次,细晶花岗岩的矿物颗粒较小,颗粒间的黏结强度较高,体现在黏聚力上其值较大(分析见后文);最后,由于晶粒边界黏结强度小于矿物颗粒晶体本身的强度,且裂纹遇曲线更容易发生湮灭,而粗晶晶粒破坏后直线较多,因此同一围压下颗粒较大的粗晶花岗岩其晶粒边界产生裂纹后更容易扩展,因而强度也更低。

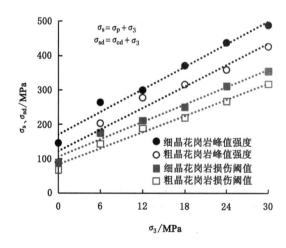

图 2-14　常温下花岗岩三轴压缩强度 σ_s 与裂纹损伤阈值 σ_{sd} 随围压的变化关系

　　花岗岩试样 σ_s 和 σ_{sd} 与围压之间的关系可用一次线性函数加以拟合,如式

(2-2)所示,可以看出拟合系数都近似等于 1,这表明常温下花岗岩试样三轴压缩强度、损伤阈值与围压呈现良好的正线性相关关系。

$$\sigma_s = 10.966\sigma_3 + 169.58(R^2 = 0.980\,2,细晶花岗岩)$$
$$\sigma_s = 10.434\sigma_3 + 121.79(R^2 = 0.962\,9,粗晶花岗岩)$$
$$\sigma_{sd} = 8.441\sigma_3 + 105.62(R^2 = 0.984\,1,细晶花岗岩)$$
$$\sigma_{sd} = 7.846\sigma_3 + 82.89(R^2 = 0.984\,1,粗晶花岗岩)$$

(2-2)

进一步,对细晶花岗岩和粗晶花岗岩的剪切参数进行求解。岩石强度准则用于表征岩石在临界损伤状态下其应力与强度参数之间的关系,最具有代表性的岩石强度准则是莫尔-库仑强度准则,又被称为"双参数(黏聚力和内摩擦角)的单剪强度准则",它具有形式简单、强度参数物理意义明确等优点,在岩土工程领域中被广泛应用。莫尔-库仑强度准则的表达式为:

$$\tau_s = c + \sigma_n \tan\varphi$$

(2-3)

式中:τ_s 为剪切面上的剪应力;σ_n 为剪切面上的正应力;c、φ 分别为黏聚力和内摩擦角。莫尔-库仑准则示意图如图 2-15 所示。

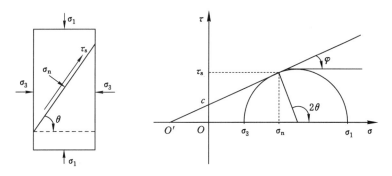

图 2-15　莫尔-库仑准则示意图

莫尔-库仑准则中 σ_1 和 σ_3 成正比,其关系式如式(2-4)所示。

$$\sigma_1 = \tan^2\left(45° + \frac{\varphi}{2}\right)\sigma_3 + 2c \cdot \tan\left(45° + \frac{\varphi}{2}\right) = \frac{1 + \sin\varphi}{1 - \sin\varphi}\sigma_3 + \frac{2\cos\varphi}{1 - \sin\varphi}c = q\sigma_3 + \sigma_0$$

(2-4)

式中:q 为围压相关系数;σ_0 为单轴压缩强度。结合三轴压缩强度、损伤阈值与围压拟合的关系曲线求解可得细晶花岗岩峰值强度黏聚力为 25.6 MPa,内摩擦角为 56.4°,粗晶花岗岩峰值强度黏聚力为 18.9 MPa,内摩擦角为 55.6°;细晶花岗岩损伤应力黏聚力为 18.2 MPa,内摩擦角为 52.0°,粗晶花岗岩损伤应力黏聚力为 14.8 MPa,内摩擦角为 50.7°。

2.2.3.3 变形参数

图 2-16 给出了不同粒径花岗岩弹性模量和变形模量随围压变化曲线。由图 2-16(a)可见,粗晶花岗岩弹性模量在低围压下($\sigma_3 \leqslant 12$ MPa)随着围压的增加迅速增加,这是因为围压的增加压密了试样中的孔裂隙,从而使试样的有效承载面积增加,因此弹性模量增幅明显。随着围压的继续增加,试样中的孔裂隙难以被进一步压密,因此弹性模量趋于平缓。细晶花岗岩弹性模量随着围压的增加变化不大,介于一定范围内(50 GPa 附近),这是因为细晶花岗岩天然状态下比粗晶花岗岩更加致密,存在的原始孔裂隙非常少,从图 2-17 施加围压过程中试样体积应变与围压的变化关系中也可侧面说明。图 2-16(b)表明细晶花岗岩和粗晶花岗岩试样的变形模量都随着围压的升高而增加,其中细晶花岗岩变形模量最大增幅为 46.2%,粗晶花岗岩变形模量增幅为 122.3%,这与围压对试样

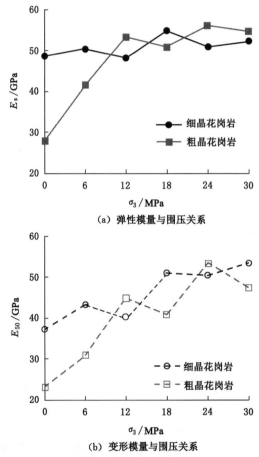

图 2-16　不同粒径花岗岩弹性模量、变形模量随围压变化曲线

孔裂隙的压密相关。为进一步分析围压对试样弹性模量与变形模量的影响,绘制试样变形模量与弹性模量的比值与围压的关系曲线,如图 2-18 所示。变形模量与弹性模量的比值反映试样孔裂隙压密阶段的非线性变化,比值越大,孔裂隙压密阶段的弯曲程度越小,进而体现岩样的致密程度。

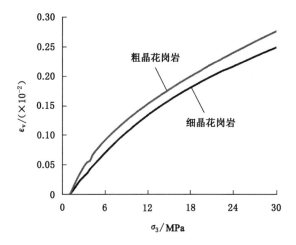

图 2-17　花岗岩体积应变与围压的关系曲线

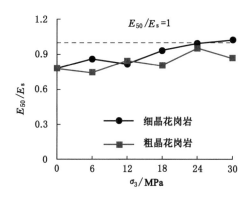

图 2-18　花岗岩变形模量与弹性模量比值与围压的关系曲线

　　图 2-19 给出了不同粒径花岗岩试样泊松比与围压的关系曲线。从图中可以看出,在低围压下($\sigma_3 \leqslant 12$ MPa),粗晶花岗岩泊松比随着围压增大而增大,这是因为粗晶花岗岩内部存在一定的天然孔裂隙,在低围压下施加围压过程中压密孔裂隙有限,且低围压限制试样环向变形能力有限。随着围压的继续增加,泊松比略微下降但趋于平缓,这是因为围压加到一定程度后孔裂隙已被压密,围压的进一步增加不会使其进一步被压密。相比粗晶花岗岩,细晶花

岗岩更加致密,岩石内部天然孔裂隙很少,因此其泊松比整体高于粗晶花岗岩的泊松比,且随围压的变化不明显。泊松比随围压的变化体现了围压对试样孔隙结构的影响,与孔隙的体积柔量密切相关。

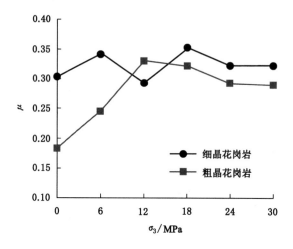

图 2-19　花岗岩泊松比与围压的关系曲线

图 2-20 给出了不同粒径花岗岩试样轴向峰值应变与围压的关系曲线。由图可见,细晶花岗岩与粗晶花岗岩的轴向峰值应变随着围压的增大而增大:细晶花岗岩峰值应变由 3.657 增加至 9.732,增幅为 166.1%;粗晶花岗岩峰值应变由 2.447 增加至 8.764,增幅为 258.2%。此外,可以看出在同一围压下细晶花岗岩较粗晶花岗岩的轴向峰值应变大,这与岩石的弹性模量与偏应力峰值有关。同一弹性模量下,偏应力峰值越高,轴向峰值应变越大;同一偏应力峰值下,弹性模量越大,轴向峰值应变越小。然而造成细晶花岗岩轴向峰值应变高于粗晶花岗岩的本质原因是二者具有不同的孔隙特征,细晶花岗岩的孔隙率较小。

2.2.3.4　破坏模式

图 2-21、图 2-22 分别给出了常温下细晶花岗岩和粗晶花岗岩常规三轴压缩最终破坏模式。可以看出,不论细晶花岗岩还是粗晶花岗岩,单轴压缩和三轴压缩条件下的破坏模式有明显的区别。当 $\sigma_3 = 0$ MPa 时,花岗岩试样沿轴向发生拉伸劈裂破坏,当存在围压时,试样发生典型的剪切破坏,破坏的同时伴随剧烈或较为剧烈的声响,属于典型的脆性突发或准突发失稳。拉伸劈裂破坏时试样破裂的宏观裂纹沿竖直方向,与主应力方向相同;剪切破坏时试样存在明显的剪切破裂面,且细晶花岗岩破裂面与 σ_3 方向夹角约为 72.6°,粗晶花岗岩破裂面与 σ_3 方向夹角约为 72.0°,这与理论上根据莫尔-库仑准则计算的夹角吻合得很好。需要说明的是,

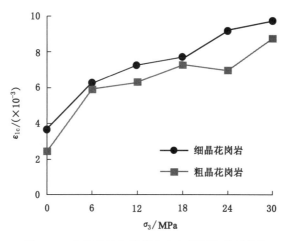

图 2-20　花岗岩轴向峰值应变与围压的关系曲线

图 2-22 中 $\sigma_3 = 30$ MPa 条件下原试样加载过程中浸油,采用 C21 试样进行补做,但因操作原因试验结束后试样 C21 接触到硅油,不影响试验结果。

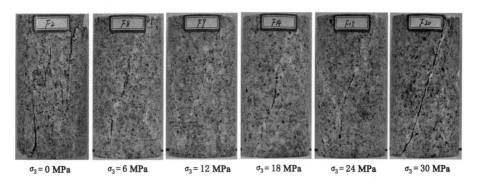

$\sigma_3 = 0$ MPa　　$\sigma_3 = 6$ MPa　　$\sigma_3 = 12$ MPa　　$\sigma_3 = 18$ MPa　　$\sigma_3 = 24$ MPa　　$\sigma_3 = 30$ MPa

图 2-21　常温下细晶花岗岩常规三轴压缩最终破坏模式

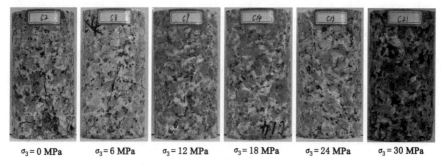

$\sigma_3 = 0$ MPa　　$\sigma_3 = 6$ MPa　　$\sigma_3 = 12$ MPa　　$\sigma_3 = 18$ MPa　　$\sigma_3 = 24$ MPa　　$\sigma_3 = 30$ MPa

图 2-22　常温下粗晶花岗岩常规三轴压缩最终破坏模式

2.3 常温下不同粒径花岗岩拉伸力学特性

岩石的抗拉强度是岩石十分重要的力学参数之一,在隧道工程、矿山工程、边坡工程及地下工程等诸多领域中被广泛应用,对工程的安全设计、分析和计算有着重要意义。由于岩石的抗拉强度远小于其抗压强度,属于脆性材料,在实际工程中需避免岩石中有较大的拉应力区产生。目前,岩石抗拉强度的测试方法包括直接拉伸试验和间接拉伸试验。直接拉伸试验所用岩石试件为细长的圆柱体,加工条件复杂,加工成品率低,且要求夹具与试样有足够的黏结,试样所受拉力必须与试样中心轴线重合,操作复杂,因此使用较少。常见的间接拉伸试验包括点荷载试验和巴西劈裂试验。点荷载试验是将规则的岩芯或不规则的岩块置于两个球端圆锥压头间,然后通过压头施加集中荷载直至试样破坏。通过点荷载试验测定点荷载强度后依据经验公式可得到岩石的抗拉强度,其依据为 ISRM 公布的《测定点荷载强度的建议方法》[7]。巴西劈裂试验是在圆盘两端施加一对径向压缩集中力的作用,在此作用下圆盘将受到与集中力方向相垂直的拉应力并发生破坏。该法由于操作简便、方法易行于 1978 年被 ISRM 列为推荐方法。

本次采用巴西劈裂试验方法测定岩样的抗拉强度。将花岗岩试样加工成直径 50 mm、厚度 25 mm 的圆盘试样,试样尺寸见表 2-2。本次巴西劈裂试验在中国矿业大学深地工程智能建造与健康运维全国重点实验室岩石力学测试系统上进行。该系统包括岩石加载系统、XTDIC 三维光学散斑系统、DS2 声发射采集系统和图像采集系统,如图 2-23 所示。

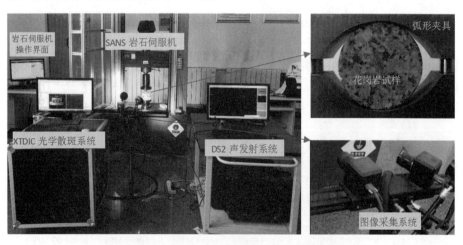

图 2-23　岩石巴西劈裂试验加载与测试系统

该岩石加载系统为美特斯（MTS）工业系统（中国）有限公司生产的 SANS-300 微机控制电子万能岩石试验机，其最大轴向加载力为 300 kN，试验过程中采用位移加载方式，加载速率设置为 0.1 mm/min。

试验中巴西圆盘试样受一对竖向线性荷载作用，其切面受力示意图如图 2-24 所示。

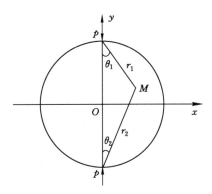

图 2-24　巴西圆盘试样受力示意图

基于弹性力学理论的研究，巴西劈裂试验中圆盘试样受径向荷载 p 作用时，圆盘内任意一点 M 的应力状态为[8-9]：

$$\left.\begin{aligned}
\sigma_x &= \frac{2p}{\pi t}\left\{\frac{\sin^2\theta_1\cos\theta_1}{r_1} + \frac{\sin^2\theta_2\cos\theta_2}{r_2}\right\} - \frac{2p}{\pi dt} \\
\sigma_y &= \frac{2p}{\pi t}\left\{\frac{\cos^3\theta_1}{r_1} + \frac{\cos^3\theta_2}{r_2}\right\} - \frac{2p}{\pi dt} \\
\tau_x &= \frac{2p}{\pi t}\left\{\frac{\cos^2\theta_1\sin\theta_1}{r_1} + \frac{\cos^2\theta_2\sin\theta_2}{r_2}\right\}
\end{aligned}\right\} \tag{2-5}$$

式中：p 为圆盘试样所受荷载，N；d、t 分别为试样直径和厚度，mm。在圆心处（$\theta_1 = \theta_2 = 0°$）试样所受拉应力最大，最先达到破坏，其应力状态为：

$$\sigma_x = -\frac{2p}{\pi dt}, \sigma_y = \frac{6p}{\pi dt}, \tau_x = 0 \tag{2-6}$$

此时所受压应力是拉应力的 3 倍，由于岩石为脆性材料，其抗拉性能远小于其抗压性能，且破裂面方向与拉应力方向垂直，所以可以确定岩石在拉应力作用下发生破坏，即确定巴西圆盘试样抗拉强度的计算公式为：

$$\sigma_t = \frac{2p_{\max}}{\pi dt} \tag{2-7}$$

式中：σ_t 为岩石试样间接抗拉强度，MPa；$p_{\max}$ 为试样破坏时所施加压缩荷载的最大值,N;d 为圆盘直径,mm;t 为圆盘厚度,mm。利用式(2-7)计算岩样的抗拉强度需满足两个基本假定:① 试样为均质各向同性材料;② 试样破裂时宏观裂纹从试样几何中心点起裂。

图 2-25 给出了常温下不同粒径花岗岩试样巴西劈裂试验结果,由图可见两个细晶花岗岩圆盘试样的抗拉强度分别为 7.31 MPa 和 7.26 MPa,平均为 7.29 MPa,离散系数为 0.36%;粗晶花岗岩试样抗拉强度分别为 6.00 MPa 和 5.77 MPa,平均为 5.89 MPa,离散系数为 1.95%。可见,不论是细晶花岗岩还是粗晶花岗岩,试样抗拉强度都十分接近。此外,试样的破裂模式也非常相似,都沿着加载方向发生轴向拉伸破坏,且主裂纹方向与加载方向一致并贯通试样。从拉应力-位移曲线来看,其形状大致相似。总体而言,试样之间的差异性很小,可用于后续高温作用后花岗岩抗拉强度、破裂模式研究。

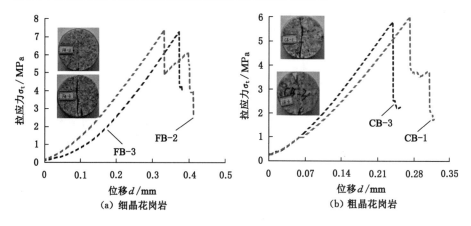

(a) 细晶花岗岩   (b) 粗晶花岗岩

图 2-25　常温下花岗岩巴西劈裂试验结果

2.4　高温后不同粒径花岗岩物理特性

关于温度对岩石力学性质的影响已有众多研究:Heuze[10] 研究了高温下花岗岩的热物理性质;Zhang 等[11] 研究了随温度变化的磁铁矿-石英岩和赤铁矿-石英岩的微观结构,并指出由不同矿物导致的结构热应力是微观结构破坏的主要原因;Chen 等[12] 研究了单轴压缩和疲劳荷载下温度对花岗岩力学性质的影响,结果表明峰值应力和弹性模量随着加热温度的升高而降低,而峰值应变在增加;Johnson 等[13] 与 Homand-Etienne 等[14] 采用 SEM 扫描方法研究了 20~600 ℃热处理后两种不同粒度花岗岩的微观结构,从微观程度上总结了裂纹宽度、长度、密度、形状及种类(晶内裂纹、晶间裂纹、穿晶裂纹)等的变化特性,并分析了微观结构损伤对岩石力学性能的影响。这些研究结果帮助我们对岩石在温度应力场作用下的响应有了一定了解。本节对不同粒径花岗岩进行不同高温处理后的单轴压缩试验、三轴压缩试验以及巴西劈裂试验,旨在获取其抗压、抗拉力学特性并研究温度与粒径对花岗岩强度、变形和破坏特征的影响规律及作用机制。

与常温下花岗岩试验程序相同,试验前分别用游标卡尺和电子天平测量试样的尺寸和质量,并计算岩样密度 ρ_1,随后在高温加热炉中对花岗岩试样进行高温处理,图 2-26 所示。研究表明[15],加热速率对火成岩的热开裂影响很大,不同温度梯度和加热速率使火成岩内部产生的裂纹有所不同。因此,为保证试验的合理性和减小试样因加热速率不同引起的差异,根据陈世万等[16]相关加热速率后热损伤对北山花岗岩裂隙演化及渗透规律的研究,本次试验加热速率设置为 5 ℃/min,待加热至目标温度后,恒温 2 h,随后让试样在炉内自然冷却。高温加热前后花岗岩试样的尺寸及其变化率如表 2-5 和表 2-6 所示,可出,高温前细晶花岗岩的平均密度是 2.639 1 g/cm³,标准差是 0.007,粗晶花岗岩的平均密度是 2.638 8 g/cm³,标准差是 0.019,这表明各个试样的尺寸和质量十分接近,离散性很小,误差都控制在试验许可范围内。表中高度变化率 ΔH、直径变化率 ΔD、质量变化率 Δm 和密度变化率 $\Delta \rho$ 定义如下:

$$\Delta H = \frac{H_2 - H_1}{H_1} \times 100\%$$

$$\Delta D = \frac{D_2 - D_1}{D_1} \times 100\%$$

$$\Delta m = \frac{m_2 - m_1}{m_1} \times 100\%$$

$$\Delta \rho = \frac{\rho_2 - \rho_1}{\rho_1} \times 100\%$$

(2-8)

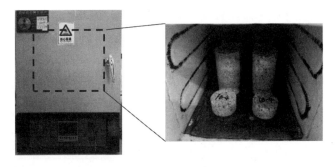

图 2-26　高温加热炉

表 2-5 细晶花岗岩高温加热前后的物理性质及其变化率

温度/℃	编号	围压/MPa	高温前				高温后				ΔH/%	ΔD/%	Δm/%	$\Delta\rho$/%
			H_1/mm	D_1/mm	m_1/g	ρ_1/(g/cm³)	H_2/mm	D_2/mm	m_2/g	ρ_2/(g/cm³)				
200	F4	0	100.30	49.96	520.2	2.646	100.42	50.11	519.3	2.622	0.12	0.30	−0.17	−0.89
200	F10	12	99.87	50.05	519.9	2.646	99.96	50.18	519.1	2.626	0.09	0.26	−0.15	−0.76
200	F16	24	99.94	50.27	525.2	2.648	99.99	50.29	524.6	2.641	0.05	0.04	−0.11	−0.24
200	FB-4	抗拉	25.38	49.39	127.9	2.630	25.37	49.39	127.7	2.627	−0.04	0	−0.16	−0.12
200	FB-8	抗拉	25.37	50.20	132.2	2.633	25.33	50.17	131.9	2.634	−0.16	−0.06	−0.23	0.05
400	F11	0	100.49	49.98	520.9	2.642	100.74	50.13	520.1	2.616	0.25	0.30	−0.15	−1.00
400	F5	12	99.91	49.90	516.5	2.643	100.05	50.09	515.5	2.615	0.14	0.38	−0.19	−1.09
400	F17	24	100.38	49.88	518.2	2.642	100.57	49.98	517.5	2.623	0.19	0.20	−0.14	−0.72
400	FB-5	抗拉	25.41	50.20	132.3	2.631	25.45	50.47	132.0	2.593	0.16	0.54	−0.23	−1.45
400	FB-9	抗拉	25.33	50.01	130.8	2.629	25.34	50.12	130.4	2.608	0.04	0.22	−0.31	−0.78
600	F6	0	99.65	50.04	518.1	2.644	100.55	50.41	516.6	2.574	0.90	0.74	−0.29	−2.63
600	F12	12	100.24	50.32	527.3	2.645	101.18	50.86	525.6	2.557	0.94	1.07	−0.32	−3.33
600	F18	24	100.35	49.83	515.7	2.635	101.16	50.16	514.2	2.572	0.81	0.66	−0.29	−2.39
600	FB-6	抗拉	25.46	49.42	128.6	2.633	25.56	49.82	128.0	2.569	0.39	0.81	−0.47	−2.44
600	FB-10	抗拉	25.23	49.36	127.4	2.639	25.49	49.77	126.8	2.557	1.03	0.83	−0.47	−3.10
800	F7	0	99.64	49.37	532.39	2.636	100.79	50.58	512.6	2.531	1.06	1.26	−0.37	−3.86
800	F13	12	99.46	49.93	513.8	2.638	100.58	50.50	511.9	2.541	1.13	1.14	−0.37	−3.69
800	F19	24	99.89	50.00	519.2	2.647	101.01	50.76	517.3	2.531	1.12	1.52	−0.37	−4.40
800	FB-7	抗拉	25.31	49.37	127.7	2.636	26.40	50.51	126.7	2.395	4.31	2.31	−0.78	−9.12
800	FB-11	抗拉	25.31	50.16	132.1	2.641	25.62	50.79	131.3	2.530	1.22	1.26	−0.61	−4.23

注：表中 H、D、m、ρ 分别为试样的高度、直径、质量、密度，ΔH、ΔD、Δm、$\Delta\rho$ 分别为高温后试样高度、直径、质量、密度的变化率。

表 2-6 粗晶花岗岩高温加热前后的物理性质及其变化率

温度/℃	编号	围压/MPa	高温前				高温后				ΔH/%	ΔD/%	Δm/%	$\Delta\rho$/%
			H_1/mm	D_1/mm	m_1/g	ρ_1/(g/cm³)	H_2/mm	D_2/mm	m_2/g	ρ_2/(g/cm³)				
200	C4	0	99.82	49.81	515.8	2.652	99.91	49.89	514.4	2.634	0.09	0.16	−0.27	−0.68
200	C10	12	99.79	49.67	509.7	2.636	99.86	49.72	508.1	2.621	0.07	0.10	−0.31	−0.58
200	C16	24	99.78	49.50	510.1	2.657	99.93	49.57	508.8	2.638	0.15	0.14	−0.25	−0.69
200	CB-4	抗拉	25.53	49.68	130.8	2.643	25.59	49.81	130.4	2.615	0.24	0.26	−0.31	−1.06
200	CB-8	抗拉	24.19	49.63	122.9	2.626	24.23	49.66	122.5	2.610	0.17	0.06	−0.33	−0.61
400	C5	0	99.49	49.70	512.4	2.655	99.76	49.82	510.5	2.625	0.27	0.24	−0.37	−1.12

表 2-6(续)

温度 /℃	编号	围压 /MPa	高温前				高温后				ΔH /%	ΔD /%	Δm /%	$\Delta\rho$ /%
			H_1 /mm	D_1 /mm	m_1 /g	ρ_1 /(g/cm³)	H_2 /mm	D_2 /mm	m_2 /g	ρ_2 /(g/cm³)				
400	C11	12	100.01	49.60	513.0	2.655	100.30	49.90	511.0	2.605	0.29	0.60	−0.39	−1.87
400	C17	24	100.12	49.66	512.3	2.642	99.95	49.86	510.4	2.615	−0.17	0.40	−0.37	−1.00
400	CB-5	抗拉	25.50	49.71	129.9	2.625	25.72	49.90	129.4	2.573	0.86	0.38	−0.38	−1.99
400	CB-9	抗拉	25.78	49.93	132.3	2.621	25.85	50.15	131.7	2.579	0.27	0.44	−0.45	−1.59
600	C6	0	99.89	49.72	512.9	2.645	104.05	51.65	507.9	2.330	4.16	3.88	−0.97	−11.91
600	C12	12	99.60	49.59	511.5	2.659	103.94	49.75	466.8	2.310	4.16	4.23	−0.45	−12.03
600	C18	24	99.72	49.70	513.5	2.654	102.48	49.92	489.5	2.441	2.46	2.38	−0.24	−7.11
600	CB-6	抗拉	25.16	49.60	128.9	2.652	25.96	51.24	127.8	2.387	3.18	3.31	−0.85	−9.96
600	CB-10	抗拉	25.41	49.93	131.0	2.633	25.93	50.77	130.2	2.480	2.05	1.68	−0.61	−5.80
800	C7	0	99.22	48.54	482.2	2.626	104.24	51.00	477.8	2.244	5.06	5.07	−0.91	−14.56
800	C13	12	100.62	48.36	486.3	2.631	103.39	49.85	484.5	2.401	2.75	3.08	−0.37	−8.75
800	C19	24	96.64	47.97	459.5	2.631	99.86	49.68	457.5	2.364	3.33	3.56	−0.44	−10.16
800	CB-7	抗拉	25.50	49.99	130.4	2.605	26.92	52.13	129.1	2.247	5.57	4.28	−1.00	−13.76
800	CB-11	抗拉	25.37	49.57	129.7	2.649	26.78	51.16	128.6	2.336	5.56	3.21	−0.85	−11.82

　　为研究高温作用对花岗岩物理性质变化的影响,依据表 2-5 和表 2-6 绘制试样高度、直径、质量和密度变化率随温度的变化,如图 2-27 所示,图中每一坐标点的纵值为该温度下 5 个试样对应变化率的平均值。由图 2-27 可以看出,不论是细晶花岗岩还是粗晶花岗岩,高度与直径变化率随温度的升高而增加,而质量和密度变化率随温度的升高而降低,其作用机理分析如下。

　　试样在热应力作用下有相应的弹性应变和塑性应变产生,当温度低于 400 ℃时,试样经高温作用又冷却至室温后产生的残余应变较小,因此其高度和直径变化率较小,对应曲线的斜率也较小。此外,温度在 100～150 ℃时,钾长石和斜长石均可发生钠长石化,如钾长石的钠长石化可通过直接交代进行,其反应如下,这对岩石物理性质的改变也有一定的影响:

$$K[AlSi_3O_8] + Na^+ \longrightarrow Na[AlSi_3O_8] + K^+$$

　　温度为 400 ℃左右时,黑云母会发生相态变化及氧化现象,如黑云母 $K\{(Mg,Fe)_3[AlSi_3O_{10}](OH)_2\}$ 中的二价铁被氧化为三价铁,或黑云母的类质同象矿物金云母中的 Mg^{2+} 被氧化[17],这将会引起岩石体积的增大。此外,相关研究[18]表明 α-石英(低温变体)在 573 ℃会相变为 β-石英(高温变体),该同质异晶相变过程将引起矿物的膨胀,体积增大约 8%。因此,温度在 400～800 ℃时,

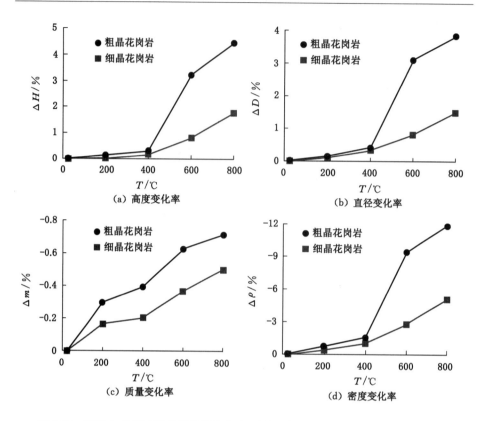

图 2-27　高温加热后不同粒径花岗岩高度、直径、质量和密度变化率与温度的关系

试样尺寸变化率存在显著提升,曲线斜率也有所增加。

$$K\{Mg_3^{2+}[AlSi_3O_{10}](OH)_2\} + O_2 \longrightarrow K\{Mg_3^{3+}[AlSi_3O_{10}](OH)_2\}$$

质量变化率随温度升高逐渐降低与岩石矿物中的水分密切相关。岩石矿物中一般都存在有附着水、结合水(包括弱结合水和强结合水)、结晶水和结构水。在 200 ℃以下(80~150 ℃),岩石矿物会失去附着水和层间弱结合水,此部分水所占比重较大,因此质量有较大幅度降低。200~300 ℃时强结合水将汽化逸出,该部分水是靠近颗粒表面,通过静电引力作用而吸附在岩石颗粒上的水,所占比例与附着水和结合水相比较小,故质量减小较少。300~500 ℃时岩石矿物发生脱水现象,其中的结晶水和结构水开始汽化逸出,这部分水的逃离将引起矿物晶格骨架的破坏,引起岩石结构的改变。随着温度进一步升高,斜长石中的 Al—O 键、Ca—O 键和 Na—O 键以及钾长石中的 K—O 键和 Al—O 键将会发生断裂,岩石结构进一步被破坏,出现碎屑掉落现象,这是 600 ℃和 800 ℃质量减少的主要原因。

密度变化率随温度发生改变是高度、直径和质量变化率的综合体现,由于质量变化率相对高度和直径的变化率较小,因此密度变化率随温度的变化趋势与高度、直径变化率相类似,不再赘述。

2.5　高温后不同粒径花岗岩三轴力学特性

2.5.1　应力-应变曲线

图 2-28、图 2-29 分别为围压一定时对应的不同高温作用后细晶花岗岩和粗晶花岗岩全应力-应变曲线。从图中可以看出,经历不同高温作用后的花岗岩的应力-应变曲线大致可分为 4 个阶段:① 孔裂隙压密阶段。岩样内部存在的孔裂隙在应力作用下被压密闭合,应力相比应变增加幅度缓慢,曲线呈上凹形。② 弹性变形阶段。应力-应变曲线呈线性,服从胡克定律,岩样表现出弹性特征且弹性模量为一常数。③ 变形局部化阶段。应力-应变曲线的斜率开始降低,即切线模量随着应变的增加逐渐减小,最后应力逐渐增加到最高值并发生破坏。④ 应变软化阶段。岩样已经发生破坏且内部裂隙贯通形成宏观裂纹,随后应力迅速跌落,应变增长较快,表现出软化现象。此外,部分试样存在残余强度阶段,如细晶花岗岩围压为 12 MPa 时、粗晶花岗岩围压为 24 MPa 时。由应力-应变曲线可以看出,细晶花岗岩试样大多表现出脆性破坏的特征,而粗晶花岗岩在 400 ℃内大多为脆性破坏,在 400 ℃以上时则表现出塑性破坏的特征。

值得指出的是,在相同围压下孔裂隙压密阶段曲线的上凹程度随着温度的升高呈现增大的趋势,即压密阶段随着温度升高有所延长,其非线性有所增加。以细晶花岗岩单轴压缩为例,当温度为 200 ℃和 400 ℃时,岩样应力-应变曲线几何形状与常温作用下的十分相似;而当温度为 600 ℃和 800 ℃时,曲线的几何形状与常温作用下的有较大差异。粗晶花岗岩在围压为 12 MPa、24 MPa 时也呈现出这一特征。主要表现为后者的孔裂隙压密阶段十分显著,呈现出明显的上凹形,而前者的孔裂隙压密阶段不明显。这一方面是由于高温作用下岩石内矿物脱水蒸发,导致试样含水率降低,孔隙率升高;另一方面是由于前者处于较低高温处理,岩样受热损伤程度较小,内部结构仍保持有一定的完整性,而后者在较高高温处理后,岩样受热损伤程度严重,内部已经产生了大量的微裂纹,因而温度越高孔裂隙压密阶段越明显。后者比前者变形局部化阶段更为明显也是由于后者岩样内部存在大量的微裂纹导致的。另外,细晶花岗岩围压为 0 MPa

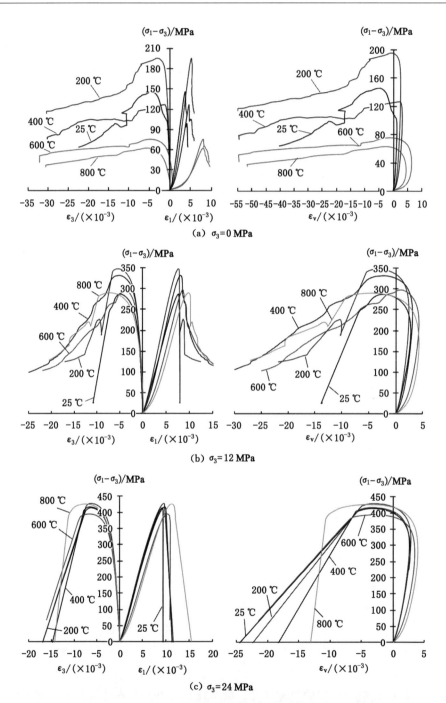

(a) $\sigma_3 = 0\ \text{MPa}$

(b) $\sigma_3 = 12\ \text{MPa}$

(c) $\sigma_3 = 24\ \text{MPa}$

图 2-28　围压一定时细晶花岗岩高温后三轴压缩应力-应变曲线

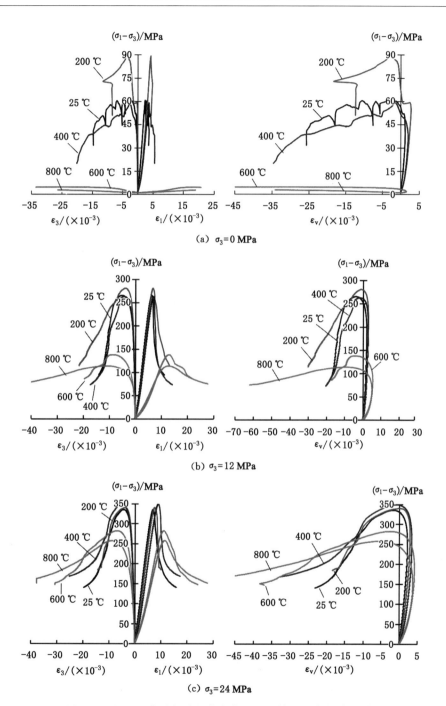

图 2-29　围压一定时粗晶花岗岩高温后三轴压缩应力-应变曲线

时，在应变软化阶段常温、200 ℃和 400 ℃作用下的岩样其环向应力-应变曲线存在较大跌落，而大于 400 ℃高温作用下的岩样则不存在跌落现象，直接近趋于水平；而在有围压存在时，无论温度如何，岩样应变软化阶段环向应力-应变曲线都表现为迅速跌落。

对比图 2-29 不同围压下粗晶花岗岩的应力-应变曲线可以发现，当围压为 0 MPa 时，试样在 600 ℃、800 ℃高温下的应力-应变曲线近似呈一水平直线，而有围压存在时应力-应变曲线经历上述 4 个阶段，这表明单轴压缩条件下，试样在 600 ℃及以上的高温作用后已基本丧失承载能力，而围压的存在明显改善了其受力状态，使其仍具有一定的承载能力。进一步和图 2-28(a)中的细晶花岗岩对比可以发现，经历 600 ℃、800 ℃高温作用后的细晶花岗岩仍具有承载能力，这与其矿物颗粒间的黏聚力较高密切相关。

2.5.2 宏观力学参数

表 2-7、表 2-8 分别给出了不同高温作用后细晶和粗晶花岗岩的三轴压缩力学参数。

表 2-7 不同高温作用后细晶花岗岩三轴压缩力学参数

试样	σ_3 /MPa	T /℃	σ_p /MPa	σ_s /MPa	σ_{cd} /MPa	σ_{sd} /MPa	E_s /GPa	E_{50} /GPa	μ	ε_{vd} /($\times 10^{-3}$)	ε_{1c} /($\times 10^{-3}$)	ε_{3c} /($\times 10^{-3}$)
F2	0	25	145.7	145.7	89.7	89.7	48.51	37.23	0.303	1.340	3.657	−4.901
F4	0	200	195.0	195.0	147.8	147.8	47.89	32.74	0.295	2.508	5.217	−2.994
F11	0	400	127.0	127.0	102.0	102.0	33.97	21.55	0.212	3.020	4.711	−1.315
F6	0	600	75.7	75.7	39.5	39.5	17.09	6.46	0.367	6.389	8.056	−4.532
F7	0	800	63.0	63.0	29.3	29.3	12.42	5.65	0.506	4.469	7.948	−5.107
F9	12	25	287.2	299.2	199.4	211.4	43.33	39.38	0.286	2.322	7.587	−4.985
F10	12	200	347.8	359.8	245.2	257.2	54.91	48.22	0.330	2.471	7.601	−5.388
F5	12	400	332.0	344.0	237.4	249.4	51.34	40.75	0.305	3.124	8.050	−5.098
F12	12	600	298.1	310.1	215.4	227.4	44.81	30.93	0.278	4.310	8.519	−3.746
F13	12	800	290.2	302.2	168.2	180.2	42.01	26.73	0.406	4.328	9.722	−6.932
F15	24	25	413.3	437.3	287.5	311.5	50.81	50.44	0.322	2.733	9.185	−6.133
F16	24	200	427.1	451.1	313.6	337.6	52.74	51.33	0.318	2.832	9.516	−6.188
F17	24	400	415.9	439.9	297.3	321.3	51.37	48.28	0.344	2.671	9.678	−6.345
F18	24	600	394.2	418.2	272.5	296.5	47.69	39.55	0.334	3.439	10.290	−6.524
F19	24	800	425.4	449.4	285.3	309.3	49.39	38.00	0.350	3.960	11.151	−7.305

表 2-8　不同高温作用后粗晶花岗岩三轴压缩力学参数

试样	σ_3 /MPa	T /℃	σ_p /MPa	σ_s /MPa	σ_{cd} /MPa	σ_{sd} /MPa	E_s /GPa	E_{50} /GPa	μ	ε_{vd} /($\times 10^{-3}$)	ε_{1c} /($\times 10^{-3}$)	ε_{3c} /($\times 10^{-3}$)
C1	0	25	60.5	60.5	38.8	38.8	27.90	23.18	0.183	1.176	2.447	−2.692
C4	0	200	89.1	89.1	54.1	54.1	26.59	17.16	0.103	2.765	4.309	−3.741
C5	0	400	58.9	58.9	37.0	37.0	20.27	13.29	0.214	1.977	3.708	−2.564
C6	0	600	4.7	4.7	1.9	1.9	0.22	0.27	0.564	1.553	17.214	−19.834
C7	0	800	2.8	2.8	0	0	0.09	0.25	1.066	0	19.087	−26.327
C9	12	25	265.3	277.3	176.5	188.5	53.29	44.97	0.330	2.032	6.299	−4.978
C10	12	200	280.9	292.9	211.4	223.4	53.56	40.42	0.266	2.899	6.780	−3.892
C11	12	400	262.8	274.8	188.4	200.4	47.85	37.31	0.303	2.761	6.952	−4.256
C26	12	600	137.9	149.9	83.3	95.3	15.20	9.84	0.353	5.478	12.935	−8.514
C24	12	800	113.8	125.8	63.6	75.6	12.63	9.92	0.413	4.924	12.654	−10.584
C15	24	25	334.7	358.7	242.8	266.8	56.08	53.40	0.292	2.289	6.952	−4.136
C16	24	200	339.9	363.9	264.3	288.3	55.23	46.17	0.262	3.017	7.599	−3.693
C17	24	400	349.0	373.0	248.1	272.1	49.27	38.55	0.301	3.487	9.000	−4.815
C25	24	600	281.8	305.8	183.5	207.5	32.77	24.79	0.333	4.228	11.135	−6.749
C19	24	800	257.3	281.3	148.2	172.2	28.86	22.44	0.406	3.768	11.486	−8.436

2.5.2.1　三轴压缩强度

　　细晶花岗岩和粗晶花岗岩三轴压缩强度随围压和温度的变化关系曲线如图 2-30、图 2-31 所示。由图 2-30(a)和图 2-31(a)可以看出,岩样三轴压缩强度受围压的影响作用明显,在同一温度下,三轴压缩强度随着围压的增加而升高。经历不同高温作用后的细晶花岗岩在围压 0 MPa、12 MPa 和 24 MPa 下三轴压缩强度的平均值分别为 121.3 MPa、323.1 MPa 和 439.2 MPa,粗晶花岗岩相应的平均值分别为 43.2 MPa、224.1 MPa 和 336.5 MPa。相比于单轴压缩强度,细晶花岗岩三轴压缩强度分别增加了 166.4%(围压 12 MPa)和 262.1%(围压 24 MPa),粗晶花岗岩三轴压缩强度分别增加了 418.8%(围压 12 MPa)和 678.9%(围压 24 MPa),可以看出围压对试样力学性能的改善十分显著。分析原因可能是围压作用使花岗岩试样内部孔裂隙闭合,从而增加了矿物晶粒之间的嵌锁力和摩擦力。对不同温度下岩样三轴压缩强度平均值与围压的关系用最小二乘法进行了拟合,发现二者呈良好的线性关系,其拟合的线性方程为:

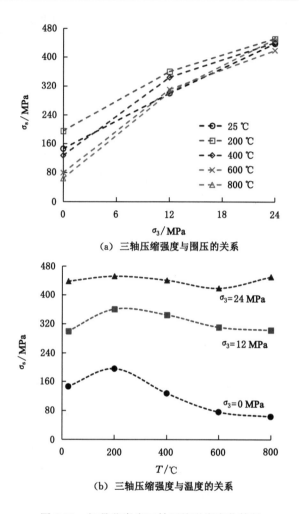

（a）三轴压缩强度与围压的关系

（b）三轴压缩强度与温度的关系

图 2-30　细晶花岗岩三轴压缩强度变化特征

$$\sigma_s = 13.246\sigma_3 + 135.560, R^2 = 0.976\ 4（细晶花岗岩）$$
$$\sigma_s = 13.223\sigma_3 + 54.623, R^2 = 0.982\ 1（粗晶花岗岩）$$

（2-9）

由图 2-30(b)和图 2-31(b)可知,同一围压下,温度对不同粒径花岗岩的三轴压缩强度有较大影响,随温度的升高三轴压缩强度整体上表现为先增大后减小的趋势。以细晶花岗岩为例,当围压为 0 MPa 时:常温作用下单轴压缩强度为 145.7 MPa,当温度升高至 200 ℃时,强度有所增加,提高至最大值 195.0 MPa;随着温度的继续升高,试样单轴压缩强度呈现下降趋势,分别降低了 34.9%（400 ℃）、61.2%（600 ℃）和 67.7%（800 ℃）,且下降幅度由大变小,600～800 ℃峰

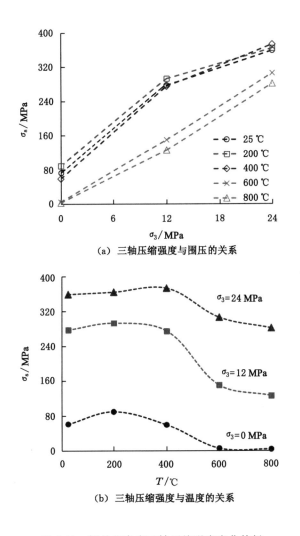

（a）三轴压缩强度与围压的关系

（b）三轴压缩强度与温度的关系

图 2-31　粗晶花岗岩三轴压缩强度变化特征

值强度降幅最小,趋于平缓,但仍具有一定的承载能力。当围压为 12 MPa 时,三轴压缩强度由常温的 299.2 MPa 升高至 200 ℃的 359.8 MPa,增幅为 20.3%,随后随着温度的升高,三轴压缩强度近似呈线性关系不断降低,800 ℃的相比于 200 ℃的降幅为 16.0%。围压为 24 MPa 时,岩样三轴压缩强度整体变化幅度不大,介于418.2 MPa 和 451.1 MPa 之间。相比细晶花岗岩,粗晶花岗岩有类似的变化趋势,但粗晶花岗岩在 400 ℃高温热处理之后强度跌落幅度较大,其单轴压缩强度已基本趋近为 0 MPa,丧失承载能力,这是因为粗晶矿物颗粒较大,在同样经历 400 ℃

高温热损伤后,其晶粒边界萌生裂纹后扩展速度更快且不容易湮灭,从而导致其内部有大量的微裂纹产生,颗粒之间相互脱节,结构严重恶化,由原有的完整结构变为碎裂结构。

根据上述试验结果,分析认为不同高温作用后花岗岩试样在 200 ℃时三轴压缩强度达到最大值,即常规三轴压缩条件下 200 ℃是花岗岩力学参数的阈值温度,这是因为矿物受热膨胀后充填岩样内部天然孔裂隙,进而提高了岩样密实性,而在 200 ℃之后,矿物受热过分膨胀,且不同矿物受热具有不同的膨胀率,使矿物颗粒间产生的结构热应力大大增加,该结构热应力使岩石内部产生微裂纹,造成岩石结构损伤,进而使得岩石强度降低。值得注意的是,在 24 MPa 的较高围压下试样三轴压缩强度受温度变化的影响较小,整体较为接近,这可能是因为在高围压的施加作用下试样内部原先由高温损伤产生的微裂纹又趋向于压密和闭合,试样的完整性又有所提高。

2.5.2.2　三轴压缩裂纹损伤阈值

图 2-32、图 2-33 分别给出了细晶花岗岩和粗晶花岗岩三轴压缩裂纹损伤阈值随围压与温度的变化特征。由图 2-32(a)和图 2-33(a)可见,同一温度下花岗岩三轴压缩裂纹损伤阈值随着围压的升高而增加,其变化趋势与相应的峰值强度的变化趋势十分相似。仍以同一围压不同温度作用下的平均值为参考,当围压由 0 MPa、12 MPa 增至 24 MPa 时,细晶花岗岩三轴压缩裂纹损伤阈值对应由 81.66 MPa、225.12 MPa 增至 315.24 MPa,增幅分别为 175.7%(围压12 MPa)和 286.0%(围压 24 MPa),粗晶花岗岩由 26.36 MPa、156.64 MPa 增至241.38 MPa,增幅分别为 494.2%(围压 12 MPa)和 815.7%(围压 24 MPa)。可以发现,三轴压缩裂纹损伤阈值与围压的变化呈线性关系,且与温度无关,其线性关系式如下:

$$\sigma_{sd} = 9.732\ 5\sigma_3 + 90.55, R^2 = 0.982\ 9(细晶花岗岩)$$
$$\sigma_{sd} = 8.959\ 2\sigma_3 + 33.95, R^2 = 0.985\ 3(粗晶花岗岩)$$

$$(2\text{-}10)$$

由图 2-32(b)和图 2-33(b)可知,细晶花岗岩和粗晶花岗岩三轴压缩裂纹损伤阈值对温度的变化较敏感,整体上随着温度的升高呈现先升高后降低的趋势,与其三轴压缩强度的变化趋势相似。进一步分析可知,损伤阈值在温度为200 ℃时也达到最大值,这与矿物受热膨胀充填花岗岩的原生裂隙有关。当温度升高到 400 ℃后,岩石矿物发生严重的脱水现象,逃离的结晶水和结构水引起矿物晶格骨架的破坏,花岗岩产生微裂纹进而引起花岗岩结构的改变,因此花岗岩损伤阈值逐渐降低。此外,在 573 ℃时发生石英的相变,加剧了花岗岩结构的

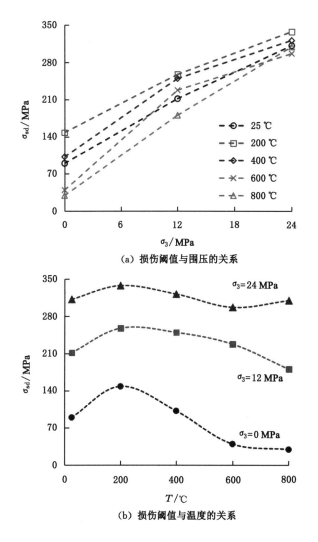

（a）损伤阈值与围压的关系

（b）损伤阈值与温度的关系

图 2-32　细晶花岗岩三轴压缩损伤阈值变化特征

破坏，因此在温度达到 600 ℃时花岗岩损伤阈值呈现较大的降低。对比 0 MPa 时不同粒径花岗岩的损伤阈值，可以看出当温度大于 600 ℃时，细晶花岗岩仍具有一定的损伤阈值，而粗晶花岗岩损伤阈值近乎为 0 MPa，这与粗晶花岗岩加热后产生大量宏观裂纹变为碎裂结构有关。

2.5.2.3　黏聚力和内摩擦角

上述结果表明在围压一定的条件下花岗岩三轴压缩强度和损伤阈值平均

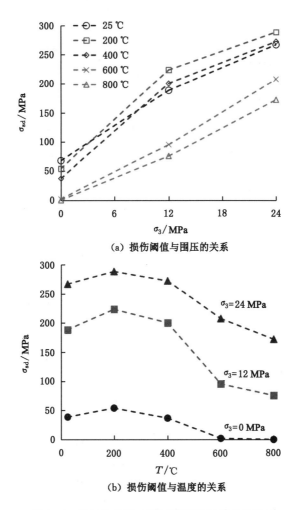

图 2-33　粗晶花岗岩三轴压缩损伤阈值变化特征

值与围压呈现较好的线性关系。为了分析花岗岩黏聚力、内摩擦角与温度之间的关系，将花岗岩三轴压缩强度、损伤阈值与围压的关系进行线性拟合，如式(2-11)～式(2-14)所示，可以看出线性相关系数介于 0.927 8～0.999 6，接近于 1，具有良好的线性相关性，因此可用于后续计算所得花岗岩剪切参数的比较分析。

细晶花岗岩峰值强度：

$$\sigma_s = 10.671\sigma_3 + 207.250(R^2 = 0.973\ 3)(200\ ℃)$$
$$\sigma_s = 13.038\sigma_3 + 147.180(R^2 = 0.952\ 4)(400\ ℃)$$
$$\sigma_s = 14.146\sigma_3 + 99.250(R^2 = 0.957\ 9)(600\ ℃)$$
$$\sigma_s = 16.100\sigma_3 + 78.330(R^2 = 0.981\ 5)(800\ ℃)$$

(2-11)

细晶花岗岩损伤阈值：

$$\sigma_{sd} = 6.908\sigma_3 + 152.630(R^2 = 0.989\ 9)(200\ ℃)$$
$$\sigma_{sd} = 9.138\sigma_3 + 114.580(R^2 = 0.962\ 0)(400\ ℃)$$
$$\sigma_{sd} = 10.708\sigma_3 + 59.300(R^2 = 0.933\ 5)(600\ ℃)$$
$$\sigma_{sd} = 11.667\sigma_3 + 32.930(R^2 = 0.998\ 0)(800\ ℃)$$

(2-12)

粗晶花岗岩峰值强度：

$$\sigma_s = 11.450\sigma_3 + 111.230(R^2 = 0.927\ 8)(200\ ℃)$$
$$\sigma_s = 13.088\sigma_3 + 78.517(R^2 = 0.955\ 3)(400\ ℃)$$
$$\sigma_s = 12.546\sigma_3 + 2.917(R^2 = 0.999\ 6)(600\ ℃)$$
$$\sigma_s = 11.604\sigma_3 - 2.617(R^2 = 0.995\ 5)(800\ ℃)$$

(2-13)

粗晶花岗岩损伤阈值：

$$\sigma_{sd} = 9.758\sigma_3 + 71.500(R^2 = 0.937\ 9)(200\ ℃)$$
$$\sigma_{sd} = 9.796\sigma_3 + 52.280(R^2 = 0.951\ 7)(400\ ℃)$$
$$\sigma_{sd} = 8.567\sigma_3 - 1.230(R^2 = 0.997\ 2)(600\ ℃)$$
$$\sigma_{sd} = 7.175\sigma_3 - 3.500(R^2 = 0.995\ 1)(800\ ℃)$$

(2-14)

　　结合莫尔-库仑准则[式(2-3)]，计算得到不同温度下三轴压缩强度和损伤阈值对应的黏聚力和内摩擦角，如表 2-9 所示。根据表 2-9，绘制花岗岩剪切参数与温度的关系曲线，如图 2-34 所示。由图 2-34(a)可见，温度的变化对花岗岩黏聚力的影响显著，随着温度的不断升高，细晶花岗岩峰值强度黏聚力和裂纹损伤阈值黏聚力先增加后减小。以峰值强度黏聚力变化为例：当温度由常温升至 200 ℃时，其由 25.6 MPa 升高至 31.7 MPa，增幅为 23.8%；当温度进一步升高至 800 ℃时，岩石峰值强度黏聚力降为 9.76 MPa，降幅为61.7%。相比细晶花岗岩，粗晶花岗岩峰值强度黏聚力和裂纹损伤阈值黏聚力则呈现出逐渐减小的趋势。粗晶颗粒岩石黏聚力的降低是因为经高温作用后岩石矿物晶体的化学键发生断裂，岩石产生大量微裂纹，进而使岩石矿物间的黏聚性降低或丧失。另外，细晶花岗岩在 200 ℃时由于矿物颗粒受热膨胀增加了颗粒间的摩擦力，因此细晶花岗岩黏聚力在 200 ℃时出现最高值。分析图 2-34(b)岩石内摩擦角随温度的变化可知,细晶花岗岩峰值强度和损伤阈值内摩擦角随着温度的升高先降低后升高,而粗晶花岗岩峰值强度和损伤阈值内摩擦角随着温度的升高呈现先升高后降低的趋势。

表 2-9　不同温度下花岗岩峰值强度、损伤阈值剪切参数结果

温度 /℃	细晶花岗岩				粗晶花岗岩			
	峰值强度		损伤阈值		峰值强度		损伤阈值	
	黏聚力 /MPa	内摩擦角 /(°)	黏聚力 /MPa	内摩擦角 /(°)	黏聚力 /MPa	内摩擦角 /(°)	黏聚力 /MPa	内摩擦角 /(°)
25	25.6	56.4	18.2	52.0	18.9	52.0	14.8	50.7
200	31.7	56.0	29.0	48.3	16.4	57.1	11.4	54.5
400	20.4	59.0	19.0	53.4	10.9	59.1	8.4	54.6
600	13.2	60.2	9.1	56.0	0.4	58.5	—	52.3
800	9.8	62.0	4.8	57.4	—	57.3	—	49.1

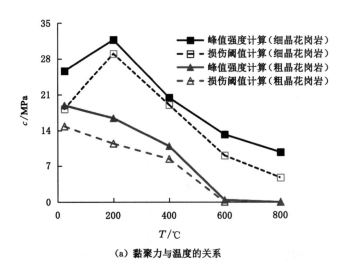

(a) 黏聚力与温度的关系

图 2-34　温度对花岗岩试样黏聚力和内摩擦角的影响

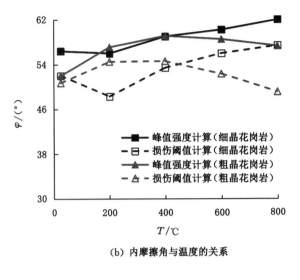

（b）内摩擦角与温度的关系

图 2-34　（续）

2.5.3　变形参数

下文将分析花岗岩的弹性模量、变形模量、泊松比和峰值应变等变形参数演化规律。

2.5.3.1　弹性模量

图 2-35、图 2-36 分别为常规三轴压缩条件下细晶花岗岩和粗晶花岗岩弹性模量随围压及温度的变化曲线。由图 2-35(a)、图 2-36(a)可知，常规三轴压缩条件下围压对试样弹性模量的影响较大，弹性模量随着围压的增大呈现增长的趋势。以细晶花岗岩为例，根据试验结果，经历不同高温作用后细晶花岗岩的弹性模量在 0 MPa、12 MPa 和 24 MPa 不同围压下的平均值分别为 31.98 GPa、47.28 GPa 和 50.40 GPa。相比 0 MPa 时，后两者弹性模量的增加幅度分别为 47.8% 和 57.6%，可见弹性模量对围压的敏感性较大。但随着围压的逐渐增加，弹性模量的增加幅度逐渐减小，粗晶花岗岩也表现出类似的特征。随后，对花岗岩弹性模量平均值与围压进行线性拟合，拟合方程如下：

$$E_s = 0.77\sigma_3 + 34.0, R^2 = 0.873\,0（细晶花岗岩）$$
$$E_s = 1.23\sigma_3 + 17.3, R^2 = 0.934\,0（粗晶花岗岩）$$

$\qquad\qquad\qquad\qquad\qquad\qquad\qquad\qquad\qquad$ (2-15)

由图 2-35(b)可以看出，随着温度的升高，细晶花岗岩的弹性模量整体呈现先增加后降低的趋势，200 ℃可视为试样弹性模量的阈值温度。$\sigma_3 = 0$ MPa 时，

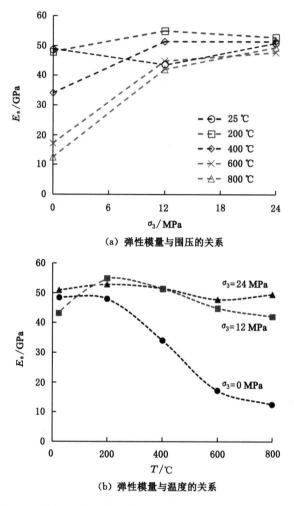

（a）弹性模量与围压的关系

（b）弹性模量与温度的关系

图 2-35　常规三轴压缩条件下细晶花岗岩弹性模量变化特征

当温度在 200 ℃以内时,弹性模量的变化不大,而当温度超过 200 ℃以后,弹性模量则迅速下降。$\sigma_3 = 12$ MPa 时,岩样弹性模量从 25 ℃到 200 ℃有较大增幅,其后随着温度的继续上升,弹性模量近似呈线性逐渐降低。$\sigma_3 = 24$ MPa 时,岩样弹性模量随温度的变化幅度不大,介于 47.69 GPa 和 52.74 GPa 之间,这表明在高围压作用下细晶花岗岩弹性模量对温度的敏感性较低。从热力学角度分析,高温作用下岩石矿物晶体的热运动增加,其质点间的结合力相对减弱,质点更容易产生相对位移,因而高温作用后岩样的弹性模量较低,但在高围压作用下晶体质点的位移被重新束缚,因此高围压作用下温度对弹性模量的影响较小。

图 2-36(b)中显示出粗晶花岗岩弹性模量随着温度的升高而逐渐降低,且在 400 ℃至 600 ℃之间有较大降幅,这与细晶花岗岩弹性模量变化趋势不同,正体现出矿物颗粒粒径及其黏聚力对岩石变形性质的影响。

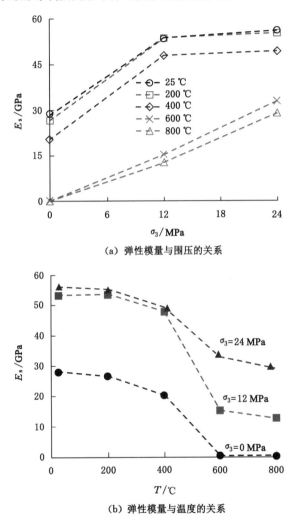

（a）弹性模量与围压的关系

（b）弹性模量与温度的关系

图 2-36　常规三轴压缩条件下粗晶花岗岩弹性模量变化特征

2.5.3.2　变形模量

图 2-37、图 2-38 为常规三轴压缩条件下细晶花岗岩和粗晶花岗岩岩石变形模量与围压和温度的关系。

由图 2-37(a)、图 2-38(a)可见,细晶花岗岩和粗晶花岗岩的变形模量随围压

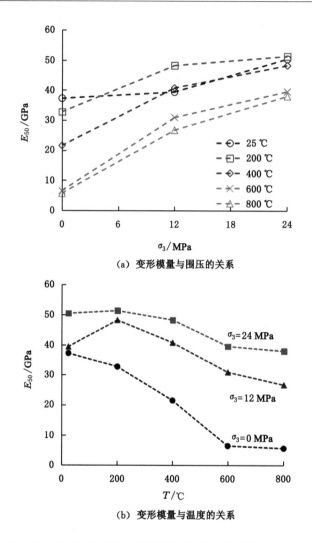

(a) 变形模量与围压的关系

(b) 变形模量与温度的关系

图 2-37　常规三轴压缩条件下细晶花岗岩变形模量变化特征

的变化特征与相应弹性模量的变化特征相类似,其中细晶花岗岩变形模量在
0 MPa、12 MPa 和 24 MPa 围压下的平均值分别为 20.73 GPa、37.20 GPa 和
45.52 GPa,粗晶花岗岩变形模量在这 3 个围压下的平均值分别为 10.83 GPa、
28.49 GPa 和 37.07 GPa。对其和围压的关系进行线性拟合,结果如式(2-16)所
示。图 2-37(b)中细晶花岗岩的变形模量随着温度的升高整体降低,在高围压
下的变化趋势与其弹性模量的变化趋势略有差异。图 2-38(b)中粗晶花岗岩变
形模量的变化趋势与其弹性模量的变化趋势相似,即随着温度的升高而降低且

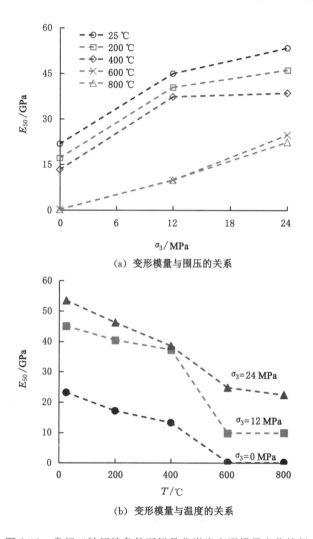

（a）变形模量与围压的关系

（b）变形模量与温度的关系

图 2-38　常规三轴压缩条件下粗晶花岗岩变形模量变化特征

在 400 ℃后存在较大降幅。

$$E_{50} = 1.03\sigma_3 + 22.1, R^2 = 0.965（细晶花岗岩）$$

$$E_{50} = 1.09\sigma_3 + 12.3, R^2 = 0.962（粗晶花岗岩）$$

(2-16)

2.5.3.3　泊松比

图 2-39、图 2-40 为细晶花岗岩和粗晶花岗岩试样泊松比随围压与温度的变化特征。由图可见,在三轴压缩作用下,细晶花岗岩和粗晶花岗岩泊松比受围压的影响规律较为相似,温度对二者的影响也展现出相似规律。以粗晶花岗岩为例

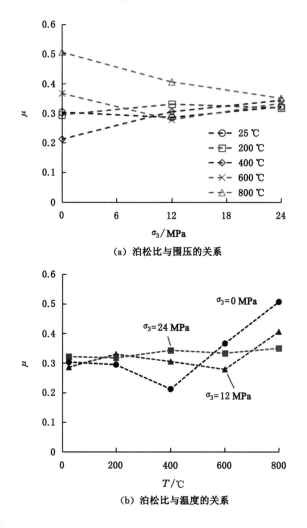

(a) 泊松比与围压的关系

(b) 泊松比与温度的关系

图 2-39　常规三轴压缩条件下细晶花岗岩试样泊松比变化特征

[图 2-40(a)],当温度在 400 ℃以内时,试样泊松比较 600 ℃、800 ℃高温作用后试样的泊松比低,这是因为在 400 ℃以内时试样内部所产生的微裂纹相对较少,而达到 600 ℃高温时,试样内已经形成了大量的热损伤裂纹,颗粒间黏聚力显著降低,在竖直荷载作用下岩石矿物晶粒更容易发生环向变形。在围压增大至 12 MPa 时,温度为 600 ℃、800 ℃试样的泊松比较大幅度减小,这是因为在围压作用下试样内的损伤裂纹发生闭合,同样使试样矿物晶粒的移动受到限制,可见围压对试样的环向变形有显著的抑制作用;而温度在 400 ℃以内试样的泊松比呈小幅度增大

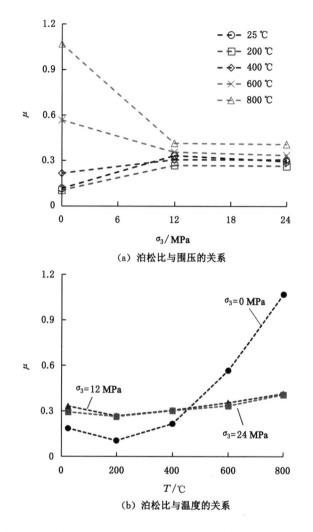

（a）泊松比与围压的关系

（b）泊松比与温度的关系

图 2-40　常规三轴压缩条件下粗晶花岗岩试样泊松比变化特征

趋势,这是由于围压作用下试样内部微裂纹闭合后,晶粒之间可调节的范围缩小,在轴向应力作用下更容易产生环向变形造成的。随着围压的进一步升高,试样内部裂纹的闭合程度和矿物晶粒的移动都处于一定的平衡状态,因此试样泊松比变化较小。在图 2-40(b)试样泊松比与温度的变化关系中,当 $\sigma_3 = 0$ MPa 时,试样泊松比在温度为 400 ℃以内时变化不明显,在高于400 ℃后急剧升高,这进一步说明在温度高于400 ℃的某一温度后,试样内部大量热损伤裂纹开始萌发,进而使其环向变形增大。而当围压为 12 MPa 和 24 MPa时,由于围压的显著抑制变形作用,试样泊松比随着温度的变化不明显,取值在 0.3 附近。

2.5.3.4　峰值应变

图 2-41、图 2-42 分别为细晶花岗岩和粗晶花岗岩轴向峰值应变受围压和温度影响的变化特征。由图 2-41(a)可见,不论是常温还是高温作用后,细晶花岗岩试样轴向峰值应变随着围压的增大而增大。图 2-41(b)中,当 $\sigma_3 = 0$ MPa 时,试样轴向峰值应变在温度为 400 ℃ 以内时变化不大,而当温度由 400 ℃ 升高至 600 ℃ 时轴向峰值应变存在较大增幅,增幅为 71.0%,随后保持不变。这是因为温度达到 400 ℃ 后试样内部开始萌发大量微裂纹,在轴向荷载作用下试样孔裂

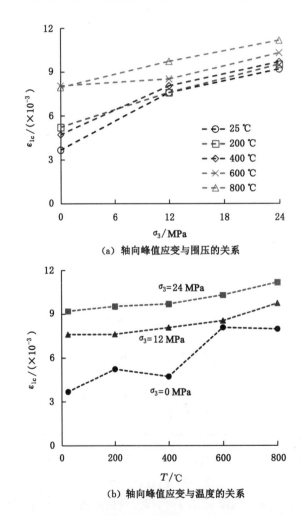

(a) 轴向峰值应变与围压的关系

(b) 轴向峰值应变与温度的关系

图 2-41　常规三轴压缩条件下细晶花岗岩试样轴向峰值应变变化特征

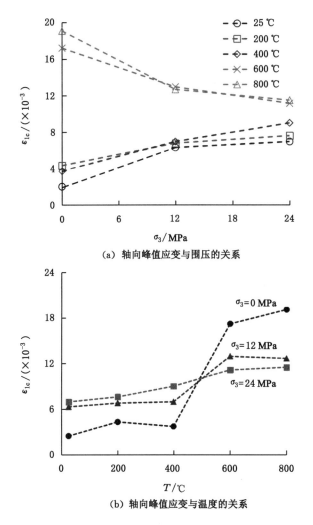

（a）轴向峰值应变与围压的关系

（b）轴向峰值应变与温度的关系

图 2-42　常规三轴压缩条件下粗晶花岗岩试样轴向峰值应变变化特征

隙闭合阶段对应的环向变形增加，从而间接引起其轴向峰值应变的增加，根据其应力-应变曲线图（图 2-28）亦可以直观看出。此外，温度的升高在一定程度上引起试样延性的增加也是轴向峰值应变增加的原因之一，这也体现在围压为 12 MPa 和 24 MPa 上，其轴向峰值应变随着温度的升高而逐渐增加。相比细晶花岗岩，粗晶花岗岩轴向峰值应变随围压与温度的变化规律有不同之处，在图 2-42（a）中表现为 600 ℃、800 ℃高温作用后的试样其轴向峰值应变随着围压的升高而降低，在图 2-42（b）中表现为 $\sigma_3 = 0$ MPa 时试样在经历 600 ℃高温后轴向峰值应变增幅更大,为 364.2%。从图 2-29 粗晶花岗岩的应力-应变曲线可以发现,这是因为经历 600 ℃、800 ℃高温作用后,岩石黏聚力几乎为 0,岩石为碎体结构,其塑性流动能力大幅度增加,因此其轴向峰值应变也大幅度增加。

图 2-43、图 2-44 分别展示的细晶花岗岩和粗晶花岗岩环向峰值应变受围压和温度影响的变化特征中,试样环向峰值应变的变化规律同相应的轴向峰值应变的变化规律相似,作用机理也相同,这里不做赘述。图 2-43 中若干点的峰值应变值偏低,可能是环向传感器在压缩初期接触不良造成的。

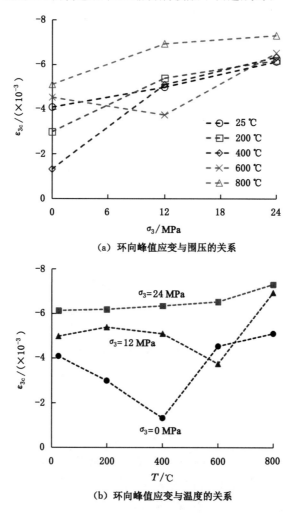

图 2-43　常规三轴压缩条件下细晶花岗岩试样环向峰值应变变化特征

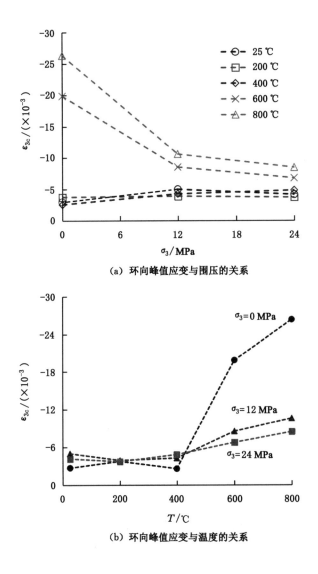

（a）环向峰值应变与围压的关系

（b）环向峰值应变与温度的关系

图 2-44　常规三轴压缩条件下粗晶花岗岩试样环向峰值应变变化特征

2.5.4　破坏特征与失稳模式

图 2-45、图 2-46 分别展示了不同高温作用后细晶花岗岩和粗晶花岗岩常规三轴压缩条件下的破坏特征和失稳模式。根据本次试验结果与徐小丽等的试验研究[19]，将花岗岩的破坏特征分为脆性破坏、半脆性破坏和塑性流动破坏，将其

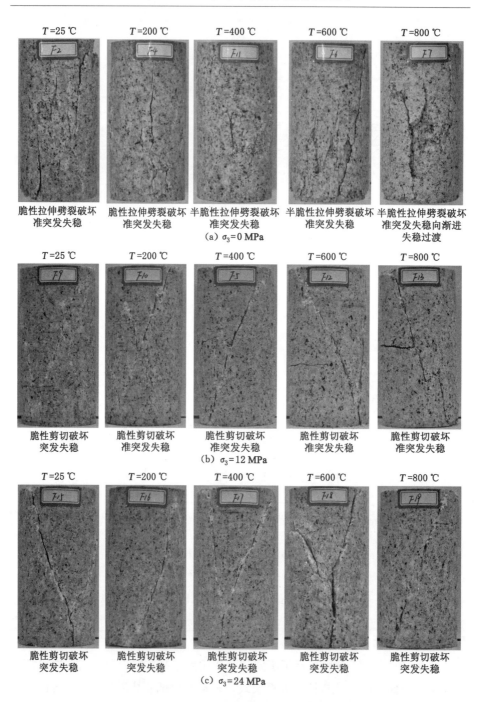

图 2-45　不同高温作用后细晶花岗岩三轴破裂模式

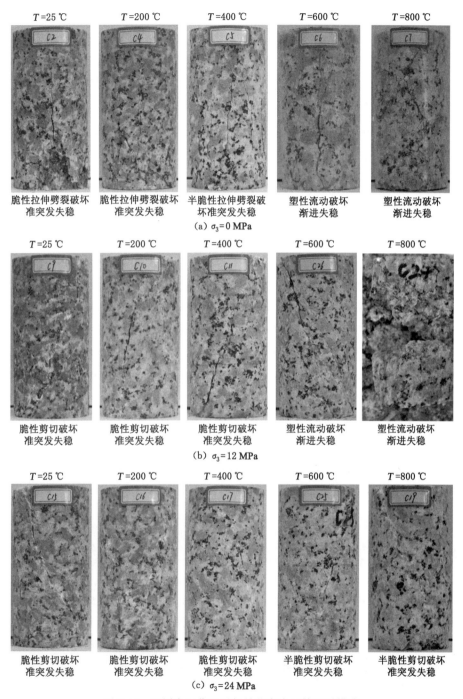

$T=25\ ℃$　　$T=200\ ℃$　　$T=400\ ℃$　　$T=600\ ℃$　　$T=800\ ℃$

脆性拉伸劈裂破坏　脆性拉伸劈裂破坏　半脆性拉伸劈裂破　塑性流动破坏　塑性流动破坏
准突发失稳　　　　准突发失稳　　　坏准突发失稳　　渐进失稳　　　渐进失稳

(a) $\sigma_3=0\ \mathrm{MPa}$

$T=25\ ℃$　　$T=200\ ℃$　　$T=400\ ℃$　　$T=600\ ℃$　　$T=800\ ℃$

脆性剪切破坏　　脆性剪切破坏　　脆性剪切破坏　　塑性流动破坏　塑性流动破坏
准突发失稳　　　准突发失稳　　　准突发失稳　　渐进失稳　　　渐进失稳

(b) $\sigma_3=12\ \mathrm{MPa}$

$T=25\ ℃$　　$T=200\ ℃$　　$T=400\ ℃$　　$T=600\ ℃$　　$T=800\ ℃$

脆性剪切破坏　　脆性剪切破坏　　脆性剪切破坏　　半脆性剪切破坏　半脆性剪切破坏
准突发失稳　　　准突发失稳　　　准突发失稳　　准突发失稳　　准突发失稳

(c) $\sigma_3=24\ \mathrm{MPa}$

图 2-46　不同高温作用后粗晶花岗岩三轴破裂模式

失稳模式分为突发失稳、准突发失稳和渐进失稳。其中,突发失稳和准突发失稳对应试样的脆性与半脆性破坏,而渐进失稳则对应试样的塑性流动破坏。不同的失稳模式有不同的表现形式:突发失稳表现为应力-应变曲线的迅速跌落,常见垂直跌落形式,应力迅速趋近于零,同时伴有剧烈的声响;准突发失稳表现为应力-应变曲线的快速下降,但仍存在一定的应力,伴有较为剧烈的声响;渐进失稳表现为峰后应力-应变曲线的缓慢下降或者不下降,曲线较为平缓,破坏时仅有较小的声响或者没有声响。

根据图 2-45 所示结果可以看出,单轴压缩条件下,随着温度的升高,细晶花岗岩由脆性拉伸劈裂破坏($T \leqslant 200 \, ℃$)向半脆性拉伸劈裂破坏($T \geqslant 400 \, ℃$)过渡,且温度在 600 ℃ 以内时试样均为准突发失稳,当温度达到 800 ℃ 时其失稳模式由准突发失稳向渐进失稳过渡。三轴压缩条件下岩样均发生脆性剪切破坏。围压为 12 MPa 时,试样仅在常温作用下发生突发失稳,在高温作用处理后均为准突发失稳,而围压为 24 MPa 时,试样失稳模式均为突发失稳。由此表明,决定细晶花岗岩破坏特征和失稳模式的首要因素是围压,其次是温度,在高围压作用下温度对花岗岩试样的失稳模式几乎没有影响。

根据图 2-46 所示的粗晶花岗岩试样三轴压缩破坏特征可以看出,在单轴压缩条件下,随着温度的升高,试样破坏模式先由脆性拉伸劈裂破坏向半脆性拉伸劈裂破坏过渡,后进一步向塑性流动破坏过渡,其失稳模式也由准突发失稳向渐进失稳过渡。当围压为 12 MPa 时,试样在 400 ℃ 以内均发生脆性剪切破坏,随着温度的升高,试样由脆性剪切破坏直接过渡至塑性流动破坏,而试样的失稳模式与围压为 0 MPa 时相同。当围压为 24 MPa 时,试样均为准突发失稳,并随着温度的升高由脆性剪切破坏向半脆性剪切破坏过渡,不存在塑性流动破坏。

2.6 高温后不同粒径花岗岩拉伸力学特性

对不同粒径花岗岩巴西圆盘试样进行高温加热处理,进行巴西劈裂试验,获取试验力学参数,以探讨粒径和温度对花岗岩拉伸强度的影响规律。巴西劈裂试验在图 2-23 所示的试验系统上进行,试验时对不同温度下的圆盘试样都进行了两组重复试验,取其平均值作为该条件下的抗拉强度参数。试验依据式(2-7)计算其抗拉强度,结果统计见表 2-10。

表 2-10　不同高温作用后花岗岩抗拉强度统计

试样类型	温度/℃	试样编号	抗拉强度/MPa	平均值/MPa	试样类型	温度/℃	试样编号	抗拉强度/MPa	平均值/MPa
细晶花岗岩	25	FB-2、FB-3	7.31、7.26	7.29	粗晶花岗岩	25	CB-1、CB-3	6.00、5.77	5.89
	200	FB-4、FB-8	5.81、5.51	5.66		200	CB-4、CB-8	4.83、4.86	4.85
	400	FB-5、FB-9	4.27、4.66	4.47		400	CB-5、CB-9	3.16、3.06	3.11
	600	FB-6、FB-10	3.77、3.52	3.65		600	CB-6、CB-10	0.43、0.43	0.43
	800	FB-7、FB-11	2.95、2.72	2.84		800	CB-7、CB-11	0.35、0.37	0.36

图 2-47 给出了不同高温后花岗岩拉应力-位移曲线。由图可见,无论是细晶花岗岩还是粗晶花岗岩,试样的拉应力-位移曲线随着温度的升高都发生相应的变化:首先,试样的抗拉强度随着温度的升高而降低;其次,在试样达到抗拉强度前,试样拉应力-位移曲线的斜率随着温度的升高而降低;最后,温度在 400 ℃内时,试样达到抗拉强度后发生脆性破坏,而温度在 600 ℃、800 ℃时试样发生塑性流动破坏,这说明温度的升高使试样的延性有所增加。此外,细晶花岗岩和粗晶花岗岩一个显著的区别是在温度达到 600 ℃时,后者拉应力很小,基本丧失抗拉能力,而前者仍具有一定的抗拉能力。这是因为在经历 600 ℃高温作用以后,粗晶花岗岩内部产生更多的热损伤裂纹。

图 2-48 给出了花岗岩抗拉强度与温度之间的关系。由图可见,花岗岩抗拉强度受温度变化的影响显著,具体表现为抗拉强度随着温度的逐渐升高而降低。温度由常温升至 800 ℃,细晶花岗岩抗拉强度由 7.29 MPa 降至 2.84 MPa,降幅为 61.0%,粗晶花岗岩由 5.89 MPa 降至 0.36 MPa,降幅为 93.9%,可见温度对粗晶花岗岩抗拉强度的影响更加显著。此外,同一温度下细晶花岗岩的抗拉强度较粗晶花岗岩的高,且粗晶花岗岩在温度达到 600 ℃时其抗拉强度急剧降低,已基本丧失承载能力。

图 2-49 为不同高温作用后细晶花岗岩和粗晶花岗岩的巴西劈裂破坏模式。由图可见,试样均沿径向发生拉伸劈裂破坏,裂纹贯通方向与加载力方向相同。在 600 ℃与 800 ℃高温处理后的试样,如 FB-11、CB-6、CB-7 等试样,在荷载施

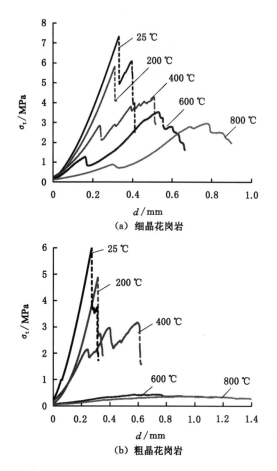

（a）细晶花岗岩

（b）粗晶花岗岩

图 2-47　不同粒径花岗岩巴西劈裂试验结果随温度变化

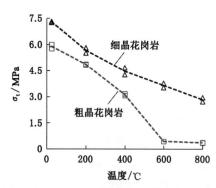

图 2-48　花岗岩抗拉强度随温度演化规律

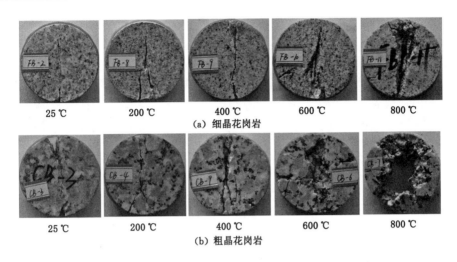

　　　　　　　　　　　　　　　　　　(a) 细晶花岗岩

　　　　　　　　　　　　　　　　　　(b) 粗晶花岗岩

图 2-49　高温作用后不同粒径花岗岩巴西劈裂破坏模式

加过程中出现矿物颗粒剥落现象。

2.7　高温后不同粒径花岗岩微观结构特征

　　岩石的微观结构对其宏观力学性质和渗透演化特征具有重要的影响作用，因此对岩石微观结构进行分析至关重要。扫描电子显微镜(SEM)是科学研究和工业生产中探索微观世界、进行表面结构和成分表征不可缺少的工具，可直接利用样品表面材料的物质性能进行微观成像。图 2-50、图 2-51 分别为不同高温作用后细晶花岗岩和粗晶花岗岩的电镜扫描结果，于中国矿业大学现代分析与计算中心进行扫描试验观察所得。由图可见，试样在高温作用下有微裂纹萌发一方面是由于高温使矿物晶粒的结构发生改变，另一方面是因为各种不同矿物颗粒的热膨胀率不同以及不同结晶方位的热弹性性质不同，在高温作用下使矿物颗粒发生膨胀，进而在颗粒内部或颗粒间产生膨胀应力。

　　另外，在常温 25 ℃时岩石试样结构较为完整，未发现明显的微裂纹、孔洞等缺陷。当温度升至 200 ℃时，试样出现极少数的微裂纹，且在此过程中(80～150 ℃)，岩石的附着水以及矿物的层间弱结合水会吸收热量而蒸发。在温度达到 400 ℃的过程中，岩石的强结合水会完全汽化逸出，且此时岩石矿物部分的结构水也会发生逸出，出现矿物脱水现象。另外，400 ℃时黑云母发生的相态变化及氧化现象会使岩石矿物的体积增大，试样的损伤程度开始增加，因此图中可见

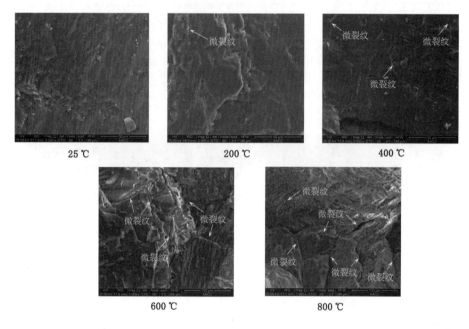

图 2-50　细晶花岗岩 SEM 观测结果

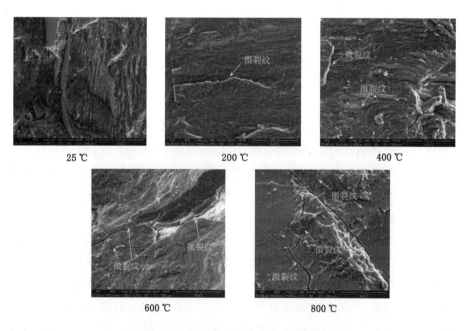

图 2-51　粗晶花岗岩 SEM 观测结果

若干清晰的微裂纹,微裂纹以沿晶裂纹为主。当温度进一步升高至 600 ℃ 和 800 ℃ 时,由于 573 ℃ 时 α-石英会相变为 β-石英,由低温变体转变为高温变体,该过程使矿物晶粒发生较大的体积膨胀[20],且随着岩石矿物进一步脱水以及斜长石等矿物的部分化学键发生断裂,岩石达到了最大的损伤程度,出现了大量的微裂纹,微裂纹包含沿晶裂纹和穿晶裂纹。总之,随着温度的不断升高,试样所受的损伤程度越来越大[21],试样内部产生的微裂纹和缺陷越来越多。张宗贤等[22]在利用扫描电镜研究岩石的热开裂现象中表明,在较低温度处理后岩石热开裂的主要形式为沿晶裂纹,随着温度的升高会出现越来越多的穿晶裂纹,并且其数量有可能多于沿晶裂纹。此外,先存在的微孔洞和沿晶裂纹可能会成为热开裂过程中新的损伤源。在 600 ℃、800 ℃ 的高温作用处理后,可明显发现矿物颗粒碎片被裂纹所包围。徐小丽[23]的扫描电镜结果也曾表明在 800 ℃ 左右,花岗岩晶体中会出现穿晶裂纹、解理台阶、滑移带和浅表韧窝共存特征。

2.8　本章小结

本章以细晶花岗岩和粗晶花岗岩为研究对象,首先对其进行高温加热处理,分析了高温作用前后高度、直径、质量和密度等物理性质的变化。随后开展了高温加热后不同粒径花岗岩的常规三轴压缩试验和巴西劈裂试验。在常规三轴压缩试验中,获得了高温后试样的全应力-应变曲线特征、力学参数和变形参数特征以及试样的破坏特征和失稳模式,并分析了围压和温度对其变化特征的影响;在巴西劈裂试验中,获得了高温后试样的拉应力-位移曲线特征、抗拉强度参数和其破坏模式。最后从微观角度对高温的作用机理进行了分析。本章得到的主要结论如下:

(1)在岩性特征鉴别中,细晶花岗岩的孔隙率为 0.40%,粗晶花岗岩的孔隙率为 1.81%。另外,两种岩石所含的主要矿物都为石英、黑云母和钠长石,且粗晶花岗岩中还含有部分正长石,在重新计算花岗岩中石英、碱性长石的相对含量后,根据深成岩的 QAP 三角分类法,将岩石定名为正长花岗岩。

(2)进行了单轴压缩试验,表明了试样具有良好的均质性。在三轴压缩试验中,详细分析了两种粒径花岗岩的三轴压缩强度、三轴压缩损伤阈值等力学参数以及弹性模量、变形模量、泊松比、轴向峰值应变等变形参数随围压的变化关系。结果表明,细晶花岗岩的三轴压缩强度、三轴压缩损伤阈值较粗晶花岗岩的高,表现出更好的力学性能;而对弹性模量、变形模量、泊松比等变形参数,在低围压($\sigma_3 <$12 MPa)下细晶花岗岩的数值较高,在高围压下由于孔裂隙都已经被压缩致密,两者数值相差不大。巴西劈裂试验中也显示出细晶花岗岩的抗拉强度略高于粗晶花岗岩的。

(3) 系统分析了细晶花岗岩较粗晶花岗岩力学性能好的原因。一是因为细晶花岗岩整体上更加致密,孔隙率更小,而粗晶花岗岩内部存在的缺陷较多,在外力荷载作用下更容易产生应力集中;二是因为细晶花岗岩矿物颗粒较小,颗粒间的黏结强度较高,黏聚力的值更大;三是因为裂纹扩展过程中遇曲线更容易发生湮灭,粗晶晶粒破坏后直线相对较多,因而粗晶花岗岩产生裂纹后更容易扩展,强度也更低。

(4) 单轴压缩和巴西劈裂试验后花岗岩试样的破坏模式为拉伸劈裂破坏,表面宏观裂纹方向与加载方向相同,而在三轴压缩后试样发生典型的剪切破坏,且破裂面与σ_3方向所成的夹角与莫尔-库仑准则计算所得的内摩擦角相吻合。整体上看,花岗岩试样的破坏模式与其粒径无关。

(5) 随着温度的升高,细晶花岗岩和粗晶花岗岩的高度和直径变化率逐渐升高,质量和密度变化率逐渐降低。在温度小于200 ℃时,岩石矿物中的附着水与层间弱结合水会失去,导致试样质量发生变化。当温度为400 ℃左右时黑云母发生的氧化现象以及温度在573 ℃时发生的α-石英与β-石英的相变导致试样的高度、直径和体积发生快速变化,此间岩石矿物的结晶水和结构水发生脱水现象,加速了岩石质量变化率的降低。当温度超过600 ℃时,矿物中的部分化学键发生断裂,严重破坏了试样的结构,使其发生了相应的物理性质的变化。

(6) 花岗岩在高温作用后其应力-应变曲线大致可分为孔裂隙压密阶段、弹性变形阶段、变形局部化阶段和应变软化阶段等4个阶段。孔裂隙压密阶段应力-应变曲线呈上凹形,且相同围压下上凹程度随着温度的升高而增大;弹性变形阶段试样轴向应力与轴向应变呈线性关系,服从胡克定律;变形局部化阶段试样内部大量裂纹萌发、扩展,此时切线模量随着应变的增加逐渐减小;应变软化阶段试样开始出现宏观裂纹,试样承载力开始下降。此外,部分未发生脆性破坏的试样存在残余强度阶段。

(7) 同一温度下,细晶花岗岩和粗晶花岗岩试样的三轴压缩强度σ_s和三轴压缩裂纹损伤阈值都随着围压的增加而升高,而在同一围压下,试样σ_s整体上表现为随着温度的升高先增加后降低的趋势,试验结果表明200 ℃为其力学参数的阈值温度。同一温度下试样的弹性模量E_s随着围压的变化规律与σ_s随围压的变化规律相同,但在同一围压下,细晶花岗岩E_s随着温度的升高整体呈现先增加后降低的趋势,200 ℃为其弹性模量的阈值温度,而粗晶花岗岩 E_s 随着温度的升高逐渐降低。此外试样的泊松比与峰值应变受围压与温度的变化影响显著。

(8)细晶花岗岩在单轴压缩下发生拉伸劈裂破坏,但由脆性破坏($T \leqslant$ 200 ℃)向半脆性破坏($T \geqslant 400$ ℃)过渡,在三轴压缩条件下均为脆性剪切破坏。粗晶花岗岩随着温度的升高,在单轴压缩下由脆性拉伸劈裂破坏向半脆性拉伸劈裂破坏过渡,后进一步向塑性流动破坏过渡,在三轴压缩下均发生剪切破坏,但在低围压下($\sigma_3 = 12$ MPa)过渡至塑性流动破坏,而在高围压下($\sigma_3 = 24$ MPa)不存在塑性流动破坏。此外,试样在巴西劈裂试验中均发生拉伸劈裂破坏,其抗拉强度随着温度的升高而降低。

(9)运用 SEM 微观测试技术,对高温作用后花岗岩的微观结构进行研究,结果表明试样损伤程度随着温度的升高而不断加剧:温度为 200 ℃左右时只出现极少微裂纹;温度达到 400 ℃后微裂纹数量有所增多,此时微裂纹为沿晶裂纹;当温度升高至 600 ℃、800 ℃时,由于岩石矿物的严重脱水和部分化学键发生断裂,试样内部出现了大量微裂纹,此时微裂纹既包含沿晶裂纹,又包含穿晶裂纹。

参考文献

[1] EBERHARDT E,STIMPSON B,STEAD D.Effects of grain size on the initiation and propagation thresholds of stress-induced brittle fractures[J]. Rock mechanics & rock engineering,1999,32(2):81-99.

[2] RONG G,LIU G,HOU D,et al.Effect of particle shape on mechanical behaviors of rocks:a numerical study using clumped particle model[J].The scientific world journal,2013,2013:589215.

[3] NICKSIAR M,MARTIN C D.Factors affecting crack initiation in low porosity crystalline rocks[J].Rock mechanics and rock engineering,2014, 47(4):1165-1181.

[4] 杨于兴,漆璿.X 射线衍射分析[M].2 版.上海:上海交通大学出版社,1994: 105-119.

[5] WONG T F,DAVID C,ZHU W L.The transition from brittle faulting to cataclastic flow in porous sandstones:mechanical deformation[J].Journal

of geophysical research:solid earth,1997,102(B2):3009-3025.

[6] HEAP M J,BAUD P,MEREDITH P G.Influence of temperature on brittle creep in sandstones[J].Geophysical research letters,2009,36(19):308.

[7] FRANKLIN J A.Suggested method for determining point load strength [J]. International journal of rock mechanics and mining sciences & geomechanics abstracts,1985,22(2):51-60.

[8] МУСХЕЛИШВИЛИ Н И.数学弹性力学的几个基本问题[M].赵惠元, 译.北京:科学出版社,1958.

[9] 高磊.矿山岩石力学[M].北京:机械工业出版社,1987:12-13.

[10] HEUZE F E.High-temperature mechanical,physical and Thermal properties of granitic rocks- A review[J].International journal of rock mechanics and mining sciences and geomechanics abstracts,1983,20(1):3-10.

[11] ZHANG J, MA W, ZHANG F. On rock structure character under high temperature[J]. Journal of Northeastern University,1996,17(1):5-9.

[12] CHEN Y L,NI J,SHAO W,et al.Experimental study on the influence of temperature on the mechanical properties of granite under uni-axial compression and fatigue loading [J]. International journal of rock mechanics and mining sciences,2012,56:62-66.

[13] JOHNSON B, GANGI A F, HANDIN J. Thermal cracking of rock subjected to slow,uniform temperature changes[J]. International journal of rock mechanics and mining sciences and geomechanics abstracts,1979, 16(2):23.

[14] HOMAND-ETIENNE F,HOUPERT R.Thermally induced microcracking in granites:characterization and analysis [J]. International journal of rock mechanics and mining sciences & geomechanics abstracts, 1989, 26 (2): 125-134.

[15] SIMPSON C. Deformation of granitic rocks across the brittle-ductile transition[J].Journal of structural geology,1985,7(5):503-511.

[16] 陈世万,杨春和,刘鹏君,等.热损伤后北山花岗岩裂隙演化及渗透率试验 研究[J].岩土工程学报,2017,39(8):1493-1500.

[17] 田文岭.高温处理后花岗岩力学行为与损伤破裂机理研究[D].徐州:中国 矿业大学,2019.

［18］孙强,张志镇,薛雷,等.岩石高温相变与物理力学性质变化[J].岩石力学与工程学报,2013,32(5):935-942.

［19］徐小丽,高峰,张志镇.高温作用后花岗岩三轴压缩试验研究[J].岩土力学,2014,35(11):3177-3183.

［20］GLOVER P W J,BAUD P,DAROT M,et al. α/β phase transition in quartz monitored using acoustic emissions [J]. Geophysical journal international,1995,120(3):775-782.

［21］KRANZ R L.Microcracks in rocks:a review[J].Tectonophysics,1983,100(1/2/3):449-480.

［22］张宗贤,喻勇,赵清.岩石断裂韧度的温度效应[J].中国有色金属学报,1994,4(2):7-11.

［23］徐小丽.温度载荷作用下花岗岩力学性质演化及其微观机制研究[D].徐州:中国矿业大学,2008.

第3章　高温后花岗岩循环加卸载强度及变形破裂研究

在核废料处置库的开挖过程中,由于不断地钻眼爆破、机械开挖及地应力重新分布,造成隧道内围岩不断承受周期荷载。同时,在核废料处置库使用过程中,由于机械振动,也会对处置库围岩造成周期荷载。周期循环荷载不断地作用于围岩,造成围岩的持续损伤,对处置库的安全稳定运行造成重大安全隐患。同时,循环荷载可以为研究岩石损伤及变形特征提供一种有效的方法[1]。关于循环荷载下花岗岩力学行为的研究由来已久,并取得了一系列成果。

循环加卸载主要分为恒定最大应力加卸载和递增最大应力加卸载两种方式。

恒定最大应力加卸载又称为疲劳加载,研究岩石长时间周期荷载作用下的力学行为,广泛用于评估隧道、硐室围岩长期动荷载下的稳定性。Momeni 等[2]研究了不同最大疲劳荷载、幅值和频率对花岗岩疲劳力学行为的影响,结果表明当最大荷载逐渐减小时裂纹在整个加载周期都会出现,反之裂纹只在较大的应力下出现。Wang 等[3]研究了花岗岩不同最大疲劳荷载下残余轴向应变、残余体积应变、弹性模量及泊松比随加载次数的变化。Ghazvinian 等[4]研究了单轴循环荷载下 Lac du Bonnet 花岗岩弹性模量及泊松比随加载次数的变化,结合声发射监测技术得到了裂纹萌生阶段以拉伸裂纹为主,损伤阈值后以剪切裂纹为主的结论,同时使用 3DEC 模拟了不同最大疲劳荷载下试样的裂纹分布方向,结果表明初始损伤会改变试样裂纹方向的分布特征。

递增最大应力加卸载主要用于测试弹性模量、残余应变、泊松比、能量在试样加载过程中的演化,进而用于评价试样在加载过程中的损伤,已经得到了广泛的应用。Zhou 等[1]结合声发射定位技术,研究了北山花岗岩在循环荷载作用下的破坏过程、声发射频率及幅值在加载过程中的变化。Passelègue 等[5]研究了循环荷载作用下花岗岩弹性各向异性的变化,结果表明偏应力增加导致裂纹沿加载方向萌生、扩展及滑移,导致弹性各向异性,但弹性各向异性不会随着压力释放而消失。Wang 等[6]通过循环加卸载过程中的耗散能和塑性应变定义花岗岩的损伤,结果表明两者比较相似。Xiong 等[7]研究了武夷山花岗岩单调及循环加卸载下围压及初始损伤对变形参数、弹性参数及应力阈值的影响。

由于处置库围压受到核废料衰变高温的影响,其力学行为将发生改变。基于前人研究成果,本章对经历不同高温后花岗岩进行常规三轴循环加卸载试验,研究循环加卸载过程中花岗岩弹性模量、泊松比、塑性应变、能量的演化及试样的最终破裂模式。

3.1　试验方案

为了研究高温后花岗岩在加卸载过程中的损伤演化特征,对试样进行递增最大应力循环加卸载试验(简称为循环加卸载试验)。对试样进行高温处理,温度分别设置为常温、300 ℃和 600 ℃。加温过程与第 2 章相同,首先采用恒定加热速率 5 ℃/min 将试样加热至目标温度;其后保持目标温度 2 h,保证试样受热均匀;最后将试样在高温炉内自然冷却至室温。由于围岩在峰后还具有一定的强度,并可以用于支撑硐室的稳定,所以研究花岗岩的峰后特征具有重要意义。基于上述要求,本章加载过程中使用位移控制,卸载过程中使用压力控制。首先以 4 MPa/min 速度进行加围压至设定值,保证试样在静水压力状态;其后以位移控制进行轴向加压,加轴压速率与常规三轴同为 0.04 mm/min;当加载至设定值后,使用轴向压力控制进行卸轴压,卸载速率为 40 MPa/min;当轴压卸载至 1 MPa 后,继续加载至下一个目标值。重复以上步骤直至试样进入残余强度阶段。围压同样会对试样的力学特性产生较大的影响,所以本章的围压分别设置为 0 MPa、10 MPa、20 MPa、30 MPa、40 MPa。加载过程中使用声发射技术同步监测花岗岩裂纹演化特征。

3.2　高温后花岗岩力学特性分析

3.2.1　应力-应变曲线

图 3-1 为未经热处理花岗岩常规三轴循环加卸载应力-应变曲线,与相同围压条件下常规三轴单调加载应力-应变曲线对比,可以看出两者吻合较好。在偏应力较小时,加载和卸载过程中轴向应力-应变曲线存在明显的上凹段,说明在卸载过程中当应力较小时试样中的裂隙会张开,而在加载过程中裂隙会重新闭

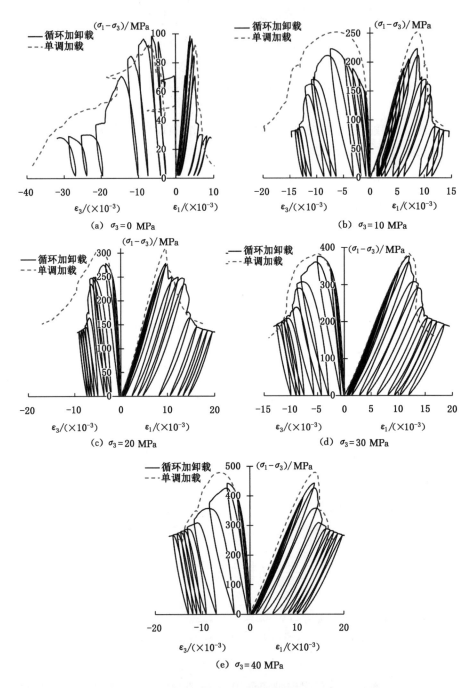

图 3-1　常温下花岗岩常规三轴循环加卸载应力-应变曲线

合。同时可以看出随着围压的增大,上凹段越来越不明显,说明围压在一定程度上抑制了裂隙的张开。峰后上凹段更加明显,说明加载过程中造成的裂隙在卸载过程中也会在一定程度上张开。但第一次卸载后,继续加载对应的上凹段有所减弱,可能是由于第一次循环加卸载导致部分闭合的裂隙未能完全张开。压密阶段结束后进入弹性阶段,从图中可以看出即使试样中已经出现损伤,依然存在弹性阶段,说明试样虽然已经出现损伤,即使在峰后阶段,但当压力不足以使裂纹继续扩展或剪切面产生滑移时,试样依然表现为弹性特征。弹性阶段结束后进入塑性阶段,此时应力-应变曲线表现为上凸特征,但在前期循环加卸载过程中并未出现塑性阶段。塑性阶段在峰前表现不明显,但峰后随着循环次数的增加塑性特征越来越明显。

当循环加卸载超过峰值点后,每次循环都会经历峰后阶段,轴向应力随着循环次数的增加不断降低。循环加卸载条件下试样的峰后残余强度较单调加载时的更加明显,这主要是因为单调加载条件下破裂过程较剧烈,试样内积攒的应变能突然释放,导致峰后试样破裂较严重;而循环加卸载峰后是经过几次循环后导致的破坏,破坏过程是渐进的,同时循环加卸载使得试样内晶粒不断调整,所以循环加卸载峰后残余强度更加明显。

当 $T=300$ ℃和 600 ℃时,高温处理后花岗岩循环加卸载应力-应变曲线与未经处理花岗岩试样应力-应变曲线表现出相同的特征,同时在相同温度和围压下循环加卸载应力-应变曲线与单调加载应力-应变曲线吻合较好,所以此处不做单独介绍。图 3-2 为不同高温处理后单调加载及循环加卸载花岗岩试样峰值强度随围压变化,从图中可以看出随着围压的增加峰值强度不断增加,同时单调加载及循环加卸载花岗岩试样峰值强度比较相似,说明循环加卸载对不同高温处理后花岗岩峰值强度影响较小。

3.2.2　高温后花岗岩弹性模量及泊松比

3.2.2.1　高温后花岗岩弹性模量

加载弹性模量为加载过程中应力-应变曲线直线段斜率,可在一定程度上反映试样的损伤程度。图 3-3 为不同围压条件下高温处理后花岗岩弹性模量随循环次数的变化,弹性模量取每次加载最大值 30%~70%直线段的斜率。总体上看,弹性模量随着循环次数增加呈现先增加后基本稳定,其后缓慢降低至快速降低,最后趋于稳定的趋势,这主要是因为:加载前期会造成原生裂隙空隙闭合,导致试样的弹性模量有所升高;当裂隙闭合后试样进入弹性阶段,加载时试样内裂纹产生较少,弹性模量变化不大;加载一定程度后,试样内裂纹不断萌生贯通,承

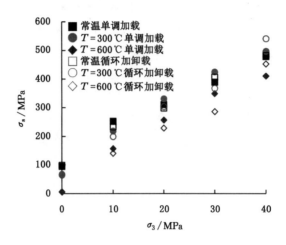

图 3-2　不同高温处理后单调加载及循环加卸载花岗岩试样峰值强度随围压变化

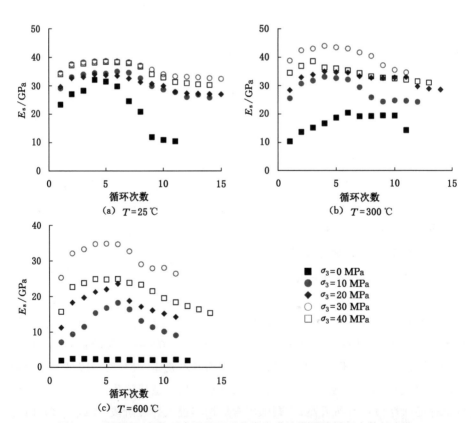

图 3-3　不同围压条件下高温处理后花岗岩弹性模量随循环次数的变化

载结构不断弱化,导致试样的弹性模量不断降低;峰后弹性应变能释放,试样内宏观裂纹形成,弹性模量快速降低;当试样内的宏观裂纹形成后,试样承载结构达到新的平衡,进入残余强度阶段,此时弹性模量变化不大。同时随着围压的增大,在相同加载次数时弹性模量不断增大,说明围压在一定程度上增加了试样的刚度,同时在加载过程中一定程度上抑制了裂纹的萌生。

图 3-3(a)所示为未经高温处理花岗岩弹性模量随加载次数的变化,从图中可以看出单轴压缩状态下试样在前 4 次循环加卸载时弹性模量不断升高,第 4 次到第 6 次加载时弹性模量略微降低,而在第 6 次到第 9 次加载时弹性模量迅速降低,其后随着加载次数的增加弹性模量变化不大,试样进入残余强度阶段。当试样施加围压后,弹性模量同样会出现上升段,但上升段明显缩短,这是因为围压作用在一定程度上闭合了试样的原生裂隙、空隙,所以加载过程中弹性模量在初始阶段升高不明显;第 2 次加载后进入稳定阶段,此时弹性模量变化不大;第 6 次加载后试样微裂纹开始贯通,弹性模量开始缓慢降低;其后宏观裂纹形成,弹性模量开始快速降低;在微裂纹开始贯通,宏观裂纹形成过程中,围压同样会对该过程产生抑制作用,导致弹性模量的下降程度较单轴时的有所减小;围压的存在增加了宏观裂隙面的摩擦力和接触面积,所以进入残余强度后,试样的弹性模量随着围压增加不断增大。

当 $T=300$ ℃时,弹性模量随加载次数的变化如图 3-3(b)所示。由于单轴循环加载主要集中在峰前阶段,所以前 6 次加载时弹性模量不断增加;当进行第 7 次加载时出现应力跌落,试样出现损伤,弹性模量明显降低;其后随着加载次数的增加,试样内裂纹扩展不明显,弹性模量变化不大;而当加载至峰后阶段时,试样的弹性模量明显降低。施加围压后,弹性模量随着加载次数变化趋势与未经高温处理花岗岩相似。

当 $T=600$ ℃时,弹性模量随加载次数的变化如图 3-3(c)所示。由于此时试样内热裂纹较多,单轴压缩下试样的承载能力较弱,弹性模量较小,随着加载次数的增加变化不大。而在围压作用下试样的承载能力提高,同时随着加载的进行,弹性模量明显提高,这主要是由于高温引入的热裂纹增多,导致加载前期裂纹不断闭合,弹性模量增长的潜力增大;其后弹性模量随加载次数的增加不断减小,说明宏观裂纹形成后,随着循环次数的增加,裂纹面不断摩擦,导致其剪切刚度不断减小。由于弹性模量增加阶段和下降阶段的延长,导致弹性模量平衡阶段明显缩短,说明经 600 ℃高温处理后的花岗岩热裂纹及后期引入的裂纹增多,在应力达到破坏强度时微裂纹迅速贯通,试样破坏。

图 3-4 给出了不同围压条件下温度对花岗岩弹性模量随循环次数演化规律的影响,从图中可以看出随着温度的升高,在相同循环次数下弹性模量明显降低,同时随着围压的增加不同温度处理后花岗岩的弹性模量差距逐渐减小。

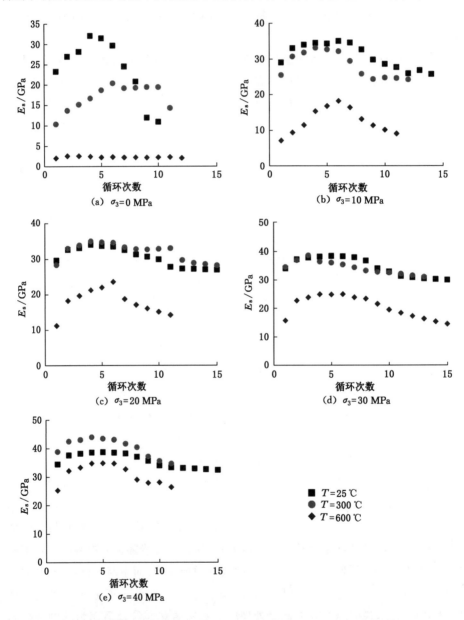

图 3-4　不同围压条件下温度对花岗岩弹性模量随循环次数演化规律的影响

单轴循环加卸载过程中,由于 600 ℃高温处理后花岗岩承载能力基本丧失,所以弹性模量随循环次数增加基本维持在较小值,如图 3-4(a)所示。

而当 $\sigma_3 = 10 \sim 40$ MPa 时,由于围压作用使得试样内的热裂纹部分闭合,同时增加了晶粒间的摩擦力和嵌锁力,所以即使经历 600 ℃高温后的花岗岩依然具有一定的承载能力。由图 3-4(b)可见,随着循环次数的增加,弹性模量先增加,且由于热裂纹的引入,600 ℃高温后花岗岩弹性模量升高最明显,而随着温度降低,升高值不断降低。围压的升高,一定程度上闭合了热裂纹,但温度对花岗岩弹性模量的影响并未改变,如图 3-4(c)～(e)所示。

卸载弹性模量在一定程度上也能反映试样的损伤演化规律,为了比较加载和卸载弹性模量随循环次数的演化规律,图 3-5 给出了不同高温处理后花岗岩单轴及 $\sigma_3 = 40$ MPa 时加载及卸载弹性模量随循环次数的演化规律,从图中可以看出卸载弹性模量与加载弹性模量数值基本相等,且随循环次数的演化规律相同。所以,本章不对卸载弹性模量进行单独讨论。

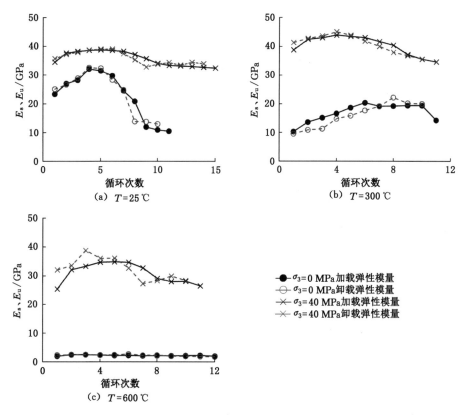

图 3-5　不同高温处理后花岗岩单轴及 $\sigma_3 = 40$ MPa 时加载与卸载弹性模量随循环次数的变化

3.2.2.2 高温后花岗岩泊松比

泊松比为加载过程中直线段环向应变与轴向应变的比率,可在一定程度上反映加载过程中试样的横向变形特性。图 3-6 为不同围压条件下高温处理后花岗岩泊松比随循环次数的变化,总体来看随着加载次数的增加泊松比前期变化不大,后期快速增加,而后缓慢降低并趋于稳定。这是因为加载前期试样内裂纹少量萌生,随着加载的进行环向变形不明显;当加载到一定程度后,试样内微裂纹不断萌生扩展,竖向裂纹增多,卸载过程中竖向裂纹闭合,而加载过程中竖向裂纹重新张开,导致弹性加载阶段的环向变形明显增大;而在宏观裂纹形成过程中,卸载后加载过程中试样沿原有的宏观裂纹滑移,竖向裂纹在加卸载过程中张开闭合不断减小,环向变形在弹性阶段随着加载的进行逐渐减小;而当宏观裂纹形成后,卸载和加载过程中试样沿着宏观裂纹面滑移,泊松比趋于稳定。

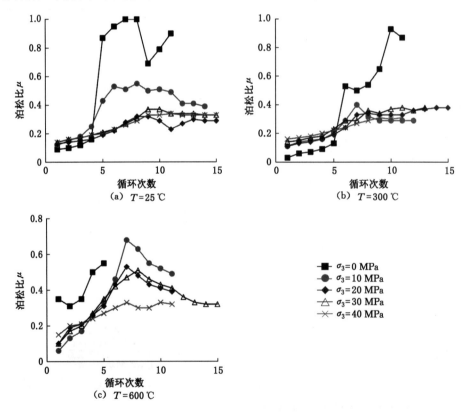

图 3-6 不同围压条件下高温处理后花岗岩泊松比随循环次数的变化

未经高温处理花岗岩泊松比随加载次数的演化过程如图 3-6(a)所示。加载前期单轴压缩试样的泊松比明显较三轴压缩下的小，这主要是因为常规三轴压缩花岗岩试样内的微裂纹、空隙在加围压阶段产生闭合，所以在轴向加载过程中试样的横向变形相对单轴的会有所增大。而当加载到一定程度后，单轴压缩试样内劈裂裂纹扩展，卸载后继续加载劈裂裂纹张开，弹性阶段试样环向变形增大。从图中可以看出单轴压缩下泊松比增加最为明显，而随着围压增大增加速率逐渐降低。这主要是由于围压在一定程度上限制了试样竖向裂纹的张开，所以在试样损伤时随着围压的增大泊松比增加速率逐渐降低，而后随着宏观裂纹不断扩张形成，泊松比又逐渐增大，当宏观裂纹形成后，泊松比逐渐降低并趋于稳定。

当 $T=300$ ℃时，泊松比随加载次数的演化规律与未经高温处理花岗岩的相似，如图 3-6(b)所示。从图中明显可以看出在加载初期单轴压缩下试样的泊松比明显较三轴压缩下的泊松比低，这主要是因为花岗岩试样经历 300 ℃高温后会引入一定的热裂纹，热裂纹的增加在一定程度上增加了试样压缩的潜力，所以在加载初期单轴压缩下试样的环向变形不明显，而三轴压缩下围压造成热裂纹闭合，所以加载过程中会产生一定的环向扩展。

如图 3-6(c)所示，当 $T=600$ ℃时，试样内存在大量的热裂纹，承载结构遭到破坏，所以加载初期试样即开始产生破坏，泊松比随着加载次数的增加而不断增加。同样由于承载结构的破坏，单轴压缩下试样一经压缩就产生破坏，在缺少围压抑制条件下，试样的泊松比明显较三轴压缩时的高。在宏观裂纹形成过程中，试样的泊松比同样会降低并趋于稳定，但其降低程度明显较未经高温处理和 $T=300$ ℃时明显，这是因为在 $T=600$ ℃时竖向裂纹数量较多。

图 3-7 给出了不同围压条件下高温处理后花岗岩泊松比随卸载应力的变化，从图中可以看出 $T=25$ ℃和 300 ℃时不同围压下弹性泊松比随加载次数的变化规律相似。如图 3-7(a)、(b)所示，单轴压缩下峰值前泊松比随着加载进行缓慢增加，且 $T=300$ ℃时试样泊松比增加速率明显较 $T=25$ ℃时的高；当加载至峰值强度附近时，泊松比剧烈上升；而峰后试样泊松比略有增加，或者开始下降。当 $\sigma_3=10$ MPa 和 20 MPa 时，加载前期泊松比缓慢上升，但上升速度随着围压增大而减小；在峰值附近，泊松比快速上升；峰后阶段，泊松比略有降低。当 $\sigma_3=30$ MPa 和 40 MPa 时，由于围压的限制，峰前阶段泊松比随着卸载压力增加缓慢上升，并未出现突增现象；峰后阶段，随着卸载压力的降低，泊松比变化不大。

如图 3-7(c)所示，当 $T=600$ ℃时，由于加热对试样损伤较严重，随着卸载压力的提高，峰前阶段泊松比几乎线性升高，同时围压限制了试样的环向变形，所以随着围压的升高，泊松比随着卸载压力升高的斜率不断降低。而峰后阶段，

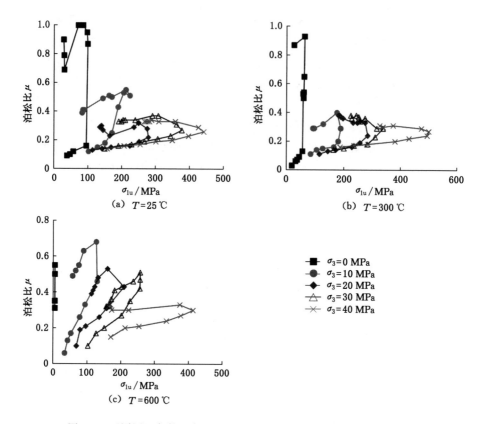

图 3-7 不同围压条件下高温处理后花岗岩泊松比随卸载应力的变化

泊松比随着卸载压力的降低不断降低,且降低斜率也随着围压的升高不断降低。

卸载泊松比为卸载过程中直线段环向应变与轴向应变的比率,与加载泊松比一样能反映试样的横向变形特征。图 3-8 给出了 $\sigma_3 = 10$ MPa 和 40 MPa 时不同高温处理后花岗岩试样加载泊松比与卸载泊松比随循环次数的变化,从图中可以看出卸载泊松比与加载泊松比随循环次数演化规律相似,但同时也可以看出卸载泊松比在上升和下降阶段较加载泊松比更加明显,表明损伤对卸载泊松比的影响更加明显。

3.2.3 高温处理后花岗岩塑性应变

在加载过程中岩石会产生弹性应变和塑性应变,塑性应变为不可恢复的变形,可在一定程度上反映试样内的损伤程度。图 3-9 所示为不同围压条件下高温处理后花岗岩塑性轴向应变(ε_{1p})随卸载轴向应变(ε_{1u})的变化,从图中可以看出围压及温度对塑性轴向应变的影响较大。当 $T = 25$ ℃ 和 300 ℃ 时,加载前期

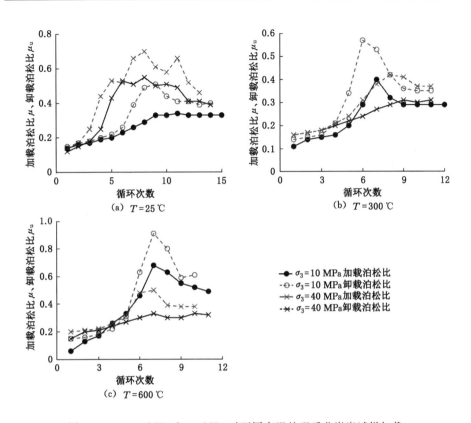

图 3-8　$\sigma_3 = 10$ MPa 和 40 MPa 时不同高温处理后花岗岩试样加载
泊松比与卸载泊松比随循环次数的变化

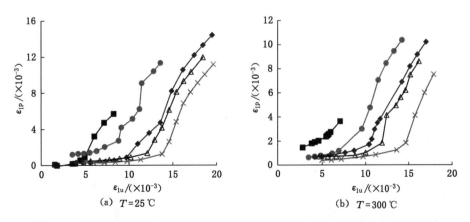

图 3-9　不同围压条件下高温处理后花岗岩塑性轴向应变随卸载轴向应变的变化

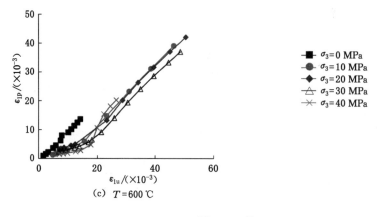

（c）$T = 600\ ℃$

图 3-9　（续）

塑性轴向应变随着卸载轴向应变的增加缓慢增加，而加载到一定程度后，塑性轴向应变随卸载轴向应变增加速率不断增大，其后塑性轴向应变随卸载轴向应变演化出现拐点，并快速上升。这说明在加载初期，试样处于弹性阶段，应变主要以弹性为主；而当试样加载到一定程度后，试样内损伤增多，造成不可恢复的塑性变形明显增大；而在试样出现宏观裂纹过程中，不可恢复塑性应变快速增加；宏观裂纹形成后，试样沿剪切面滑移，塑性轴向应变同样会随着循环次数快速增加。不同围压下塑性轴向应变随着卸载轴向应变的规律相似，但随着围压增高在相同卸载轴向应变条件下塑性轴向应变明显较小，说明围压在一定程度上抑制了塑性轴向应变的产生。

　　当 $T = 600\ ℃$ 时，试样内已经存在大量的热裂纹，加载时热裂纹即开始产生扩展，所以塑性轴向应变随卸载轴向应变的变化规律与 $T = 25\ ℃$ 和 $300\ ℃$ 时明显不同，转折点不明显，塑性轴向应变随卸载轴向应变几乎呈线性增长。围压同样有抑制塑性轴向应变的作用，但较 $T = 25\ ℃$ 和 $300\ ℃$ 时围压的作用明显减弱。

　　图 3-10 给出了不同围压条件下高温处理后花岗岩塑性轴向应变随卸载应力的变化，从图中可以看出在峰前阶段，随着卸载应力的升高塑性轴向应变缓慢增加，当接近峰值强度时塑性轴向应变随卸载应力增加速率有所升高，而峰后塑性轴向应变随着卸载应力的降低剧烈上升。在峰前阶段塑性轴向应变随着围压升高总体上不断减小，且随卸载应力增加逐渐降低，峰后阶段围压对塑性轴向应变的影响不大。单轴压缩下，高温引入的热裂纹对塑性轴向应变的影响较大，随着温度的上升塑性轴向应变随着卸载应力增加的斜率逐渐增大。600 ℃ 高温对花岗岩塑性轴向应变的影响较明显，塑性轴向应变数值明显较高。

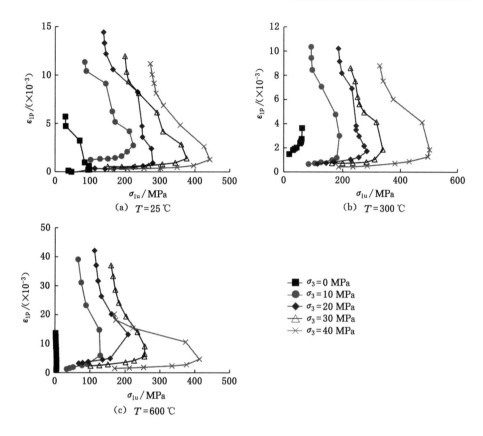

图 3-10　不同围压条件下高温处理后花岗岩塑性轴向应变随卸载应力的变化

图 3-11 为不同围压条件下高温处理后花岗岩塑性环向应变（ε_{3p}）随卸载轴向应变的演化规律，由图可见加载前期塑性环向应变较小，甚至部分出现压缩现象。为了研究试样加载前期环向压缩特性，图 3-11(d) 给出了不同高温作用后花岗岩塑性环向应变压缩部分局部放大，可以看出：随着温度的升高试样的塑性环向压缩特性越来越明显，这说明当试样内存在孔洞裂隙较多时，轴向加卸载会造成试样内部晶粒不断调整，进而产生较大的环向压缩现象；总体上围压越大，环向压缩现象越不明显，这主要是因为前期加围压过程中，环向已经出现了较大的压缩，后期调整过程中可压缩的潜力减小。随着加载的进行，环向应变降低速率不断增大。当加载到一定程度后，宏观裂纹形成，塑性环向应变开始出现快速膨胀的现象。残余强度时，塑性环向应变依然快速增加。从图 3-11 中可以明显看出随着围压升高，开始出现塑性环向应变突增点不断向后推移，说明围压在一定程度上抑制了塑性环向应变的产生。而当 $T=600\ ℃$ 时围压对塑性环向应变

突增点的影响较小。当塑性环向应变开始突然减小后,围压同样会在一定程度上减小塑性环向应变的变化速率。

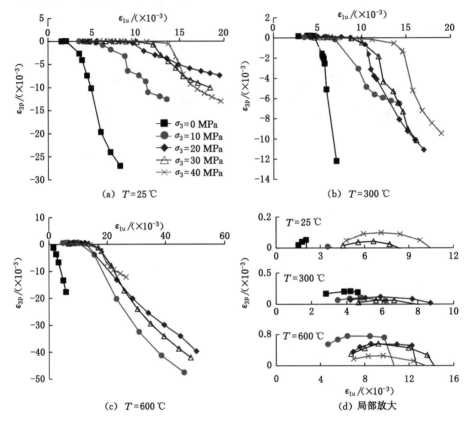

图 3-11　不同围压条件下高温处理后花岗岩塑性环向应变随卸载轴向应变的变化

图 3-12 给出了不同围压条件下高温处理后花岗岩塑性环向应变随卸载应力的变化,从图中可以看出加载初期塑性环向应变随着卸载应力的增加基本不变;接近峰值强度时,塑性环向应变增长速率开始有所增加,但单轴压缩下塑性环向应变在峰前即开始快速增加,这种现象在 $T=600$ ℃时更加明显;峰后塑性环向应变随着卸载应力的减小迅速减小,但变化速率随着围压增大不断减小;当加载进入残余阶段后,虽然应力基本不变,但随着加载的进行塑性环向应变持续增加。

塑性体积应变表示为每次加卸载后试样体积的变化特征,如图 3-13 所示为不同围压条件下高温处理后花岗岩塑性体积应变随卸载轴向应变的变化。由图可见,加载初期,未经高温处理花岗岩的塑性体积应变随着加载进行变化不大。

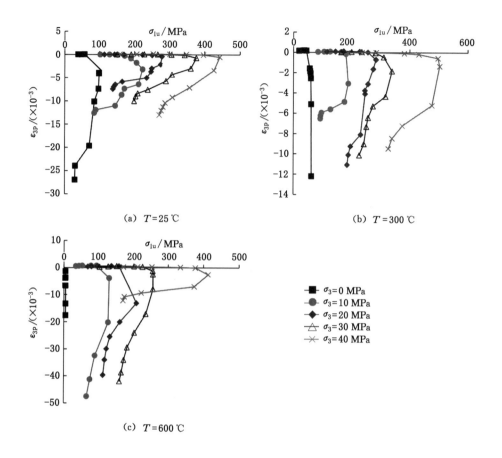

图 3-12　不同围压条件下高温处理后花岗岩塑性环向应变随卸载应力的变化

当花岗岩经历高温处理后,体积产生明显收缩,即塑性体积应变开始增大,且随着温度升高试样体积收缩越来越明显。这是因为高温作用下,试样内部热裂纹增多,体积增大,一定程度上增加了试样可压缩潜力。但当 $T=600$ ℃时,由于试样损伤较严重,单轴压缩下试样在轴向压力的作用下即开始体积膨胀,所以塑性体积应变从加载开始即表现为膨胀特性。在压缩阶段,高围压下试样的塑性体积应变反而减小。这主要是因为在加围压阶段,试样中的原生裂纹及热裂纹被压缩闭合,试样被继续压缩的潜力明显减小。当加载一定程度后试样塑性体积应变随卸载轴向应变快速减小,体积表现为膨胀特性。塑性体积应变随围压增加变化不明显,但是对比单轴压缩和加围压三轴压缩可以明显看出围压的施加在一定程度上减缓了试样体积的膨胀。塑性体积应变后期随卸载轴向应变的减小速率受围压影响不明显的原因主要为:一方面,围压能抑制试样发生横向变形;另一方面,施加围压过程中试样体已经发生了较大的收缩,后期压缩过程中试样更加容易发生膨胀。

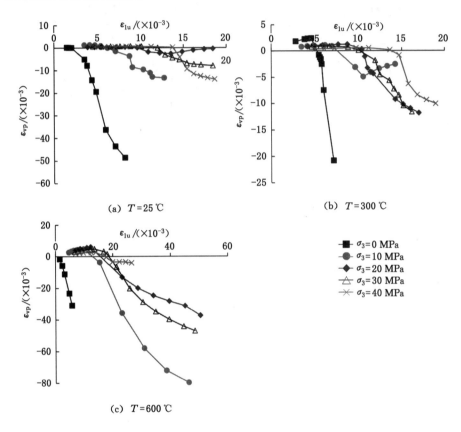

图 3-13　不同围压条件下高温处理后花岗岩塑性体积应变随卸载轴向应变的变化

　　图 3-14 为不同围压条件下高温处理后花岗岩塑性体积应变随卸载应力的变化,从图中可以看出未经高温处理花岗岩与经高温处理后花岗岩存在明显的区别。如图 3-14(a)所示,未经高温处理花岗岩单轴压缩及低围压下($\sigma_3 = 10$ MPa)试样在加载前期塑性体积应变基本不变,接近峰值时塑性体积应变开始下降,后期随着卸载应力下降而迅速下降。在高围压作用下,峰前及峰值时塑性体积应变基本不变,而峰后塑性体积应变随着卸载应力的下降开始下降,但下降速率明显低于单轴压缩时的下降速率。这是因为经历高温作用后花岗岩在峰前塑性体积应变一般表现为压缩特性,而当卸载应力接近峰值点时,花岗岩塑性体积应变开始表现为膨胀特性,随着卸载应力的降低开始

降低。由于 600 ℃ 高温后试样内部存在较多的热裂纹,单轴压缩加载时试样即开始膨胀。

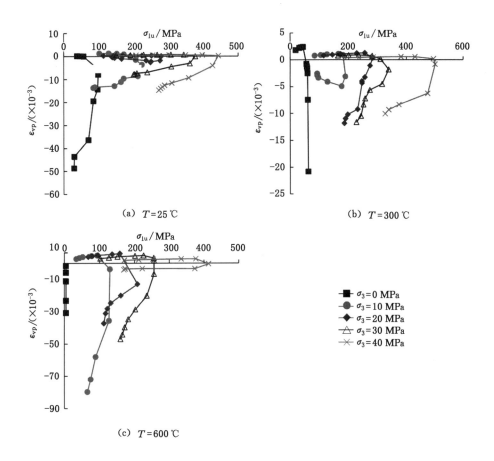

(a) $T=25$ ℃

(b) $T=300$ ℃

(c) $T=600$ ℃

$\sigma_3=0$ MPa
$\sigma_3=10$ MPa
$\sigma_3=20$ MPa
$\sigma_3=30$ MPa
$\sigma_3=40$ MPa

图 3-14　不同围压条件下高温处理后花岗岩塑性体积应变随卸载应力的变化

　　损伤阈值对应试样体积开始由压缩到膨胀的转折点,在三轴循环加卸载过程中同样可以通过应力-体积应变曲线识别。图 3-15 为不同围压条件下高温处理后花岗岩损伤阈值随对应体积应变的变化,从图中可以看出,随着加载的进行,损伤阈值对应的体积应变从正值不断减小至负值,同时对应的损伤阈值随体积应变的减小总体呈现先快速减小后基本稳定的趋势,但在 $T=300$ ℃时,损伤阈值随着体积应变减小呈现线性减小趋势,且斜率较小。从图中还可以看出,随着围压升高,在体积应变相同的条件下,损伤阈值总体上升。

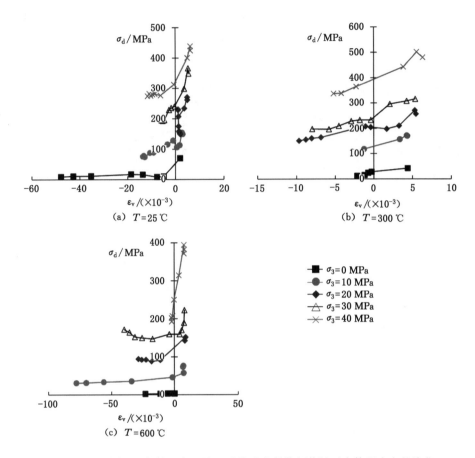

图 3-15　不同围压条件下高温处理后花岗岩损伤阈值随对应体积应变的演化

3.3　高温后花岗岩能量演化

由热力学定律可知,物质破坏是能量驱动下的一种状态失稳现象[8]。假设单位体积内岩体在外力作用下产生变形的过程中与外界不产生热交换,则外力做功输入的能量(U)在峰前试样中主要为可释放弹性应变能(U^e)和耗散能(U^d)。

$$U = U^e + U^d$$

图 3-16(a)为岩体单元一次循环加卸载应力-应变曲线,从图中可以看出可释放弹性应变能可以分为可释放环向应变能(U_3^e)和轴向应变能(U_1^e)。在卸压过程中环向在围压作用下对试样做功,轴向为试样对压头做功。在加压过程中环向膨胀,环向试样对液压油做功,轴向压头对试样做功。压头及液压油在加载

过程中对试样做功,在试样中以轴向应变能和环向应变能及轴向耗散能(U_1^d)和环向耗散能(U_3^d)的形式存在。在卸压过程中,弹性应变能对外界做功,而耗散能会造成试样的损伤和塑性变形。根据热力学第二定律,能量耗散是单向不可逆的,符合熵增原理,而应变能是可释放的,满足一定条件是可逆的。

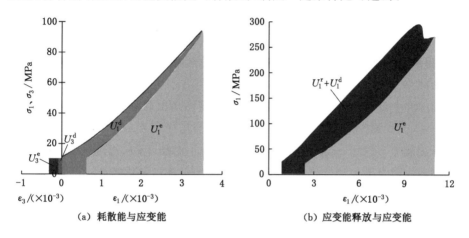

图 3-16　三轴压缩下耗散能、应变能及应变能释放的关系

能量耗散是岩石变形破坏的本质属性,反映了岩石内部裂纹扩展、贯通直至最终丧失强度的过程。在一次三轴循环加卸载过程中,单元内各部分能量可以表示为:

$$U = U^e + U^d \tag{3-1}$$

$$U = \int_0^{\varepsilon_1} \sigma_1 \mathrm{d}\varepsilon_1 + 2\int_0^{\varepsilon_3} \sigma_3 \mathrm{d}\varepsilon_3 \tag{3-2}$$

$$U^e = \int_0^{\varepsilon_{1u}} \sigma_{1u} \mathrm{d}\varepsilon_{1u} + 2\int_0^{\varepsilon_{3u}} \sigma_{3u} \mathrm{d}\varepsilon_{3u} \tag{3-3}$$

式中:σ_{1u}为卸载过程中的轴向应力;ε_{1u}为卸载过程中的轴向应变;σ_{3u}为卸载过程中的围压;ε_{3u}为卸载过程中的环向应变。

当试样加载至峰后阶段时,岩体单元的可释放应变能达到单元破坏所需要的表面能时,可释放应变能以弹性表面能的形式释放。当一定数量岩体单元发生破坏时,轴向应力突降,储存在试样中的应变能集中在宏观裂纹尖端释放,造成试样内宏观裂纹形成。如图 3-16(b)所示,峰后阶段加载曲线与卸载曲线所围成的面积,即为此次循环加卸载过程中的能量释放与能量耗散。能量释放相对能量耗散过程猛烈,且所造成的试样的损伤较大。在峰后轴向应力突降的过程中环向应力也会发生相应的变化,计算方式与图 3-16(a)相同,所以在图 3-16(b)中不做说明。

轴向做功能量为加载过程中轴向压头对试样施加荷载所传递的能量,当试样卸载时,部分能量会从试样传递到压头上,此时压头对试样的做功为负值,再次加载轴向做功能量在上次循环加卸载基础上继续累积,即可得到轴向做功能量随循环次数的变化,如图 3-17 所示。由图可见,在加载前期轴向做功能量随加载的进行缓慢增加,当加载接近峰值强度时快速增加,后期试样进入残余强度阶段,每次循环加卸载的峰值强度较小,所以轴向做功能量随循环次数的增加斜率逐渐减小。随着围压升高,在相同循环次数下花岗岩轴向做功能量不断增大,同时围压在一定程度上增加了轴向做功能量随循环次数的增长速率,该现象在单轴与 $\sigma_3 = 10$ MPa 之间表现最为明显,说明围压作用在一定程度上增加了试样的承载能力,需要较多的轴向做功才能将试样破坏。不同温度下轴向做功能量随循环次数及围压的变化规律相同,说明温度对轴向做功能量演化影响较小。

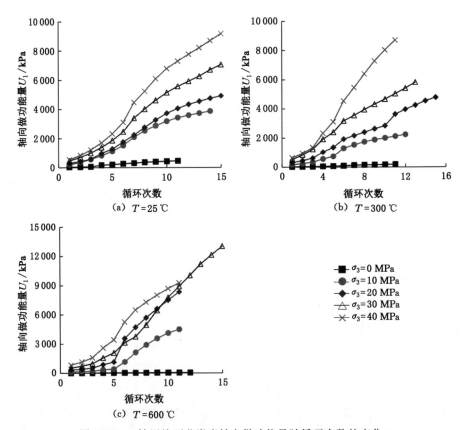

图 3-17　三轴压缩下花岗岩轴向做功能量随循环次数的变化

　　轴向应变能（U_1^e）为卸载过程中试样对压头做的功,从图 3-18 可以看出围压对花岗岩轴向应变能影响较大。轴向应变能总体上随着循环次数的增加呈现先增加后减小的趋势,进入残余强度阶段基本稳定,而轴向应变能最大值对应着试样的峰值强度,说明试样储存应变能的能力与试样轴向应力正相关:峰前随着卸载应力的提高,轴向应变能逐渐提高;而峰后试样的承载能力下降,同时试样的储能结构遭到破坏,所以试样存储应变能的能力降低。随着围压升高,在相同循环次数下试样的轴向应变能不断增大,同时对应的轴向应变能最大值不断增大,说明围压在一定程度上增加了试样储存应变能的能力。围压的增大在一定程度上增加了轴向应变能随循环次数增加和下降的速率,说明围压虽然在一定程度上增加了试样储存应变能的能力,但峰后应变能释放造成试样损伤更加严重,所以试样储能结构破坏较严重,峰后轴向应变能随加载进行下降更快。

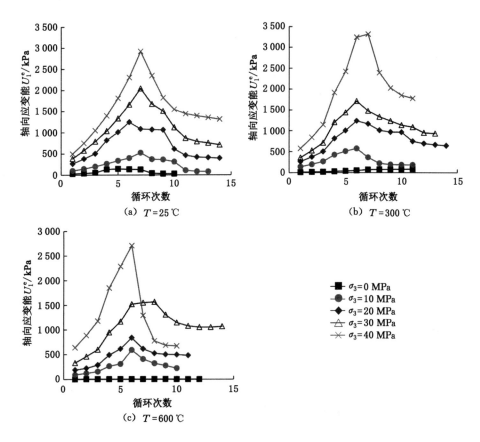

图 3-18　三轴压缩下花岗岩轴向应变能随循环次数的变化

加载过程中由于试样环向膨胀,所以围压对试样做功为负值。图 3-19 为围压对花岗岩试样做功能量随循环次数的变化,总体上围压对试样做功能量随着加载次数的增加不断降低,在接近峰值强度时环向开始快速膨胀,所以围压做功能量随着加载次数增加快速下降。当加载进入残余强度时,剪切带形成,环向膨胀随加载的进行基本恒定,所以围压对试样做功能量随循环次数增加下降速率降低,并趋于稳定。对比图 3-6 可以看出,围压对试样做功能量随循环次数增加而下降的速率与泊松比变化相似。从能量释放角度出发,在峰值强度附近试样内储存的应变能较多,如图 3-18 所示。当应变能开始释放时造成试样发生横向膨胀,所以在峰值强度附近试样横向膨胀明显。随着围压升高,在相同循环次数时对应围压对试样做功能量绝对值明显增大,同时围压对试样做功能量随循环次数增加下降速率明显提高。这是因为围压升高一方面限制了试样在加载过程中的环向膨胀,但在相同的环向应变时对应的做功较多,同时在施加围压时试样

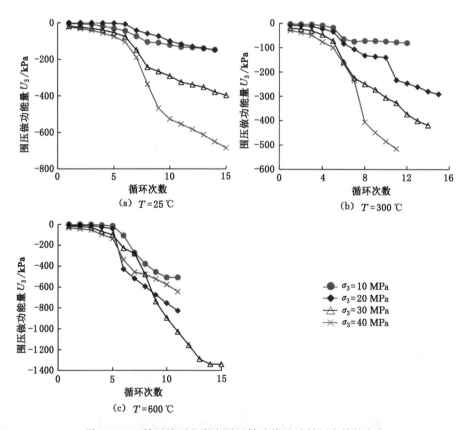

图 3-19　三轴压缩下花岗岩围压做功能量随循环次数的变化

发生收缩,施加轴向荷载而导致晶粒转动发生位移和转动时更容易产生横向膨胀,所以总体上在加载过程中围压越大对应围压对试样做功能量绝对值越大,试样在裂纹开始萌生扩展过程中产生更大的环向变形,增加了围压做功能量随循环次数增加的下降速率。当 $T=25\ ℃$ 和 $300\ ℃$ 时,围压对试样做功能量随循环次数的演化影响较大;而当 $T=600\ ℃$ 时,围压对试样做功能量随循环次数的演化影响不明显。

从图 3-20 中可以看出环向应变能随循环次数的演化规律与轴向应变能(图 3-18)相同,前期随着加载的进行环向应变能缓慢下降,接近峰值强度时快速下降,其后快速上升,当进入残余强度阶段时缓慢升高。随着围压的升高,在相同循环次数时对应的环向应变能绝对值不断升高,且其随着循环次数的变化速率也有所提高。不同温度处理后环向应变能随循环次数及围压的变化规律相似,但在 $T=600\ ℃$ 时不同围压下环向应变能随循环次数的演化差

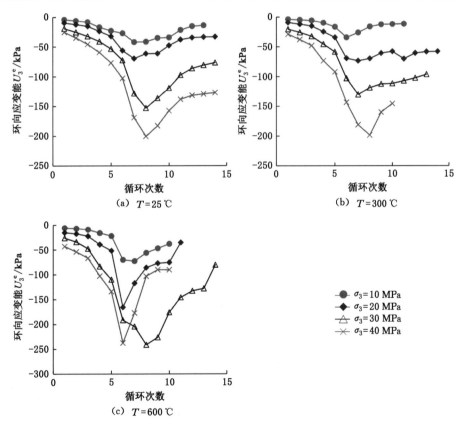

图 3-20　三轴压缩下花岗岩环向应变能随循环次数的变化

距相对较小。$T=600\ ℃$高温处理后花岗岩热损伤严重,高围压作用下试样环向收缩较大,轴向压缩过程中试样的环向膨胀较小,同时卸载过程中对应的环向收缩较小;而在低围压作用下试样环向收缩较小,晶粒之间嵌合不紧密,轴向压缩过程中易产生较大的环向变形,卸载过程中试样的环向收缩较大。综上,$T=600\ ℃$试样在不同围压下围压对试样做功[图 3-19(c)]和环向应变能[图 3-20(c)]差距较小。

试样加载和卸载过程中外界对试样做功,一部分以可释放的弹性应变能存在,另一部分在加载过程中耗散,造成试样的不断损伤。峰后应力突降、弹性应变能释放同样会对试样造成剧烈损伤。图 3-21 为不同围压、温度作用后花岗岩耗散能与弹性应变能释放之和随循环次数的演化,总体上耗散能与弹性应变能释放之和随循环次数增加先缓慢增加,其后增长速率不断提高,在峰值强度附近增长速率达到最大值,其后增长速率不断降低。这是因为在加载初期,试样内裂纹扩展较缓慢,能量耗散较少;当进入塑性阶段后,裂纹扩展速度增加,试样内损伤增加速率加快,耗散能随循环次数增长速率有所提高;峰后阶段储存在试样内的应变能释放,造成试样宏观破坏,试样损伤较严重,当加载进入峰后残余阶段时,宏观裂纹已经形成,加卸载过程中宏观裂纹面不断摩擦,较难出现应力突降及能量释放现象,此时能量耗散主要发生在宏观裂纹面之间摩擦,所以此时耗散能与应变能释放之和随循环次数增加的速率明显降低。

从图 3-21 可以看出单轴压缩下试样需要用于损伤的能量较加围压下的能量明显减小,说明施加围压在一定程度上增加了试样承受损伤的能力。在加载初期,试样中的耗散能随围压的变化不明显。这是因为一方面围压限制了裂纹的萌生扩展,而另一方面,围压增加导致每次循环加卸载对应的卸载压力不断提高,同时围压提高一定程度上增加了裂纹扩展所需的能量,综合考虑导致在加载初期能量耗散随围压变化不明显。在峰值强度附近,随着围压升高耗散能与应变能释放之和随循环次数增长的斜率逐渐增大。这是因为围压增加,一方面增加了试样内储存弹性应变能的能力,在宏观裂纹形成过程中可以释放更多的弹性应变能,另一方面,宏观裂纹形成过程中需要较多的能量,所以宏观裂纹形成过程中耗散能与应变能释放之和随循环次数增加的斜率随围压升高不断增大。进入峰后残余阶段,随着围压升高宏观裂纹面摩擦力提高,每次循环加卸载过程中摩擦消耗的能量较多,导致围压升高在一定程度上增加了耗散能与应变能释放之和随循环次数增长的斜率。

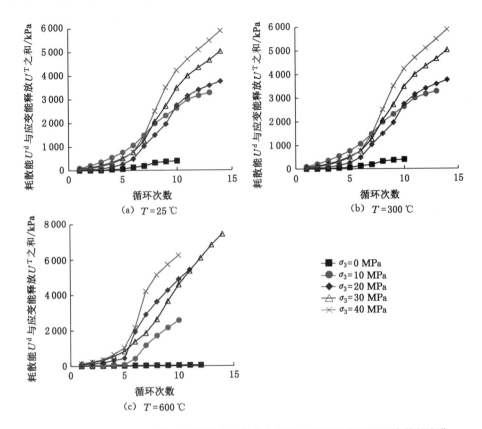

图 3-21　不同围压、温度作用后花岗岩耗散能与弹性应变能释放随循环次数的变化

图 3-22 给出了 $T=300$ ℃ 处理后花岗岩在不同围压下轴向总能量(U_1)、环向总能量(U_3)、轴向应变能(U_1^e)、环向应变能(U_3^e)及耗散能与弹性应变能释放之和(U^d+U^T)随循环次数的变化。从图中可以看出总体上围压对试样的做功相对轴向压头对试样的做功较小,接下来主要对轴向压头对试样做功及耗散能与应变能释放进行讨论。

由图 3-22(a)可见,当 $\sigma_3=10$ MPa 时:当加载在损伤阈值之前时,轴向输入的能量随循环次数增加而线性增加,主要以弹性应变能的形式存在,耗散能与应变能释放之和随着循环次数增加而缓慢增加;加载在损伤阈值与峰值强度之间时,轴向输入总能量增加速率明显提高;弹性应变能增加速率降低,两者之间的差距逐渐增大,同时,耗散能与应变能释放之和随着循环次数的增加速率不断提高;峰后由于弹性应变能释放,试样内积存的应变能快速下降,耗散能与应变能释放之和随循环次数快速增加,同时,由于宏观裂纹的形成,弹性模量降低,轴向输入总能量随循环次数增加速率开始缓慢降低;当加载至残余强度时,轴向应变能随着加载进行基本稳定,轴向输入总能量及耗散能与应变能释放之和随着循环次数几乎线性增长,且两者几乎平行,说明此后轴向输入总能量增加量几乎全部转化为摩擦能,耗散在试样的宏观裂纹面上。

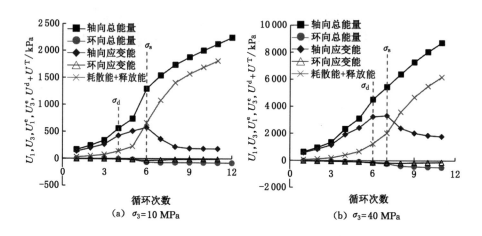

图 3-22 不同围压下花岗岩轴向总能量、环向总能量、轴向应变能、环向应
变能及耗散能与弹性应变能释放之和随循环次数的变化($T=300$ ℃)

由图 3-22(b)可见,当 $\sigma_3=40$ MPa 时,各能量随循环次数的变化规律与 $\sigma_3=10$ MPa 时相似。但损伤阈值后,由于此时试样内的弹性应变能积攒较多,可能造成试样损伤更严重,所以当达到峰值强度时弹性应变能随循环次数增加速率明显降低。残余强度阶段,由于宏观破裂面之间摩擦力较大,残余强度较高,轴向输入总能量随着循环次数的增加斜率变化不明显,同样耗散在宏观裂纹面上的能量随循环次数增加斜率与轴向输入总能量的相同。

图 3-23 所示为 $\sigma_3=20$ MPa 时不同高温作用后花岗岩轴向总能量(U_1)、环向总能量(U_3)、轴向应变能(U_1^e)、环向应变能(U_3^e)及耗散能与弹性应变能释放之和(U^d+U^T)随循环次数的变化。从图中可以看出,当 $T=25$ ℃和 300 ℃时,由于试样内存在的损伤较少,两者的能量演化规律相似。而当 $T=600$ ℃时,由于试样内存在较多的热裂纹,加载过程中试样中晶粒较容易出现滑动,所以加载初期耗散能较多,导致储存在试样内的轴向应变能有所减小。加载初期,$T=600$ ℃试样中的耗散能与轴向弹性应变能几乎相等,而在 $T=25$ ℃和 300 ℃试

样中轴向弹性应变能明显大于耗散能。峰值强度点对应着轴向应变能最大值，其后轴向应变能随着循环次数增加缓慢降低并趋于稳定。进入残余强度阶段，由于 $T=600\ ℃$ 试样环向膨胀严重，加载过程中轴向输入总能量一部分转化为环向总能量，所以轴向输入总能量曲线和耗散与应变能释放之和曲线随着循环次数增加逐渐分离；而 $T=25\ ℃$ 和 $300\ ℃$ 试样加载后期环向膨胀相对较小，所以轴向输入总能量曲线和耗散与应变能释放之和曲线几乎平行。总体上来看，$T=600\ ℃$ 试样的轴向应变能相对于 $T=25\ ℃$ 和 $300\ ℃$ 试样的小，说明高温处理后试样的储能结构遭到破坏，试样储存应变能的能力降低。

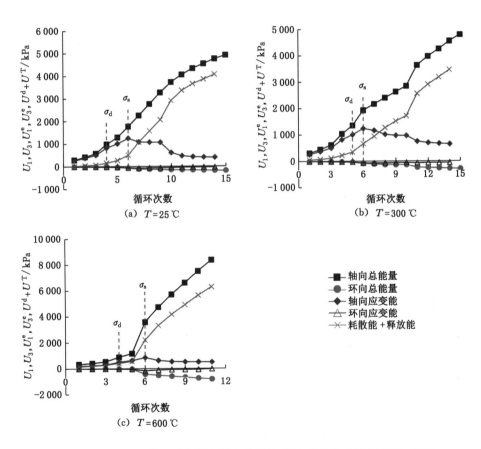

图 3-23　不同高温作用后花岗岩轴向总能量、环向总能量、轴向应变能、环向
应变能及耗散能与弹性能释放之和随循环次数的变化($\sigma_3=20\ MPa$)

在前人的研究中消耗于试样中的能量与轴向塑性应变都可以用于表征试样

的损伤程度[6,9]，为了研究两者之间的关系，图 3-24 给出了消耗于花岗岩试样中的耗散能与应变能释放之和随轴向塑性应变的演化规律，从图中可以看出耗散能与应变能释放随着轴向塑性应变的增加呈非线性增长。前期随着轴向塑性应变的增加，耗散能与应变能释放快速增加，而后耗散能与应变能释放的增长速率不断降低，并趋于稳定。这是因为加载初期试样相对较完整，裂纹萌生扩展需要耗散较大的能量，所以增加相同的塑性应变所需要的能量较多；随着加载的进行，试样内微裂纹不断增加，一定程度上减小了裂纹扩展、贯通的难度，所以耗散能与应变能释放随着轴向塑性应变增加的斜率不断减小；当宏观裂纹形成后，能量主要耗散于宏观裂纹面的摩擦滑移，所以此时耗散能和应变能释放随着轴向塑性应变稳定增长。

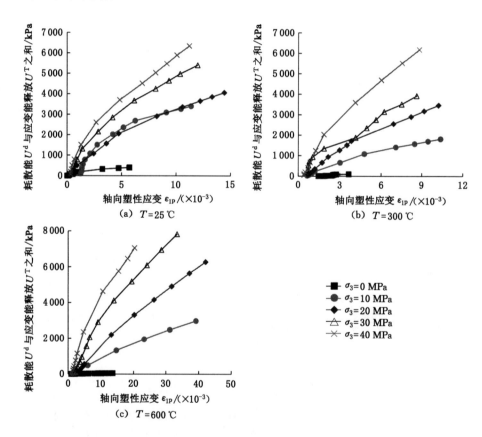

图 3-24　不同高温处理后花岗岩耗散能与应变能释放之和随轴向塑性应变的变化

由图 3-24 还可以看出,随着围压升高相同轴向塑性应变对应的耗散能和应变能释放不断增加,说明试样中产生相同的损伤所需能量随着围压的升高不断升高。这是因为宏观裂纹形成后,围压增加在一定程度上增加了宏观裂纹面的摩擦力,导致耗散能与应变能释放随轴向塑性应变趋于稳定后的斜率同样随着围压的升高不断增大。当 $T=25$ ℃和 300 ℃时,试样内原生裂纹及热裂纹相对较少,所以此时花岗岩试样耗散能与应变能释放随塑性应变和围压的变化规律相似。而当 $T=600$ ℃时,由于试样中存在较多的热裂纹,晶粒之间较易发生相对滑移,所以相同的塑性应变所需的能量较小,同时由于热裂纹在围压作用下闭合会对试样的力学行为产生较大影响,所以此时耗散能与应变能释放随轴向塑性应变演化对围压更敏感,消耗于试样中的能量随轴向塑性应变增加斜率随着围压增长明显较 $T=25$ ℃和 300 ℃时的高。

3.4　高温后花岗岩声发射及破裂特征分析

3.4.1　高温后花岗岩声发射特征

图 3-25 及图 3-26 为未经高温处理及 300 ℃高温处理后花岗岩在循环加载过程中声发射演化特征,图中 AE 代表声发射振铃计数,AAE 代表累计声发射振铃数。由于 300 ℃高温处理对试样的损伤较小,所以总体上看此时声发射随加载的变化特征受温度影响较小,与未经处理花岗岩声发射特征相似。从两图中可以看出花岗岩累计声发射振铃数随着加载的进行呈现阶梯上升特征,且在不同位置上升的速率不同。加载初期,声发射现象不明显,试样处于弹性变形阶段。而当接近峰值强度时,裂纹数量增加速度有所提高。峰值强度后轴向应力开始缓慢下降,此时声发射数量明显增多,但没有出现明显的突增。而在峰后轴向应力降低到一定程度后,试样的承载结构发生突然破坏,对应轴向应力的突降,应变能突然释放,声发射数量突增。当加载进入残余强度阶段后,由于此时宏观裂纹已经形成,继续加载造成宏观裂纹面的相对滑动,导致宏观裂纹面上的凸起被剪断,声发射数量明显减少。单轴压缩下由于声发射探头与试样之间的耦合较弱,所以监测到的声发射数量总体较常规三轴压缩下的少,但其随着加载的变化规律并未受到影响。同时单轴压缩下试样易在峰前出现破裂,所以试样在峰前即会出现声发射突增现象。围压作用在一定程度上限制了试样峰前出现宏观裂纹,所以试样中的微裂纹在峰前缓慢扩展,声发射现象不明显。

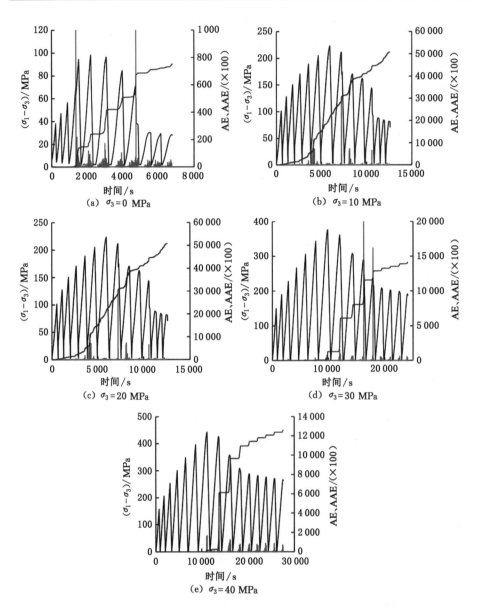

图 3-25　声发射及累计声发射振铃数在加载过程中的变化($T=25\ ℃$)

600 ℃高温处理后,试样内部存在较多的热裂纹,高温对试样产生较大的损伤,所以单轴压缩下试样丧失承载能力,试样呈现松散的状态,加载过程中不存在较明显的裂纹扩展、贯通现象,晶粒之间发生相对移动,但摩擦力较小,所以对

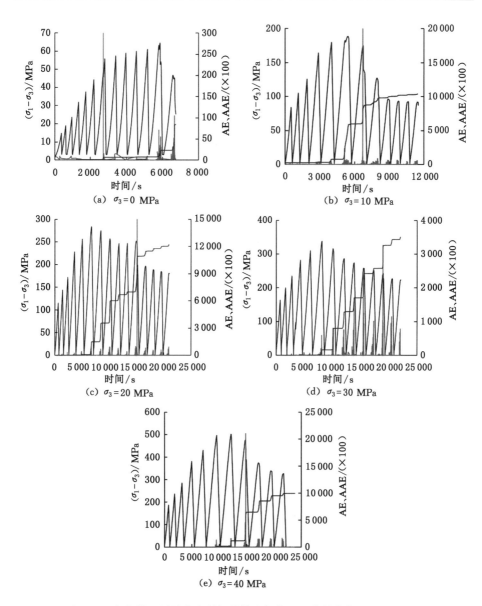

图 3-26　声发射及累计声发射振铃数在加载过程中的变化（$T=300$ ℃）

应的声发射数量较少，如图 3-27（a）所示。当 $\sigma_3=10$ MPa 时，试样内矿物晶粒之间的热裂纹在围压作用下出现闭合，晶粒之间的摩擦力增大，所以在第一次循环加载初期即会出现较多的声发射，如图 3-27（b）所示。而第二次循环加卸载过程中，由于第一次循环加卸载使得试样内的矿物晶粒发生了相对调整，所以加

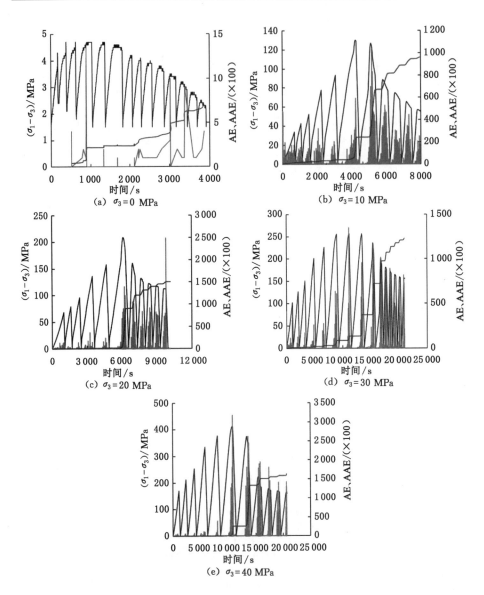

图 3-27　声发射及累计声发射振铃数在加载过程中的变化（$T=600$ ℃）

载初期声发射数目较少，而当加载至第一次循环最大应力时，声发射快速增加，这种记忆行为被称为 Kaiser 效应。对比图 3-25 和图 3-27 可以看出 600 ℃高温处理后单次声发射数目最大值相对较小，但累计声发射数目较多，说明高温作用后试样内容易产生微裂纹，但微裂纹分布比较离散，较难形成脆性破裂。随着围压的升高,初始加载对应的声发射数目逐渐减少,说明在加围压过程中已经部分完成了矿物晶粒之间的调整,进行轴向加载时颗粒之间的调整减少。继续加载,声发射数目逐渐增多,在峰值点附近累计声发射增长速率最大,其后随着加载的进行,累计声发射增长速率逐渐降低。残余强度阶段,累计声发射随加载缓慢增加。对比图 3-25 和图 3-27 可以看出 600 ℃高温处理后试样加载过程中不会出现累计声发射突增现象,试样表现出更明显的塑性特征。

为了定量研究每次加卸载过程中累计声发射增量的变化,图 3-28 和图 3-29 分别给出了加载及卸载过程中声发射增量随循环次数的变化。为了研究声发射在峰值点附近的变化特征,图中对峰值点对应循环次数进行了标记。从图 3-25 和图 3-26 可以看出未经高温处理及 300 ℃高温处理后花岗岩声发射特征相似,所以本章只分析 $T=300$ ℃和 600 ℃高温处理后花岗岩加载及卸载过程中累计声发射增量随循环次数的变化。图 3-28(a)给出了 $T=300$ ℃高温处理后花岗岩加载过程中累计声发射增量随加载次数的演化,从图中可以看出单轴压缩下加载过程中累计声发射增量明显小于围压作用下累计声发射增量,所以累计声发射增量随加载次数的变化不明显。围压作用下加载过程中累计声发射增量总体呈现先增加后减小的趋势:加载初期试样内微裂纹较少萌生,声发射现象不明显;当接近峰值强度时累计声发射增量快速上升,当 $\sigma_3=10$ MPa 时峰值强度点对应的声发射增量达到最大值,而当 $\sigma_3=20$ MPa 和 40 MPa 时峰值强度后的加载过程才能使得累计声发射增量达到最大值,其后加载过程中累计声发射增量不断降低(除 $\sigma_3=20$ MPa 外,因为其在峰后对应一次较大的应力突降);当达到残余强度阶段后,声发射增量重新达到较低水平,且随着循环次数增加基本不变。当 $T=600$ ℃时加载过程累计声发射增量随循环次数的变化规律与 $T=300$ ℃时相似,如图 3-28(b)所示,但其最大加载累计声发射增量明显较大,说明高温后花岗岩更容易产生破裂。总体上看,加载累计声发射增量最大值一般出现在峰值点后的一次循环过程中,这主要是由于达到峰值强度后试样不是突然的脆性破坏,而是强度缓慢降低,当强度降低到一定程度后才会出现应力突降,试样快速破裂。

卸载过程中虽然应力不断降低,但由于试样内部晶粒不断调整,同样会出现声发射现象。图 3-29 给出了 $T=300$ ℃和 600 ℃高温处理后花岗岩卸载过程中累计声发射增量随循环次数的变化,从图中可以看出卸载过程中累计声发射增量与加载过程中累计声发射增量随循环次数的变化趋势相似,但数值上明显减小。当 $T=300$ ℃时前 4 次循环卸载过程中不同围压下卸载声发射增量几乎

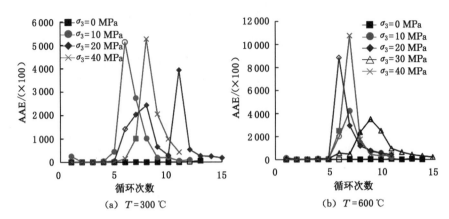

图中：□为σ_3=0 MPa对应峰值；○为σ_3=10 MPa对应峰值；◇为σ_3=20 MPa对应峰值；
▲为σ_3=30 MPa对应峰值；■为σ_3=40 MPa

图 3-28　加载过程累计声发射增量随循环次数的变化

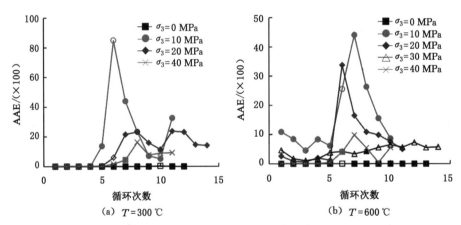

图中：□为σ_3=0 MPa对应峰值；○为σ_3=10 MPa对应峰值；◇为σ_3=20 MPa对应峰值；
▲为σ_3=30 MPa对应峰值；■为σ_3=40 MPa

图 3-29　卸载过程累计声发射增量随循环次数的变化

为零,说明此时试样内部裂纹较少,卸载过程中晶粒调整较少;当接近峰值强度时卸载声发射增量开始快速增加,在 σ_3＝10 MPa 时达到最大值,而在 σ_3＝20 MPa 和 40 MPa 时峰后才能达到最大值,达到最大值后,卸载声发射增量开始降低,但降低的幅度明显较加载声发射增量低;进入残余强度阶段,宏观裂纹形成,卸载过程中同样会产生宏观裂纹面的滑移,进而产生声发射现象。当 T＝

600 ℃时,前 5 次循环卸载过程中累计声发射增量较少,但相对于 $T=300$ ℃时明显增多,这是因为 $T=600$ ℃高温处理后试样内热裂纹增多,加载和卸载过程中试样内的晶粒易发生调整,所以产生较多的声发射;峰值强度时卸载累计声发射增量开始增多,但最大值一般出现在峰值后的一次循环中,其后卸载累计声发射增量快速降低,降低的原因为峰后轴向偏应力不断降低,卸载过程中相对位移减小,晶粒调整量减少,所以声发射不断减少;残余强度阶段,卸载过程中宏观裂纹面上产生相对位移,声发射产生于宏观裂纹面上的凸起的剪断及晶粒破碎。

　　Felicity 效应描述了当加载过程中应力未加载到前次循环最大应力时声发射即出现快速增长的现象,代表着岩石材料声发射事件不可恢复的程度。Felicity 比率可以用于测量 Kaiser 效应记忆准确度,反映试样初始损伤和结构破坏程度。Felicity 比率作为一个定量化指标,可以定义为[10-11]:

$$FR_i = \frac{p_{i+1}}{p_{imax}} \tag{3-4}$$

式中:FR_i 为第 i 次循环的 Felicity 比率;p_{i+1} 为下一次循环加载过程中声发射事件开始快速增加对应的应力;p_{imax} 为本次加载过程中的最大应力。当 $FR_i >$ 1.0 时表示试样为 Kaiser 效应;当 $FR_i \leqslant 1.0$ 时,表示试样损伤不断加剧。Felicity 比率的大小在一定程度上反映了试样的损伤程度,其值越小代表试样的损伤程度越严重。

　　图 3-30 为 $T=300$ ℃和 600 ℃高温作用后不同围压条件下花岗岩 FR_i 随加载次数的演化规律,从图中可以看出整体上随着加载次数的增加 FR_i 不断降低,围压升高在一定程度上增大了 FR_i。当 $T=300$ ℃时,如图 3-30(a)所示,单轴压缩循环过程中的 FR_i 明显较三轴压缩状态下的 FR_i 高,加载初期 $FR_i \geqslant$ 1.0,结合图 3-21 可以看出单轴压缩条件下试样中耗散的能量较少,说明此时试样损伤较小;其后 FR_i 迅速降低,其降低速率较三轴压缩条件下的快,说明试样内一旦出现损伤,其扩张速率明显较三轴压缩条件下的快。三轴压缩条件下,FR_i 随着加载进行呈现先基本稳定、后快速降低、最终基本稳定的变化趋势,其变化过程与耗散能及弹性模量的变化趋势有相似之处:前期基本稳定主要是试样内损伤较少,声发射表现出良好的记忆特性;继续加载,试样内损伤不断增加,弹性模量开始降低,耗散能与应变能释放之和突增,此时试样的承载结构遭到破坏;最终试样宏观裂纹形成,随着加载的进行弹性模量基本不变,耗散能稳定增加,继续加载试样的损伤增加不明显,所以此时 FR_i 基本不变。

　　当 $T=600$ ℃时,试样损伤较严重,单轴压缩循环加卸载过程中声发射较少,

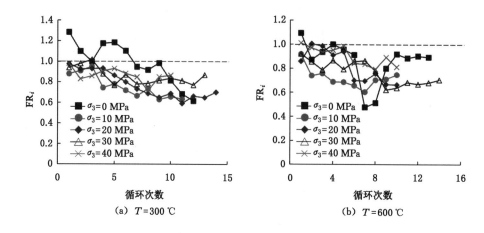

图 3-30　不同围压作用下高温处理花岗岩 FR_i 随加载次数的演化

所以此时 FR_i 波动较大,如图 3-30(b)所示。而其在三轴循环加卸载过程中 FR_i 的变化过程与 $T=300\ ℃$ 时的相似,但波动明显增加,可能是由于花岗岩热损伤后,试样内部损伤增多,加载过程中裂纹扩展的不确定性增加所致。

3.4.2　高温后花岗岩破裂模式

图 3-31 为未经高温处理花岗岩单调加载与循环加载最终破裂模式对比图,从图中可以看出两种加载方式导致试样的破裂模式有所不同。单轴压缩下试样主要表现为轴向劈裂破坏,单调加载和循环加载两者的破裂模式差别不大。当 $\sigma_3=10\ MPa$ 时,单调加载和循环加载都为单剪切面破坏,但循环加载剪切面宽度会有所增大,这是因为循环加卸载过程中剪切面不断相对移动,导致剪切面宽度增大。当 $\sigma_3=20\ MPa$ 时,单调加载试样为单剪切面破坏,而循环加卸载试样的剪切破裂面不明显,试样的裂纹分布比较复杂。在 $\sigma_3=30\ MPa$ 和 40 MPa 时,同样在循环加卸载试样出现裂纹分布复杂的情况。一方面,峰前循环加卸载过程中应力-应变形成的滞回环代表着试样加载过程中能量的耗散,相对于单调加载试样循环加卸载能量耗散较多,代表着试样内微裂纹较多,所以试样内能形成宏观裂纹的潜在位置增多。另一方面,峰后循环加卸载过程中伴随着宏观裂纹的形成,但宏观裂纹扩展到一定程度后开始卸载,裂纹停止扩展,当继续加载时裂纹可能不沿原来方向扩展。而单调加载过程中,峰后应力降低较快,应变能释放,伴随着剪切裂纹快速扩展,裂纹扩展方向基本不变。综合上述原因,导致试样在循环加卸载下破裂模式更加复杂。

σ₃=0 MPa　　σ₃=10 MPa　　σ₃=20 MPa　　σ₃=30 MPa　　σ₃=40 MPa

（a）单调加载

σ₃=0 MPa　　σ₃=10 MPa　　σ₃=20 MPa　　σ₃=30 MPa　　σ₃=40 MPa

（b）循环加载

图 3-31　未经高温处理花岗岩单调与循环加载最终破裂模式对比

与未经高温处理花岗岩相似，循环加卸载同样会造成 300 ℃高温处理后花岗岩的破裂模式更加复杂，如图 3-32 所示。单轴压缩下，单调加载与循环加载同样表现为轴向劈裂破坏。当 $\sigma_3 = 10$ MPa 时，单调加载试样以两条对称的剪切裂纹破坏，循环加卸载试样以单剪切面破坏为主但伴随一条轴向裂纹。当 $\sigma_3 = 20$ MPa 时，单调加载试样以单剪切面破坏为主，而循环加卸载下试样的主裂纹分布不明显，分布较复杂。当 $\sigma_3 = 30$ MPa 时，单调加载试样表现为对称的两条剪切裂纹破坏，而循环加卸载下试样除了两条比较明显的剪切裂纹外还存在两条在剪切裂纹面上萌生的裂纹。当 $\sigma_3 = 40$ MPa 时，单调加载试样表现为大剪切裂纹破坏，而循环加卸载试样除了两条主剪切裂纹外，在剪切裂纹面上依然会有裂纹萌生。高围压下剪切裂纹扩展过程中，卸载开始裂纹会停止扩展，且会出现应变恢复，在继续加载过程中，由于剪切面不光滑，可能导致部分位置出现拉应力集中,导致裂纹面上萌生新的裂纹,但裂纹萌生后扩展会受到围压的限制,所以 $\sigma_3 = 40$ MPa 试样内在剪切裂纹面上萌生的裂纹扩展不明显。

$\sigma_3 = 0$ MPa $\sigma_3 = 10$ MPa $\sigma_3 = 20$ MPa $\sigma_3 = 30$ MPa $\sigma_3 = 40$ MPa

(a) 单调加载

$\sigma_3 = 0$ MPa $\sigma_3 = 10$ MPa $\sigma_3 = 20$ MPa $\sigma_3 = 30$ MPa $\sigma_3 = 40$ MPa

(b) 循环加载

图 3-32 $T = 300$ ℃高温处理后花岗岩单调与循环加载最终破裂模式对比

600 ℃高温处理后试样内部含有大量的热裂纹,导致循环加卸载对试样破裂模式的影响较 $T = 25$ ℃和 300 ℃有所不同,如图 3-33 所示。单轴压缩试样在单调和循环加载时同样表现为轴向劈裂破坏。当 $\sigma_3 = 10$ MPa 时,单调加载试样表现为单剪切面破坏,循环加卸载试样除了主剪切面外还伴随一条与之平行的剪切裂纹。当 $\sigma_3 = 20$ MPa 和 30 MPa 时,单调加载试样依然为单剪切面破坏,循环加卸载试样表现为明显的横向膨胀,剪切裂纹不明显。当 $\sigma_3 = 40$ MPa时,单调加载试样为单剪切裂纹破坏,裂纹比较平直,循环加卸载试样同样为单剪切裂纹破坏,但裂纹比较粗糙。单调加载下峰后应力突降,应变能突然释放,剪切裂纹快速扩展,导致试样内部分晶粒被剪断,所以主剪切裂纹较平直。循环加卸载峰后应力突降一定程度后开始卸载,试样内的剪切裂纹停止扩展,当继续加载后裂纹较易沿晶粒边界扩展,导致剪切裂纹面较粗糙。

$\sigma_3 = 0$ MPa　　$\sigma_3 = 10$ MPa　　$\sigma_3 = 20$ MPa　　$\sigma_3 = 30$ MPa　　$\sigma_3 = 40$ MPa

（a）单调加载

$\sigma_3 = 0$ MPa　　$\sigma_3 = 10$ MPa　　$\sigma_3 = 20$ MPa　　$\sigma_3 = 30$ MPa　　$\sigma_3 = 40$ MPa

（b）循环加载

图 3-33　$T = 600$ ℃高温处理后花岗岩单调与循环加载最终破裂模式对比

从上述分析可以看出单轴压缩单调加载和循环加载试样都是以轴向劈裂为主,而三轴压缩循环加载可以导致试样的破裂模式更加复杂。为了解释这种现象,将前期循环导致的裂纹看作预制裂隙,再次加载过程中产生的裂纹看作新萌生的裂纹。如图 3-34 所示为常规三轴压缩下含预制单裂隙试样裂纹萌生示意图,图中黑色粗线代表预制裂隙,细线代表新萌生的裂纹,α 为预制裂隙与水平方向的夹角。单轴压缩下前期循环导致的一般为轴向劈裂裂纹,继续加载新的裂纹在预制裂隙尖端萌生,并沿着原有的方向扩展,如图 3-34(a)所示,所以循环加卸载对单轴压缩下试样的破裂模式产生影响。在三轴压缩状态下,前期循环加卸载导致含有一定倾角的裂纹萌生,如图 3-34(b)、(c)所示,继续加载裂纹会以反向翼裂纹、剪切裂纹或者翼裂纹的形式扩展,扩展方向会发生改变,所以会导致三轴循环加卸载状态下试样最终破裂模式较单调加载更加复杂。由于循环加卸载试样的破裂模式更加复杂,剪切面粗糙程度增加,导致试样的峰后残余强度较单调加载时的峰后残余强度高,如图 3-1 所示。

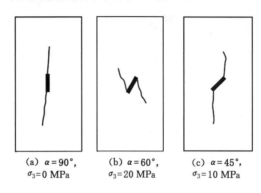

(a) $\alpha=90°$,　　(b) $\alpha=60°$,　　(c) $\alpha=45°$,
　$\sigma_3=0$ MPa　　$\sigma_3=20$ MPa　　$\sigma_3=10$ MPa

图 3-34　常规三轴压缩下含预制单裂隙试样裂纹萌生示意图

3.5　讨论

结合弹性模量、泊松比、塑性应变、耗散能与应变能释放、声发射特征随循环加卸载的变化,可将试样的破裂过程分为 5 个阶段:初始压密阶段,弹性加载阶段,塑性加载阶段,峰后应力降低阶段和残余强度阶段。

初始压密阶段:由于试样加载初期导致试样初始孔洞、裂隙闭合,再次加载弹性模量会有所上升。由于 600 ℃高温处理引入更多的初始损伤,所以其弹性模量上升幅度明显较 $T=25$ ℃和 300 ℃时的大。由于初始压密阶段一般发生在前两次循环加卸载过程中,泊松比、塑性应变、耗散能随循环次数的变化与弹性加载阶段相似。$T=25$ ℃和 300 ℃时试样初始损伤较少,加载初期内部晶粒调整较少,声发射现象不明显;而 $T=600$ ℃时热损伤增多,初始加载过程中出现较多的声发射现象,且声发射随围压的增大逐渐不明显。

弹性加载阶段:弹性模量随循环次数基本稳定,但在 $T=600$ ℃时,试样的可压缩性增大,在较低围压下初始压密阶段与弹性阶段有所重合,导致弹性模量不断增加。泊松比、塑性应变、耗散能随着加载进行缓慢增加,应变能线性上升。声发射比较平静,具有良好的 Kaiser 记忆特征。

塑性加载阶段:由于微裂纹快速萌生扩展,试验的弹性模量略有降低。但在低围压和 $T=600$ ℃时塑性阶段不明显。低围压下试样的侧向约束较小,一旦出现损伤,试样快速破坏。在 $T=600$ ℃时,矿物晶粒产生一定的损伤,当加载损伤出现时,试样同样容易破坏。由于塑性阶段引入的微裂纹增多,卸载及加载过程中竖向微裂纹不断闭合张开,导致试样在弹性阶段的环向变形增大,泊松比增大。塑性应变随循环次数增长的速率不断提高,声发射数不断增大,同时出现 Felicity 效应。

峰后破裂阶段:由于宏观裂纹形成,导致弹性模量快速降低。泊松比随循环次数的上升速率会有所降低,可能由于宏观裂纹形成,一定程度上减少了竖向裂纹的张开与闭合。塑性应变快速增大,弹性应变能开始释放,耗散能与应变能释放之和快速增加。声发射数快速增大,裂纹快速扩展。

残余强度阶段:宏观裂纹形成后,花岗岩试样在加载和卸载过程中基本是沿着宏观裂纹面滑动,此时弹性模量、泊松比基本稳定,塑性应变数值稳定增大,轴向输入的能量基本耗散在宏观裂纹面的摩擦上,声发射数量较峰后破裂阶段明显减小。

3.6　本章小结

本章对高温后花岗岩进行三轴循环加卸载试验,分析了应力-应变曲线特征、弹性模量、泊松比、塑性应变、能量演化、声发射特征随循环加卸载的演化过程,结合试样的最终破裂模式,研究了温度与围压对花岗岩循环加卸载作用下损伤演化特征的影响,主要得到如下结论:

(1) 常规三轴循环加卸载应力-应变曲线与同围压下单调加载应力-应变曲线吻合较好,且不同围压下峰值强度几乎相同。加载和卸载在应力较低时都会出现上凹段,随着围压的增大上凹段越来越不明显,而峰后的上凹段也会更加明显。压密阶段后进入弹性阶段,弹性阶段存在于整个循环加载过程中,即使试样已经出现损伤。弹性阶段后进入塑性阶段,塑性阶段随着加载进行更加明显。循环加卸载条件下试样的峰后残余强度较单调加载时的更加明显,这主要是由于循环加卸载在峰后应力下降过程中是分阶段的,导致应力释放不充分,同时形成的宏观裂纹更加复杂,且表面更加粗糙。

(2) 弹性模量随着循环次数的增加基本呈现先增大后稳定、其后缓慢降低至快速降低、最后基本稳定的趋势。但在低围压和高温处理后,弹性模量上升后稳定和缓慢降低阶段明显缩短,这主要是由于低围压和高温作用后试样一旦出现损伤较容易出现破坏。泊松比呈现缓慢增加、后快速增加、最后基本稳定甚至下降的趋势。其后期出现稳定和下降趋势的原因为:宏观裂纹形成后,使得试样沿宏观裂纹面滑移,同时一定程度上降低了竖向裂纹的张开与闭合,导致弹性阶段环向变形减小并趋于稳定。

(3)峰前阶段,塑性轴向应变随着卸载应力的升高缓慢增加,当接近峰值强度时塑性轴向应变随卸载应力增加速率有所升高,而峰后塑性轴向应变随着卸载应力的降低剧烈上升。在峰前阶段塑性轴向应变随着围压升高总体上不断减小,600 ℃高温导致塑性轴向应变数值明显较高。环向应变在初始压缩阶段会出现压缩的现象,说明加载初始阶段试样内部晶粒会有所调整。随着围压升高,开始出现塑性环向应变突增点不断向后推移,其后塑性环向应变快速降低。

(4)轴向做功相较于环向明显增大,是试样破裂的主要因素。轴向对试样的做功随着循环次数呈现先缓慢增加、后快速增加、最后再次缓慢增加的趋势,围压增加在一定程度上增加了轴向做功能量及轴向做功能量随循环次数的斜率。轴向应变能随循环次数增加呈现先增加后减小的趋势,随着围压升高增加和降低速率明显提高,说明高围压下试样可以存储更多的应变能,但应变能释放造成试样破裂严重,所以下降速度同样较快。耗散能与应变能释放随着循环次数增加同样遵循先缓慢增长、后快速增长、最后增长速率降低并线性增长的规律。围压增大对加载前期耗散能的影响规律不明显,但明显增加快速上升段和最后稳定上升段的斜率。600 ℃高温处理后花岗岩的耗散能和应变能释放之和增多,但应变能明显降低,说明高温增加了晶粒之间的摩擦而降低了试样存储应变能的能力。

(5)累计声发射呈现阶梯状增加,加载前期增长缓慢,峰值附近快速增加,其后加载速率不断降低,加载到残余强度阶段少量声发射产生于宏观裂隙面的摩擦。相对于 $T=25$ ℃和 300 ℃试样,600 ℃高温处理后的试样在加载初期即会出现较多的声发射,且初期声发射随着围压增大不断减小。加载过程中累计声发射增量呈现先缓慢增加、在峰值点后快速增加、其后不断减小至稳定的趋势。卸载过程中同样会伴随声发射现象,但数量明显较加载过程中的低,变化趋势与加载过程中相似。FR_i 随着加载的进行呈现初期基本稳定、中期快速下降、后期再次稳定的趋势,说明声发射记忆特征在加载前期较好,在试样开始破坏时迅速丧失,而在残余强度阶段基本稳定。

(6)对比单调加载下试样的最终破裂模式,循环加卸载最终破裂模式有所改变。单轴压缩下,循环加卸载和单调加载试样破裂模式同为劈裂破坏,而在围压作用下循环加卸载使得试样破裂更加复杂,同时破裂面更加粗糙。通过对含不同预制裂隙试样在不同围压作用下试样裂纹的萌生形式进行分析发现:单轴压缩过程中再次加载裂纹沿原裂纹方向扩展的概率较大,而三轴压缩下再次加载裂纹沿原裂纹方向扩展的概率不大,解释了在不同围压条件下试样破裂模式受循环加卸载的影响。

参考文献

[1] ZHOU H W, WANG Z H, WANG C S, et al. On acoustic emission and post-peak energy evolution in Beishan granite under cyclic loading[J]. Rock mechanics and rock engineering, 2019, 52(1): 283-288.

[2] MOMENI A, KARAKUS M, KHANLARI G R, et al. Effects of cyclic loading on the mechanical properties of a granite[J]. International journal of rock mechanics and mining sciences, 2015, 77: 89-96.

[3] WANG Z C, LI S C, QIAO L P, et al. Finite element analysis of the hydromechanical behavior of an underground crude oil storage facility in granite subject to cyclic loading during operation[J]. International journal of rock mechanics and mining sciences, 2015, 73: 70-81.

[4] GHAZVINIAN E, DIEDERICHS M S. Progress of brittle microfracturing in crystalline rocks under cyclic loading conditions[J]. Journal of the Southern African Institute of Mining and Metallurgy, 2018, 118(3): 217-226.

[5] PASSELÈGUE F X, PIMIENTA L, FAULKNER D, et al. Development and recovery of stress-induced elastic anisotropy during cyclic loading experiment on westerly granite[J]. Geophysical research letters, 2018, 45 (16): 8156-8166.

[6] WANG Z L, YAO J K, TIAN N C, et al. Mechanical behavior and damage evolution for granite subjected to cyclic loading[J]. Advances in materials science and engineering, 2018, 2018: 4312494.

[7] XIONG L F, WU S C, ZHANG S H. Mechanical behavior of a granite from Wuyi Mountain: insights from strain-based approaches[J]. Rock mechanics and rock engineering, 2019, 52(3): 719-736.

［8］谢和平,鞠杨,黎立云.基于能量耗散与释放原理的岩石强度与整体破坏准则［J］.岩石力学与工程学报,2005,24(17):3003-3010.

［9］YANG S Q,RANJITH P G,HUANG Y H,et al. Experimental investigation on mechanical damage characteristics of sandstone under triaxial cyclic loading［J］.Geophysical journal international,2015,201(2): 662-682.

［10］LI C,NORDLUND E.Experimental verification of the Kaiser effect in rocks［J］.Rock mechanics and rock engineering,1993,26(4):333-351.

［11］MENG Q B,ZHANG M W,HAN L J,et al. Acoustic emission characteristics of red sandstone specimens under uniaxial cyclic loading and unloading compression［J］.Rock mechanics and rock engineering, 2018,51(4):969-988.

第4章 高温后花岗岩渗透演化及裂纹特征研究

花岗岩作为一种强度较高的晶粒岩体,因为具有较低的孔隙率和渗透率,被认为是最具潜力的核废料处置岩体。但是开挖和热损伤会造成花岗岩渗透率急剧上升,进而影响核废料存储的安全与稳定,增加核废料迁移至生物圈的危险[1]。学者们已经通过试验和模拟等方法研究了围压及热损伤对花岗岩渗透率的影响。Bernabe[2]研究了花岗岩渗透率随有效应力的变化规律,结果表明加压和卸压过程中的渗透率会形成滞回环,并使用摩擦滑移模型解释了该滞回环现象。Souley等[3]根据试验结果和非均匀损伤模型解释了微裂纹扩展导致渗透率升高变化规律,并将其嵌入 FLAC^{3D} 中,模拟了加拿大 URL 隧道开挖导致的渗透率变化。Chen 等[4]推导出孔隙和裂隙岩体渗透系数随有效应力变化的统一形式的公式,该公式可以预测岩石渗透率。Chen 等[5]研究了不同高温作用后花岗岩三轴压缩过程中渗透率演化特征,并将其分为两种主要形式:当 $T \leqslant 500\ ℃$ 时,渗透率在加载过程中先降低后稳定,最后急剧上升;而当 $T \geqslant 600\ ℃$ 时,渗透率随着加载进行不断降低。Zhang 等[6]研究了围压为 5 MPa 下花岗岩渗透率随温度的演化,结果表明渗透率在 200 ℃后快速增加,这主要是由于加热及快速冷却过程中产生了大量裂纹,高温作用会对花岗岩产生一定的损伤,导致渗透率随有效应力变化特征随温度有所变化。为了研究花岗岩渗透特征及裂纹分布特征,本章测量了不同高温处理后花岗岩渗透率随有效应力的变化、孔隙率和地层因数随温度的演化规律,同时结合各宏观参数与裂纹细观参数之间的联系,推导出不同高温作用后裂纹细观特征随有效应力的演化,并根据裂纹细观特征得到了孔隙率、地层因数、导热系数随有效应力的演化规律。由于使用水渗透需要较长时间,所以本章使用氮气(N$_2$)进行渗透试验。根据 Klinkenberg 公式[7],气体视渗透率(K_g)和溶液绝对渗透率(K_l)之间存在线性关系:$K_g = K_l(1 + b/p_{av})$。式中 p_{av} 为平均孔隙压力,b 为 Klinkenberg 斜率常数。从 Klinkenberg 公式可以看出在保持孔隙压力不变的情况下,绝对渗透率与视渗透率存在较好的线性关系,所以本章使用氮气测量高温后花岗岩渗透率随有效应力的变化。

4.1 试验设备及方案

为了测试岩石在不同应力状态下的渗透率变化,设计了岩石全自动气体渗透率测试系统。岩石全自动气体渗透率测试系统包括气体增压系统、围压轴压增压系统、夹持系统、控制系统和采集系统,各子系统的详细情况如图 4-1 所示[8]。

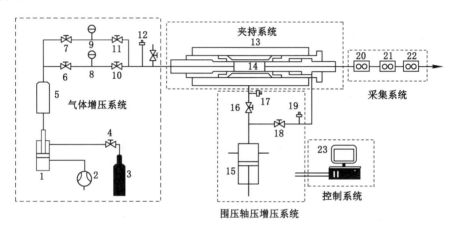

图 4-1 岩石全自动气体渗透率测试系统流程图

气体增压系统主要为气体渗透提供恒定压力的气体,主要包括:气体增压机(1),如图 4-2(a)所示;空压机(2),如图 4-2(b)所示;气瓶(3),如图 4-2(c)所示;控制阀(4);缓冲器(5);低压减压阀(6);高压减压阀(7);第一气体压力表(8);第二气体压力表(9);第一连通阀(10);第二连通阀(11);第一压力传感器(12)。气体增压机使用空压机提供动力,对气瓶中的气体进行加压,并将压缩空气储存在缓冲器中,通过减压阀调节压力至设定值,完成提供设定压力气体的目的。

围压轴压增压系统主要为夹持系统提供一定的压力,主要包括:恒速恒压泵(15),如图 4-2(d)所示;围压阀(16);第二压力传感器(17);轴压阀(18);第三压力传感器(19)。恒速恒压泵可以提供恒定的水压,通过控制围压阀和轴压阀实现不同应力状态下的渗透率测量。

夹持系统如图 4-2(e)所示,其主要作用是密封和为岩石渗透提供不同的应力状态,围压和轴压系统单独设置,可以测量不同应力状态下的渗透率。

采集系统主要用于测量气体流速,主要包括高流速流量计(20)(测量精度 3 000 sccm)、中流速流量计(21)(测量精度 100 sccm)和低流速流量计(测量精度 5 sccm),如图 4-2(f)所示,可以根据其他流速大小选择合适测量范围和精度的流量计。同时,各传感器示数通过电脑进行实时记录。

控制系统(23),如图 4-2(g)所示,主要用于围压和轴压的控制。

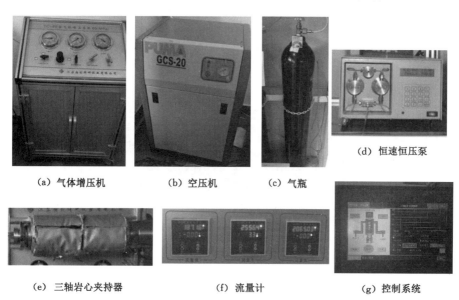

| (a) 气体增压机 | (b) 空压机 | (c) 气瓶 | (d) 恒速恒压泵 |

| (e) 三轴岩心夹持器 | (f) 流量计 | (g) 控制系统 |

图 4-2 岩石全自动气体渗透率测试系统实物图

该岩石全自动气体渗透率测试系统要求试样为 ϕ50 mm×100 mm 标准圆柱体试样,最大轴压和最大围压为 60 MPa。试验过程中,可以设定采样间隔,当测得的 3 次流速误差达到一定范围时,认定为气体流速达到稳定,取 3 次流速的平均值计算渗透率。

为了测得不同高温处理后花岗岩地层因数(formation factor,F),需要测得盐水饱和处理后花岗岩试样的电阻率和盐水的导电率。按照《岩样电性参数实验室测量规范》(SY/T 6712—2023)[9]对不同高温处理后花岗岩盐水饱和试样进行电阻率测量。在盐水饱和之前首先对花岗岩进行烘干处理,烘干温度设置为 50 ℃,烘干 2 h 后对试样进行称重和尺寸测量。将配制好的盐水首先进行抽真空处理 2 h 以上,直至装有盐水的容器内的压力降至约 0.1 MPa,继续抽真空

1 h。将岩石试样连续抽真空 3～4 h,使得岩样室内压力降为约 0.1 MPa,继续抽真空 2～4 h。打开盐水室与岩样室之间的阀门,使盐水进入岩样室内,同时继续抽真空直至盐水没过岩样,继续抽真空 1 h。使用 TH2811d 数字电桥对盐水饱和后花岗岩试样进行电阻测量,如图 4-3 所示。信号源内阻选择为 30 Ω,测量速度设置为低速,电阻采用两极法进行测量。结合试样的截面积和长度可以计算得到不同高温处理后花岗岩试样的电阻率。

图 4-3　TH2811d 数字电桥测量试样电阻

为了研究高温处理后花岗岩渗透率随围压的变化,首先将花岗岩进行高温处理,温度分别设定为 150 ℃、300 ℃、450 ℃、600 ℃和 750 ℃。高温处理过程如第 2 章所述,首先以 5 ℃/min 速度对试样进行加温,加温至设定温度后稳定 2 h,然后在高温炉内自然降温。将高温处理后的花岗岩安装至夹持器中,首先加静水压力至 10 MPa,其后打开低压减压阀将进气气压调节至 4 MPa,待测得稳定渗透率后,保持进气气压不变,静水压力增加 5 MPa,进行下一级渗透率测量。不断重复上述步骤,直至静水压力达到 60 MPa。

4.2　高温后花岗岩宏观渗流特征随温度演化

通过试验,可以得到不同高温处理后花岗岩气体流量随有效应力的变化,根据达西定律,渗透率(k)可以由稳态法计算得到[10]:

$$k = \frac{2Qp_2\mu H}{(p_1^2 - p_2^2)A} \tag{4-1}$$

式中:Q 为气体通过试样的流速;μ 为流体黏度系数(室温常压下氮气黏度系数

$\mu \approx 1.8 \times 10^{-5}$ Pa·s);H 为岩样长度;p_1 为进气口绝对压力;p_2 为出气口绝对压力;A 为试样截面积。

通过计算可以得到不同高温处理后花岗岩渗透率随有效应力的变化,如图 4-4 所示。从图中可以看出,总体上不同高温作用后花岗岩渗透率随着有效应力增大呈现递减的趋势。由于纵坐标为对数刻度,所以可以看出渗透率随有效应力增大几乎线性减小。如若使用常规坐标刻度,可以看出渗透率随着有效应力增大的减小速率不断降低。在相同有效应力下,随着温度升高渗透率不断升高。高温后花岗岩单轴压缩试验中,在初始加温阶段($T = 150$ ℃),试样的单轴压缩强度会有所上升。Huang 等[11]通过观察试样微观结构,认为高温处理后试样内孔隙发生闭合,从而导致试样强度增大。本书中试样的单轴压缩强度和弹性模量在高温 150 ℃处理后有所上升,而渗透率在相同有效应力下较未经高温处理花岗岩试样略高,渗透率增大在一定程度上说明了试样内的孔隙率增大,与之前的假设产生矛盾。对不同高温处理后花岗岩常规三轴压缩强度使用霍克-布朗准则回归,结果表明试样在 150 ℃处理后破损程度基本不变,而坚硬程度有所上升。同时,Mitchell 等[12]通过直剪试验表明,花岗岩的摩擦系数随着温度的升高不断升高,结合渗透结果进一步说明了加热温度较低时,花岗岩试样晶粒强度及摩擦力会有所上升,而孔隙率也会上升,两者共同作用导致花岗岩强度及弹性模量随温度升高在初期有所上升。

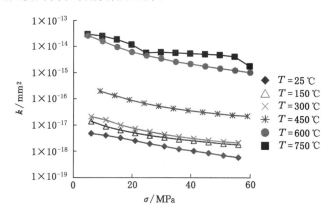

图 4-4　不同高温处理后花岗岩渗透率随有效应力变化

总体上,在 $T \leqslant 300$ ℃时,渗透率变化不大,说明此时温度对试样造成的损伤较小。而 $T = 450$ ℃时,渗透率相对于 $T = 300$ ℃时上升一个数量级,说明此时试样的损伤程度明显增大。$T = 450$ ℃时花岗岩体积及密度变化出现拐点,试样出现微裂纹。结合强度及弹性模量变化特征,可以看出 $T=450$ ℃是花岗岩物理及力学特性发生改变的临界点。当 $T=600$ ℃时,由于石英晶粒发生 α-β 相变,渗透系数相对于 $T=450$ ℃上升两个数量级,此时试样中出现明显的热裂纹,强度及峰值强度发生突降。而 $T=750$ ℃时,渗透率略有上升,主要是由于花岗岩在 $T=600$ ℃时已经出现了宏观裂纹,释放了部分热应力,继续加热裂纹扩展不明显。

试样整体与孔隙体积柔量随着有效应力而改变,可以通过引入平均孔隙体积柔量简化计算。一般情况下体积柔量随着有效应力升高不断降低,不同试样对应体积柔量随有效应力的变化是不同的,但较多试验数据证明体积柔量随着有效应力升高呈指数形式减小,所以平均孔隙体积柔量可以表示为:

$$\bar{c}_p = \frac{1}{\sigma - \sigma_0} \int_{\sigma_0}^{\sigma} c_0 e^{-\alpha(\sigma - \sigma_0)} d\sigma = \frac{c_0}{\alpha \Delta \sigma}(1 - e^{-\alpha \Delta \sigma}) \tag{4-2}$$

考虑体积柔量随有效应力的变化,McKee 等[12]推导出了渗透率随有效应力的变化公式:

$$k = k_0 e^{-3\frac{c_0}{\alpha}(1 - e^{-\alpha \Delta \sigma})} \tag{4-3}$$

使用包维尔法对不同高温后花岗岩渗透率随有效应力的变化进行回归,可以得到不同温度处理后花岗岩渗透系数随有效应力变化的拟合公式,得到的参数如表 4-1 所示。

表 4-1　高温后花岗岩试样渗透率随围压变化回归参数

T/ ℃	25	150	300	450	600	750
k_0/mm²	7.76×10^{-18}	2.89×10^{-17}	3.71×10^{-17}	5.31×10^{-16}	4.72×10^{-14}	4.33×10^{-14}
k_∞/mm²	1.13×10^{-19}	1.73×10^{-18}	7.55×10^{-19}	1.33×10^{-17}	4.27×10^{-16}	3.16×10^{-16}
c_0/GPa^{-1}	0.022	0.046	0.032	0.042	0.043	0.024
α/Pa^{-2}	0.016	0.049	0.025	0.034	0.028	0.015
R^2	0.985	0.997	0.995	0.998	0.999	0.960

注:k_0—初始渗透率;k_∞—残余渗透率;c_0—初始孔隙体积柔量;α—孔隙体积柔量随有效应力的减小速度。

为了验证式(4-3),将 $T=150$ ℃和 600 ℃高温后花岗岩渗透率随有效应力变化回归结果与试验结果进行对比,从图 4-5 可以看出拟合结果与试验结果吻合较好。通过表 4-1 可以看出,$T=150$ ℃和 600 ℃的相关系数分别为 0.997 和 0.999,说明使用式(4-3)可以较好地拟合不同高温处理后花岗岩渗透率随有效应力的变化。

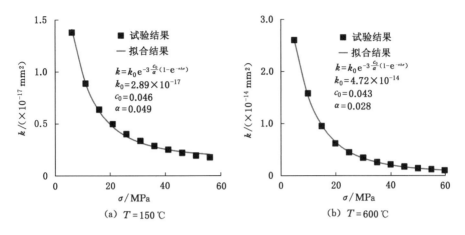

图 4-5　不同高温处理后花岗岩渗透率拟合结果

通过式(4-3)对不同高温作用后花岗岩渗透率随有效应力变化的拟合,可以得到初始渗透率 k_0、残余渗透率 k_∞、初始孔隙体积柔量 c_0 和孔隙体积柔量随有效应力的减小速度 α 等参数随温度的变化,如图 4-6 所示。从图中可以看出,初始渗透系数(有效应力为 0 MPa 时的渗透系数)总体上随着温度的升高不断增大:当温度升高至 150 ℃时,k_0 会有所升高;而在 150~300 ℃ k_0 基本不变;当 $T=450$ ℃时,k_0 会上升一个数量级;其后,当 $T=600$ ℃时 k_0 会升高两个数量级,说明试样在 300~600 ℃孔隙率会快速上升;而在 600~750 ℃,k_0 基本不变。当有效应力不断增大时,渗透率不断趋于稳定,当应力足够大时,可以得到试样的残余渗透率。从图 4-6(a)中可以看出残余渗透率与初始渗透率随温度的变化特征相似,但总体上残余渗透率较初始渗透率小两个数量级。

初始孔隙体积柔量随着温度升高变化不大[图 4-6(b)]:在温度上升至 150 ℃时,c_0 由 0.022 GPa^{-1} 上升至 0.046 GPa^{-1};而当温度上升至 300 ℃时,c_0 降低至 0.032 GPa^{-1};随后当温度上升至 450 ℃时,c_0 增加至 0.042 GPa^{-1};而后当 $T=600$ ℃时 c_0 少量增加至 0.043 GPa^{-1};当温度升高至 750 ℃时,c_0 降低至 0.024 GPa^{-1}。从图 4-6(b)可以看出,孔隙的初始可压缩性对温度变化不是太敏感。孔隙体积柔量随有效应力的减小速度 α 随着温度的增加总体上呈现先增大后减小的趋势,如图 4-6(c)所示。当温度上升至 150 ℃时,α 由 0.016 Pa^{-2} 增加至 0.049 Pa^{-2};其后,当温度升高至 300 ℃时,α 降低至 0.025 Pa^{-2};当温度上升至 450 ℃时，α 增加至 0.034 Pa^{-2}；其后，当温度上升至 750 ℃时，α 降低至 0.015 Pa^{-2}。从上述分析可看出 $T=150$ ℃时，c_0 和 α 都达到最大值，说明此时试样孔隙的可压缩性较大，但可压缩性随着有效应力的增大降低速度较快。

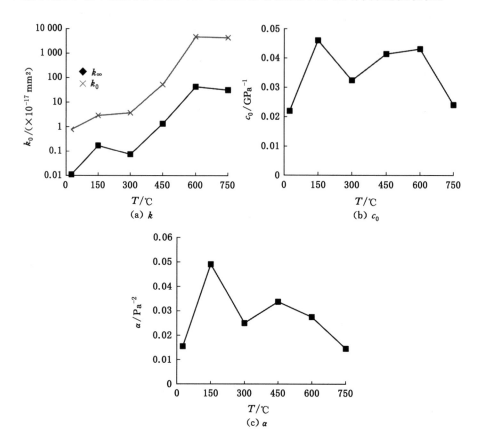

图 4-6　渗透率随有效应力拟合参数随温度的变化

花岗岩的孔隙率可以通过饱和法测试：

$$\varphi = \frac{V_w}{V_0} = \frac{m_w}{V_0 \rho_w} \tag{4-4}$$

式中：V_w 为试样饱和水的体积；V_0 为试样体积；m_w 为饱和水的质量；ρ_w 为水的密度。结合后期进行地层因数（F）测量方式，饱和过程中使用盐水。

通过计算可以得到不同高温作用后花岗岩试样孔隙率，如表 4-2 所示，结合图 4-7 可以分析孔隙率随温度的演化。从图中可以看出：当 $T \leqslant 300$ ℃时孔隙率随着温度变化不大，从 25 ℃ 的 0.67% 缓慢增加至 0.77%；而当温度升高至

450 ℃时孔隙率开始增大,由 300 ℃的 0.77％上升至 450 ℃的 1.22％;当 $T=$ 600 ℃时,由于石英相变,花岗岩孔隙率快速上升,从 450 ℃的 1.22％上升至 7.68％;其后孔隙率变化不大,当温度上升至 750 ℃时,孔隙率上升至 7.98％。

表 4-2　不同高温后花岗岩试样孔隙率

温度 $T/$ ℃	25	150	300	450	600	750
孔隙率 $\varphi/$％	0.67	0.71	0.77	1.22	7.68	7.98

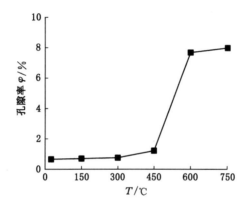

图 4-7　不同高温作用后花岗岩试样孔隙率随温度的变化

1942 年,Archie 为了解释纯砂岩含水饱和度与电阻率之间的关系,提出了著名的 Archie 公式,该模型认为饱和含水地层岩石电阻率(R_0)与地层水电阻率(R_w)的比值[即地层因数(F)]与地层岩石孔隙率 φ 和裂纹连通率 f 之间存在倒数关系[13]:

$$F = \frac{R_0}{R_w} = 4f^{-1}\varphi^{-1} \tag{4-5}$$

若表示为导电率,则为:

$$F = \frac{C_w}{C_0} \tag{4-6}$$

式中:C_0 为饱和岩石的导电率;C_w 为溶液的导电率。

使用 TH2811d 数字电桥可以测得不同高温处理后盐水饱和试样的电阻 R,通过 $R_0 = \dfrac{RS}{L}$ 计算盐水饱和花岗岩试样的电阻率,其中 S 为试样的截面积,L 为试样长度。导电率为电阻率的倒数。通过测量可以得到不同高温处理后盐水饱和花岗岩试样的电阻、电阻率和导电率,如表 4-3 所示。结合图 4-8,可以看出高温处理后盐水饱和花岗岩试样导电率随温度的演化。整体来看盐水饱和花岗岩导电率随温度的演化特征与孔隙率随温度的演化特征相似:在 25～300 ℃,导电率变化不明显;而在 300～450 ℃,导电率由 0.003 3 S/m 上升至 0.008 6 S/m;在 450～600 ℃,导电率由 0.008 6 S/m 快速上升至 0.220 4 S/m;其后,当温度由 600 ℃上升至 750 ℃时,导电率增加速率降低,由 0.220 4 S/m 上升至 0.253 9 S/m。对 $T \leqslant$ 450 ℃范围内导电率随温度演化进行局部放大,可以看出当温度上升至 150 ℃时,导电率会有所降低;而当温度上升至 300 ℃时,导电率会有所上升;其后,当温度由 300 ℃上升至 450 ℃时,导电率明显上升。

表 4-3　不同高温作用后盐水饱和花岗岩试样电阻、电阻率和导电率

温度 T/℃	25	150	300	450	600	750
电阻 R/kΩ	31.80	37.15	16.17	6.38	0.24	0.21
电阻率 R_0/(Ω·m)	596.62	701.51	300.83	115.69	4.54	3.94
导电率 C_0/(S/m)	0.001 7	0.001 4	0.003 3	0.008 6	0.220 4	0.253 9
地层因数 F	507.13	596.28	255.70	98.34	3.86	3.35

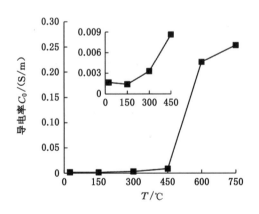

图 4-8　高温处理后盐水饱和花岗岩试样导电率随温度的变化

　　试验测得盐水的导电率为 850 μS/cm,通过式(4-6)可以计算出不同高温作用后花岗岩试样的地层因数,如图 4-9 所示。从图中可以看出当温度由室温上升至 150 ℃时地层因数由 507.13 上升至 596.28,其后当温度由 150 ℃上升至 600 ℃时地层因数快速下降至 3.86,其后随着温度的升高地层因数基本不变。

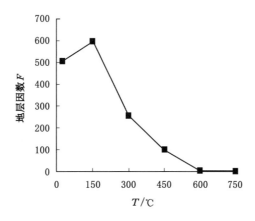

图 4-9　高温处理后盐水饱和花岗岩试样地层因数随温度的变化

4.3　高温后花岗岩细观渗流特征随温度演化

假设裂纹在试样内均匀各向同性分布,如图 4-10 所示。Dienes[14]建立了渗透率与裂纹特征之间的关系:

$$k = \frac{4\pi}{15} A^3 n_0 \overline{c^5} \, \theta f \tag{4-7}$$

式中:n_0 为裂纹数量密度;$\bar{c}$ 为裂纹半径;$A = \overline{w}/\overline{c}$,为张开度与半径之比,$\overline{w}$ 为张开度;θ 为流体通过裂纹系统时随裂纹厚度变化的流体力学系数;f 为裂纹连通率。

如图 4-10 所示,l 为两裂纹的间距,则裂纹数量密度 $n_0 = 1/\bar{l}^3$,裂纹半径分布范围较小时 $\overline{c^5}$ 可以使用 $\bar{c}^5$ 替代。所以式(4-7)可以简化为:

$$k = \frac{4\pi}{15} f \frac{\overline{w}^3 \bar{c}^2}{\bar{l}^3} \tag{4-8}$$

孔隙率可以使用裂纹特征参数表示为:

$$\varphi = 2\pi \frac{\bar{c}^2 \overline{w}}{\bar{l}^3} \tag{4-9}$$

所以可以建立渗透率与孔隙率之间的关系:

$$k = \frac{2}{15} f \overline{w}^2 \varphi \tag{4-10}$$

联合式(4-5)和式(4-10)可以得到:

$$\overline{w} = 0.25(30kF)^{0.5} \tag{4-11}$$

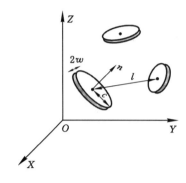

图 4-10　各向同性裂纹分布形式

图 4-11 给出了花岗岩试样裂纹平均张开度随温度的变化,结合表 4-4 可以看出:裂纹张开度在 $T=150$ ℃时会由室温的 9.71×10^{-8} m 上升至 13.76×10^{-8} m;而在 $T=300$ ℃时裂纹张开度会略微升高至 14.29×10^{-8} m;其后,当温度由300 ℃上升至 600 ℃时,裂纹张开度由 14.29×10^{-8} m 快速上升至 112.10×10^{-8} m;而当温度上升至 750 ℃时,裂隙张开度略有降低,为 90.22×10^{-8} m。

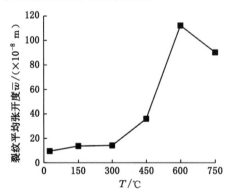

图 4-11　花岗岩试样裂纹平均张开度随温度的变化

表 4-4　不同高温后花岗岩平均张开度、半径、间距、密度及连通率

$T/$ ℃	25	150	300	450	600	750
$\overline{w}/(\times10^{-8}$ m)	9.71	13.76	14.29	36.01	112.10	90.22
$\overline{c}/(\times10^{-8}$ m)	13.83	17.51	19.53	19.73	15.21	10.55
$\overline{l}/(\times10^{-8}$ m)	26.41	33.46	37.08	37.27	28.61	19.73
$\overline{n}_0/(\times10^{19}$ m^{-3})	6.34	4.44	2.40	2.51	17.74	28.94
f	0.012	0.012	0.020	0.028	0.077	0.087

假设裂纹中心随机分布，p 为两个裂纹之间相交的概率，则裂纹连通率 f 与 p 之间的关系可以表示为[15]：

$$f = 54(p - p_c)^2 \qquad (4\text{-}12)$$

式中，p_c 为裂纹相交概率阈值，裂纹具有 z 个相邻裂纹，则 $p_c = 1/(z-1)$。假设 $z=4$，则 $p_c = 1/3$。当 p 小于 p_c 时裂纹之间无连通，其后随着 p 的增大 f 迅速上升至 1。

Charlaix 等[16]将一个裂纹附近无其他裂纹的体积定义为 $V_e = \pi^2 \bar{c}^3$，裂纹密度为 $1/l^3$，则裂纹相交概率可以表示为：

$$p = \frac{\pi^2}{4} \frac{\bar{c}^3}{l^3} \qquad (4\text{-}13)$$

联合式(4-5)、式(4-8)、式(4-9)、式(4-10)和式(4-11)，可以计算裂纹平均半径 $\bar{c}$ 和裂纹平均间距 $\bar{l}$：

$$\bar{c} = 2(\pi\varphi)^{-1}(30kF)^{0.5}\left\{\frac{1}{3} + \left[\frac{2}{(27F\varphi)^{0.5}}\right]\right\} \qquad (4\text{-}14)$$

$$\bar{l} = \left(\frac{\pi^2}{4}\right)^{1/3}\bar{c}\left\{\frac{1}{3} + \left[\frac{2}{(27F\varphi)^{0.5}}\right]\right\}^{-1/3} \qquad (4\text{-}15)$$

图 4-12 给出了高温作用后花岗岩平均裂纹半径、平均裂纹中心间距、裂纹密度及裂纹连通率随温度的变化。通过式(4-14)可以计算平均裂纹半径，结合表 4-4 和图 4-12(a)可以分析平均裂纹半径随温度的演化：当温度上升至 150 ℃时，裂纹半径由室温下的 13.83×10^{-8} m 上升至 17.51×10^{-8} m；而当温度上升至 300 ℃时，裂纹半径升高至 19.53×10^{-8} m；其后，当温度上升至 450 ℃时，裂纹半径升高至 19.73×10^{-8} m；当温度上升至 600 ℃时，裂纹半径降低至 15.21×10^{-8} m；而随着温度上升至 750 ℃时，裂纹半径降低至 10.55×10^{-8} m。裂纹平均间距的变化规律与裂纹半径相似，总体呈现先增加后降低的趋势，如图 4-12(b)所示。裂纹密度 $n_0 = 1/\bar{l}^3$，已知裂纹平均间距的情况下可以得到裂纹密度随温度的变化，如图 4-12(c)所示。总体上裂纹密度随着温度升高呈现先降低后平稳最后突增的现象。当温度上升至 150 ℃时，裂纹密度由室温的 6.34×10^{19} m^{-3} 降低至 4.44×10^{19} m^{-3}；而在 150～450 ℃裂纹密度变化不大，在 $(2.40～2.51) \times 10^{19}$ m^{-3} 之间浮动；其后，当温度由 450 ℃上升至 750 ℃时，裂纹密度由 2.51×10^{19} m^{-3} 迅速上升至 28.94×10^{19} m^{-3}。

在得到 $\bar{w}$、$\bar{c}$ 和 $\bar{l}$ 的基础上，可以通过式(4-9)计算不同高温作用后花岗岩试样裂纹连通率 f。裂纹连通率随温度的变化规律与花岗岩导电率相似，如图 4-8

和图 4-12(d)所示。当温度上升至 150 ℃时,裂纹连通率保持不变;当温度在 150~450 ℃时,裂纹连通率开始缓慢上升至 0.028;其后,当温度上升至 600 ℃时,裂纹连通率快速上升至 0.077;而当温度上升至 750 ℃时,裂纹连通率缓慢上升至 0.870。

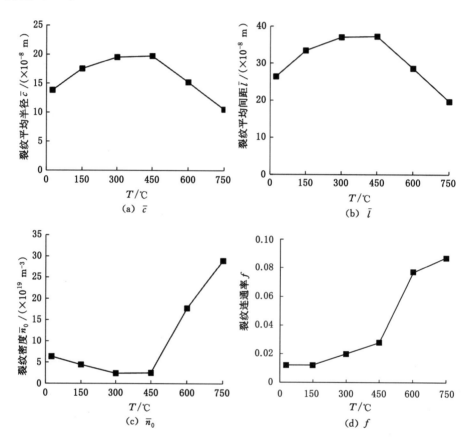

图 4-12　高温作用后花岗岩试样裂纹平均半径、间距、
单位体积裂纹密度及裂纹连通率随温度的变化

综合分析可以看出,当温度上升至 150 ℃时,虽然裂纹半径和张开度有所增大,但裂纹密度和连通率有所降低,所以导致花岗岩的导电率有所降低。Huang 等[11]使用 SEM 获得了不同高温作用后花岗岩细观结构特征,表明在 $T=150$ ℃时微裂纹会由于晶粒膨胀而有所闭合,但 SEM 只能对试样局部进行观察,在一定程度上反映细观结构变化,不能代表试样的整体状态。Huang 等[11]研究得到

的结果与图 4-12(c)中裂纹密度有所降低的结论相似,但不能反映图 4-11 中裂纹张开度和图 4-12(a)中裂纹半径增大的情况。由于裂纹密度和连通率有所降低,同时高温脱水导致晶粒之间的摩擦系数增大,所以当 $T=150$ ℃时花岗岩的强度和弹性模量会有所升高。当 $T=450$ ℃时,裂纹半径、张开度和连通率上升,所以导致试样的渗透率、导电率和孔隙率开始有所上升,花岗岩强度和弹性模量开始降低。当 $T=600$ ℃和 750 ℃时,虽然裂纹半径有所降低,但裂纹张开度、密度和连通率快速上升,所以导致渗透率、导电率和孔隙率快速上升,而花岗岩强度和弹性模量快速降低。

结合试验得到的强度及弹性模量结果和图 4-12(d)可以看出裂纹连通率与强度及弹性模量的变化规律相似,所以建立裂纹连通率与强度及弹性模量之间的关系,如图 4-13 所示。使用 $y=ae^{bx}$ 指数形式进行回归,可以看出峰值强度、损伤阈值和弹性模量对应的 a 分别为 114.44、68.97 和 29.76,b 分别为 -17.76、-21.13 和 -25.38,说明峰值强度对裂纹连通率最敏感,而弹性模量对裂纹连通率最不敏感。从图中可以看出拟合结果与试验结果吻合较好,峰值强度、损伤阈值和弹性模量的相关系数分别为 0.96、0.97 和 0.97。

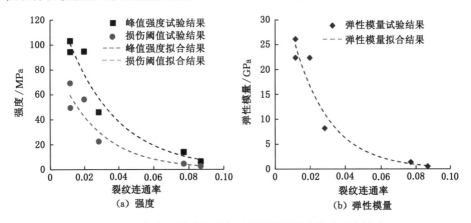

图 4-13　花岗岩试样裂纹强度及弹性模量随裂纹连通率演化

假设在施加有效应力的过程中裂纹平均半径、平均距离及平均连通率不变,而只造成裂纹平均张开度的变化。结合式(4-3)可以根据渗透率随有效应力的变化得到裂纹平均张开度随有效应力的变化,由式(4-3)可知:

$$c=c_0 e^{-a(\sigma-\sigma_0)} \tag{4-16}$$

假设有效应力作用下只在裂纹法向产生变形,式(4-16)中 c 为裂隙体积柔量,可以表示为:

$$c = \frac{\mathrm{d}s}{\mathrm{d}\sigma} \tag{4-17}$$

式中：$\mathrm{d}s$ 为裂纹压缩过程中位移增量；$\mathrm{d}\sigma$ 为有效应力增量。

联立式(4-16)和式(4-17)，得：

$$\mathrm{d}s = c_0 \mathrm{e}^{-a(\sigma-\sigma_0)} \mathrm{d}\sigma \tag{4-18}$$

假设当裂隙两面开始接触时的位移为 0，此时有效应力为 0。从位移和有效应力为 0 点开始积分，可以得到：

$$s = -\frac{c_0}{\alpha}(\mathrm{e}^{-a\sigma} - 1) \tag{4-19}$$

式中，$s = 2(w_0 - w)$，w_0 为裂纹初始张开度，w 为有效应力 σ 条件下裂纹张开度。所以式(4-19)可以表示为：

$$w = w_0 + \frac{c_0}{2\alpha}(\mathrm{e}^{-a\sigma} - 1) \tag{4-20}$$

通过式(4-20)对不同高温作用后花岗岩试样裂纹张开度随有效应力变化进行拟合，可以得到不同高温作用后花岗岩裂纹初始张开度、初始体积柔量及体积柔量随应力减小速率，如表 4-5 所示。为了验证式(4-20)的合理性，图 4-14 给出了不同高温作用花岗岩裂纹平均张开度随有效应力变化试验结果与拟合结果对比，图中散点为试验结果，曲线为拟合结果，从图中可以看出试验结果与拟合结果吻合较好，不同高温作用后拟合相关系数在 0.968~0.999 变化。从图 4-14 可以看出裂纹平均张开度随有效应力非线性降低，降低速率不断减小，说明式(4-20)在一定程度上可以反映裂纹张开度随有效应力的变化。

表 4-5　高温后花岗岩裂纹初始张开度、初始体积柔量及体积柔量随应力减小速率

$T/$ ℃	25	150	300	450	600	750
$w_0/(\times 10^{-8}$ m)	8.19	16.54	13.25	29.96	57.01	53.76
$c_0/$GPa^{-1}	2.68	10.16	8.06	20.38	42.90	30.38
$\alpha/$Pa^{-2}	0.019 2	0.051 6	0.045 8	0.050 8	0.050 9	0.043 7
R^2	0.998	0.996	0.998	0.999	0.997	0.968

结合表 4-5 和图 4-15 可以分析裂纹初始张开度、初始体积柔量及体积柔量随应力减小速率随温度的演化。从图中可以看出裂纹初始张开度和裂纹初始体积柔量随着温度的演化特征与试样体积柔量随温度的演化特征相似。当温度上升至 150 ℃时，裂纹初始张开度由 8.19×10^{-8} m 增加至 16.54×10^{-8} m，裂纹初

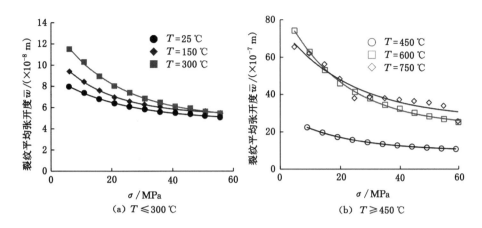

图 4-14　不同高温作用后花岗岩试样裂纹平均张开度随有效应力的变化

始柔量由 2.68 GPa^{-1} 增加至 10.16 GPa^{-1}；当温度上升至 300 ℃ 时，裂纹初始张开度和初始柔量会有所降低，裂纹初始张开度降低至 13.25×10^{-8} m，裂纹初始柔量降低至 8.06 GPa^{-1}；当温度由 300 ℃ 上升至 600 ℃ 时，裂纹初始张开度和裂纹初始柔量快速上升至 57.01×10^{-8} m 和 42.90 GPa^{-1}；当温度由 600 ℃ 上升至 750 ℃ 时，裂纹初始张开度和裂纹初始柔量分别降低至 53.76×10^{-8} m 和 30.38 GPa^{-1}。

对比图 4-11 和图 4-15(a)可以看出，通过式(4-20)拟合得到的裂纹初始张开度与无应力作用时裂纹张开度的数值变化趋势相同，说明式(4-20)在一定程度上能拟合高温后花岗岩裂纹张开度随有效应力的变化。初始体积柔量反映了裂纹可压缩特征，从图 4-15(b)可以看出随着温度升高，热裂纹的引入导致裂纹更容易被压缩，在 300～600 ℃，由于裂纹初始张开度增加，裂纹更容易被压缩。对比图 4-6(b)可以看出，通过渗透率随有效应力变化回归得到的裂纹初始体积柔量与通过裂纹张开度随有效应力变化得到的裂纹初始体积柔量存在差别：使用渗透率随有效应力变化回归得到的裂纹初始体积柔量随温度变化规律与常规认识有所出入，变化规律不明显；而使用裂纹张开度随有效应力变化回归得到的裂纹初始体积柔量随温度变化规律与裂纹的张开度存在一定的联系，如图 4-15(c)所示，随着裂纹初始张开度增加，裂纹初始体积柔量几乎线性增加，一定程度上证明了使用裂纹张开度随有效应力变化回归得到的裂纹初始体积柔量的合理性。

图 4-15(d)给出了体积柔量随有效应力的减小速率随温度的变化，从图中

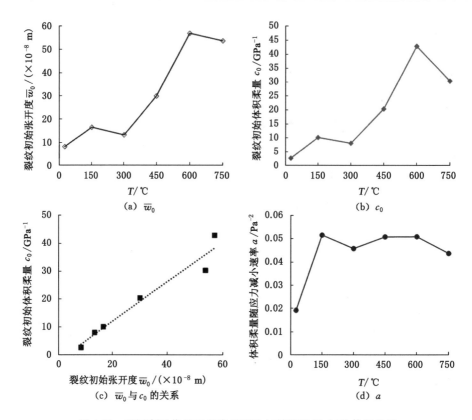

图 4-15　不同高温作用后花岗岩裂纹初始张开度、初始体积柔量
及体积柔量随应力减小速率随温度的变化

可以看出体积柔量随有效应力的减小速率随着温度增加到 150 ℃快速由
0.019 2 Pa^{-2}上升至 0.051 6 Pa^{-2}，其后随着温度增加，体积柔量随有效应力的
减小速率基本不变，一定程度上说明试样经过高温作用后，裂纹会有所张开，
导致裂纹更容易被压缩，但同时裂纹的可压缩特性在高温处理后随着有效应
力增加降低速率增大。

4.4　高温后花岗岩宏观渗流特征随有效应力演化

在得到裂纹平均张开度随有效应力的变化后，根据式(4-9)可以得到孔隙率
随有效应力的变化。Shi 等[17]根据孔隙率随埋深的关系，给出了孔隙率随有效
应力变化的指数型关系式：

$$\varphi = \varphi_0 \mathrm{e}^{\beta(\sigma - \sigma_0)} \tag{4-21}$$

式中：φ_0 为初始有效应力为 σ_0 时的孔隙率；β 为岩石材料常数。拟合结果如表 4-6 所示，可以看出相关系数在 0.908 到 0.998 之间变化。图 4-16 给出了不同高温作用后花岗岩孔隙率随有效应力的变化拟合结果，从图中可以看出式(4-21)总体上可以反映孔隙率随有效应力的变化，孔隙率随着有效应力增大非线性降低，但在较低有效应力和较高有效应力时与试验结果存在一定的误差。

表 4-6　不同高温作用后花岗岩孔隙率随有效应力变化(指数关系拟合结果)

$T/$ ℃	25	150	300	450	600	750
$\beta/$ MPa^{-1}	$-0.016\,7$	$-0.021\,8$	$-0.021\,2$	$-0.023\,6$	$-0.027\,3$	$-0.018\,1$
R^2	0.998	0.965	0.973	0.971	0.975	0.908

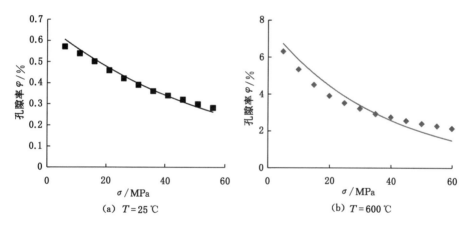

图 4-16　不同高温作用后花岗岩试样孔隙率随有效应力的变化(指数关系拟合结果)

在式(4-21)的基础上，Davies 等[18]通过大量的试验，考虑残余孔隙率(φ_r)，得到孔隙率随有效应力的变化：

$$\varphi = \varphi_r + (\varphi_0 - \varphi_r)\mathrm{e}^{\beta(\sigma - \sigma_0)} \tag{4-22}$$

使用式(4-22)对不同高温作用后花岗岩孔隙率随有效应力的变化进行拟合，得到不同温度对应的残余孔隙率和岩石材料常数 β，如表 4-7 所示，从表中可以看出相关系数在 0.935 和 0.999 之间变化，总体拟合效果较好。图 4-17 给出了不同高温作用后花岗岩孔隙率随有效应力的变化，从图中可以看出：当 $T \leqslant$ 300 ℃时，温度对孔隙率的影响较小；而当 $T \geqslant 450$ ℃时，随着温度升高，相同有效应力下孔隙率快速增加。同时可以看出，随着温度升高孔隙率随有效应力降低的速率有所增大。

表 4-7　不同高温作用后花岗岩孔隙率随有效应力变化（改进指数关系拟合结果）

$T/℃$ 25	150	300	450	600	750	
$\varphi_r/\%$	0.180 7	0.283 1	0.259 6	0.402 0	2.027 6	2.752 4
$\beta/\ MPa^{-1}$	$-0.027\ 5$	$-0.066\ 3$	$-0.046\ 9$	$-0.056\ 4$	$-0.054\ 3$	$-0.039\ 0$
R^2	0.995	0.991	0.998	0.999	0.998	0.935

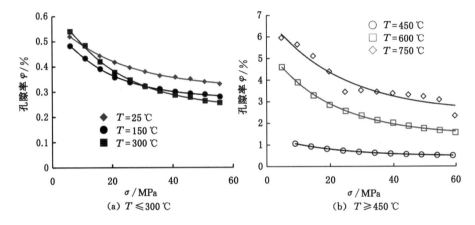

图 4-17　不同高温作用后花岗岩试样孔隙率随有效应力的变化（改进指数关系拟合结果）

结合表 4-7 和图 4-18 可以分析残余孔隙率和岩石材料常数 β 随温度的变化，从图中可以看出：残余孔隙率在 $T \leqslant 300$ ℃时变化不明显，在 0.180 7％和 0.283 1％之间波动；而当温度上升至 450 ℃时，残余孔隙率开始增加至 0.402 0％；其后，随着温度增加至 750 ℃，残余孔隙率快速增加至 2.752 4％。岩石材料常数 β 在温度上升至 150 ℃时快速下降至 $-0.066\ 3$ MPa^{-1}，而在 300 ℃会上升至 $-0.046\ 9$ MPa^{-1}，其后在 $-0.039\ 0$ MPa^{-1} 和 $-0.056\ 4$ MPa^{-1} 之间波动变化。

根据式（4-5）可以计算不同高温作用后花岗岩地层因数随有效应力的变化，结果如图 4-19 所示。从图 4-19 中可以看出，随着有效应力的增大地层因数总体上呈线性增加趋势，且增加速率总体上随着温度增高而不断降低。当 $T <$ 450 ℃时，地层因数相对较大，在 $T = 150$ ℃时相同有效应力下地层因数达到最大值，其后，当 $T = 300$ ℃时开始下降，其斜率变化也遵循相同的规律。当 $T =$

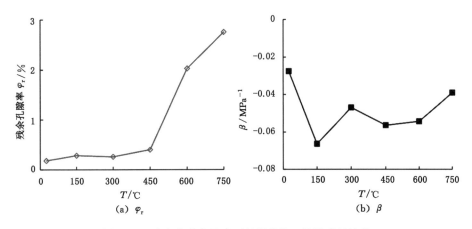

图 4-18　残余孔隙率及岩石材料常数 β 随温度的演化

450 ℃时,相同有效应力下地层因数进一步降低,同时斜率继续降低。而当 $T \geqslant$ 600 ℃时,由于热裂纹的引入,试样的地层因数快速降低,虽然地层因数随着有效应力不断增加,但数值依然较小。通过线性回归可以得到不同温度下的斜率分别为 14.06 MPa^{-1}、10.59 MPa^{-1}、8.51 MPa^{-1}、2.92 MPa^{-1}、0.39 MPa^{-1} 和 0.15 MPa^{-1},截距分别为 553.00、539.89、325.37、116.99、9.95 和 7.61,总体上斜率和截距随着温度升高而不断降低,在 $T = 25$ ℃时达到最大值。

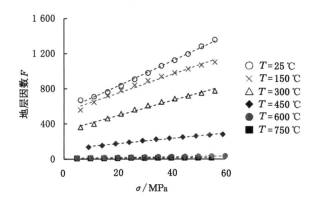

图 4-19　高温作用后花岗岩试样地层因数随有效应力的变化

花岗岩的导热系数是设计核废料处置库的重要参数,对处置库的体积和空间分布设计影响较大,研究表明现场测得的导热系数较实验室内测得的导热系数高,主要是由于实验室内未考虑地应力的影响[19-20]。在此基础上,学者们展开了应力对导热系数影响的研究。Demirci 等[21]使用稳态法测量了单轴及三轴条件下砂岩、砾岩、石膏和大理石导热系数随轴向应力的变化,并回归了单轴及三轴条件下导热系数随轴压和围压的关系。Görgülü 等[22]在此基础上测量了单轴压缩条件下导热系数随轴向应力的变化,表明回归关系式中的相关系数与试样的弹性模量有关。Zhao 等[23]使用瞬态法测量了不同类型北山花岗岩导热系数随单轴应力的变化,结果表明建立基于孔隙率的模型可以较好地拟合导热系数随单轴应力的变化。但由于测量方式的限制,学者们对有效应力作用下花岗岩导热系数的研究不够深入。基于 Lewis 等[24]建立的饱和试样导热系数随孔隙率的变化公式,将水的导热系数替换为空气的导热系数,同时添加材料相关系数,可以得到岩石导热系数随孔隙率的变化:

$$K = K_s \left[\frac{K_g}{K_s} \right]^{a\varphi} \tag{4-23}$$

式中:K_s 和 K_g 分别为岩石固体导热系数和空气导热系数;a 为材料的相关系数。在已知不同高温作用后花岗岩导热系数 K、空气导热系数 K_g[0.025 W/(m·K)]和孔隙率 φ 的前提下,可以回归得到岩石固体导热系数 K_s 为 2.497 W/(m·K),材料常数 a 为 1.993。其后根据不同温度作用后花岗岩的孔隙率,可以得到其对应的导热系数。从图 4-20 可以看出不同高温处理后花岗岩导热系数试验结果与模拟结果吻合较好,说明式(4-23)一定程度上能反映导热系数随孔隙率的变化。

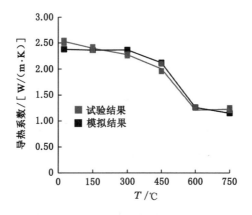

图 4-20　高温作用后花岗岩试样导热系数随温度变化拟合结果

由孔隙率随有效应力的变化,结合式(4-23),可以得到导热系数随有效应力的变化:

$$K = K_s \left(\frac{K_g}{K_s} \right)^{a\left[\varphi_r + (\varphi_0 - \varphi_r)e^{\beta(\sigma - \sigma_0)} \right]} \tag{4-24}$$

通过计算可以得到不同高温作用后花岗岩导热系数随有效应力的变化如图 4-21 所示。从图中可以看出：在 $T \leqslant 300\ ℃$ 时，高温对花岗岩导热系数的影响较小，导热系数随着有效应力增大总体上先快速增大后缓慢增大并逐渐趋于平稳。导热系数随有效应力的增大规律总体上与 Zhao 等[23]得到的导热系数随单轴压缩应力变化规律相似，这是因为增加应力在一定程度上闭合了微裂纹，导致导热系数增大。而当 $T = 450\ ℃$ 时，相同有效应力水平导热系数明显降低，同时导热系数随有效应力增加的速度明显增大。而当 $T \geqslant 600\ ℃$ 时，由于石英发生相变，相同有效应力水平下导热系数明显降低，同时导热系数随有效应力增加的速度明显较 $T = 450\ ℃$ 时有所增大。

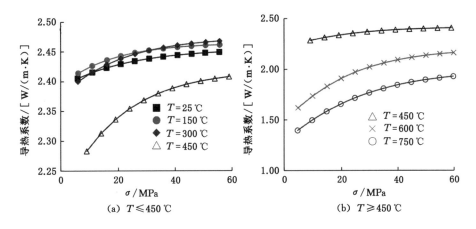

图 4-21 高温作用后花岗岩试样导热系数随有效应力的变化

4.5 讨论

核磁共振提供了一种快速、简便和无接触测量孔隙介质分布特征的工具，已经得到了广泛应用[25-26]。为了研究高温后花岗岩内部裂纹的分布特征，使用低频核磁共振（NMR）监测饱水试样的弛豫时间。根据 NMR 理论分析，弛豫时间 T_2 可以表示为[27]：

$$\frac{1}{T_2} = \frac{1}{T_{2B}} + \rho \frac{S}{V} + \frac{1}{T_{2D}} \tag{4-25}$$

式中：T_{2B} 为流体自由体积弛豫时间；S 为孔隙的表面积；V 为孔隙的体积；ρ 为岩石横截面弛豫强度；T_{2D} 为扩散效应导致的弛豫时间。一般情况下 T_{2B} 为 2～3 s，明显大于 T_2。同时，当磁场比较均匀时，反射时间较短，所以 T_{2D} 可以忽略。故式(4-25)可以表示为：

$$\frac{1}{T_2} = \rho \frac{S}{V} = F_s \frac{\rho}{r} \qquad (4\text{-}26)$$

式中：F_s 为形状参数，对于球形孔隙 $F_s = 3$，对于柱状孔隙 $F_s = 2$；r 为孔隙半径。

从式(4-26)可以看出弛豫时间 T_2 与孔隙半径呈正比例关系，所以通过弛豫时间对应的幅值可以分析裂纹的分布特征。图 4-22 给出了不同高温作用后花岗岩弛豫时间分布特征，从图中可以看出温度对花岗岩的弛豫时间影响较大。从图中还可以看出，不同高温作用后花岗岩弛豫时间主要对应两个峰值，第一个峰值对应试样中的微小孔，第二个峰值对应试样中的细观裂隙。当 $T \leqslant 300$ ℃时，温度对弛豫时间的影响较小，第一峰面积明显大于第二峰面积，说明此时试样中以微小孔为主，细观裂隙较少。而当 $T = 450$ ℃时，第一峰和第二峰的面积都会有所增加，而第二峰增加得更加明显，说明此时微小孔和细观裂隙都会有所增加，但细观裂隙增加得更加明显。当 $T \geqslant 600$ ℃时，由于石英发生相变，第一峰和第二峰面积增加得更加明显，同样第二峰增加得更加显著，说明此时同样是以增加细观裂纹为主。

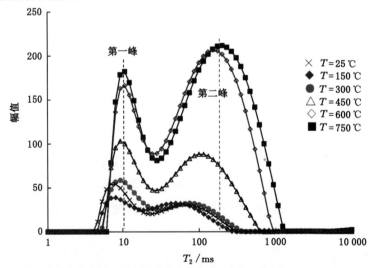

图 4-22　高温作用后花岗岩试样弛豫时间 T_2

为了研究高温对花岗岩孔隙及细观裂纹分布的影响,对峰值到达时间和峰面积进行定量分析。峰值到达时间在一定程度上反映了孔隙及细观裂纹的大小,峰面积在一定程度上反映了裂纹密度。从图 4-23(a)可以看出,高温对第一峰值到达时间影响不大,而主要影响第二峰值到达时间,说明高温只造成细观裂纹尺寸的变化,对微小孔的尺寸影响较小。第二峰值到达时间在 $T=150$ ℃ 时会有所降低,结合图 4-12(d)可以看出此时的细观裂纹连通率有所降低,当裂纹连通时在核磁共振监测时认为是一个裂纹,所以导致其平均细观裂纹尺寸有所降低。同时由于细观裂纹的连通率有所降低,导致裂纹分布范围减小,结合图 4-22 和表 4-8 可以看出第二峰值的时间间隔(峰结束时间-峰开始时间)有所降低。其后峰值到达时间不断增大,说明裂纹的平均尺寸不断增加。从图 4-12(d)可以看出裂纹的连通率不断增加,同时裂纹张开度不断增加。

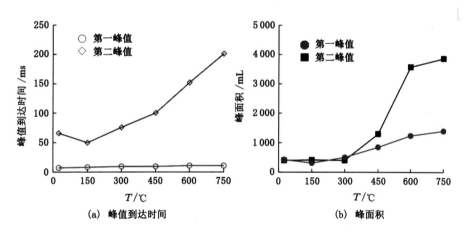

(a) 峰值到达时间 (b) 峰面积

图 4-23 高温作用后花岗岩试样峰值到达时间及峰面积随温度变化

表 4-8 不同高温后花岗岩核磁共振结果

温度 /℃	峰序号	峰起始时间 /ms	峰顶点时间 /ms	峰结束时间 /ms	峰面积 /mL	峰比例 /%
25	1	4.037	7.055	21.544	428.834	51.399
	2	24.771	65.793	351.119	399.948	47.937
150	1	4.037	8.111	18.738	309.024	42.399
	2	21.544	49.770	305.386	415.194	56.966
300	1	4.642	9.326	28.480	500.449	55.098
	2	32.745	75.646	403.702	403.359	44.409

表 4-8(续)

温度 / ℃	峰序号	峰起始时间 /ms	峰顶点时间 /ms	峰结束时间 /ms	峰面积 /mL	峰比例 /%
450	1	5.337	9.326	28.480	846.650	39.390
	2	32.745	100.000	705.480	1 298.082	60.392
600	1	6.136	10.723	24.771	1 239.922	25.706
	2	28.480	151.991	932.603	3 580.071	74.221
750	1	6.136	10.723	28.480	1 397.121	26.514
	2	32.745	200.923	1 417.474	3 866.056	73.367

图 4-23(b)给出了峰面积随温度的变化,从图中可以看出:当 $T \leqslant 300$ ℃时,温度对第一峰和第二峰面积影响不大,说明此时温度增加对裂纹的密度影响较小。而当 300 ℃ $\leqslant T \leqslant 600$ ℃时,第一峰和第二峰面积快速增加,且第二峰增加速率明显大于第一峰,说明此时温度增加了裂纹的密度、体积和连通率。通过图 4-11 和图 4-12 可以看出虽然在 $T = 450$ ℃时裂纹密度增加不明显,但是总体上裂纹张开度、裂纹连通率明显增加。而在 $T = 750$ ℃,第一峰和第二峰面积增加幅度有所降低,说明此时的裂纹增加速度有所降低。从图 4-11 和图 4-12 可以看出裂纹张开度有所降低,而裂纹密度和连通率增长速度有所降低,所以导致整体密度增加速率有所降低。通过上述分析可以看出理论推导结果与 NMR 测试结果吻合较好,一定程度上验证了上述理论推导结果的合理性。

分形理论可以用于研究裂纹的分布特征,根据 NMR 结果,Chen 等[28]给出了裂纹分形维数(D)的计算方法:

$$\lg W = a \lg T_2 + b \tag{4-27}$$

$$D = 3 - a \tag{4-28}$$

式中:W 为 T_2 对应的累积裂纹体积占总裂纹体积的比例;a 和 b 分别为线性函数的斜率和截距。

根据图形分形维数理论,裂纹的分形维数一般在 $2 \sim 3$。裂纹分形维数越小,说明裂纹的分布越均匀;反之,分形维数越大,说明试样中裂纹离散性越大。由于第一峰值区间内的裂纹分布较均匀,其中的饱和水对外部磁场较敏感,导致弛豫时间的改变较迅速,分形维数小于 2,不符合分形维数理论,所以此处不进行讨论。细观裂纹对应第二峰值区间,其分形维数及总裂纹分形维数在 $2 \sim 3$,存在明显的分形特征,所以图 4-24 给出了不同高温作用后花岗岩细观裂纹及总

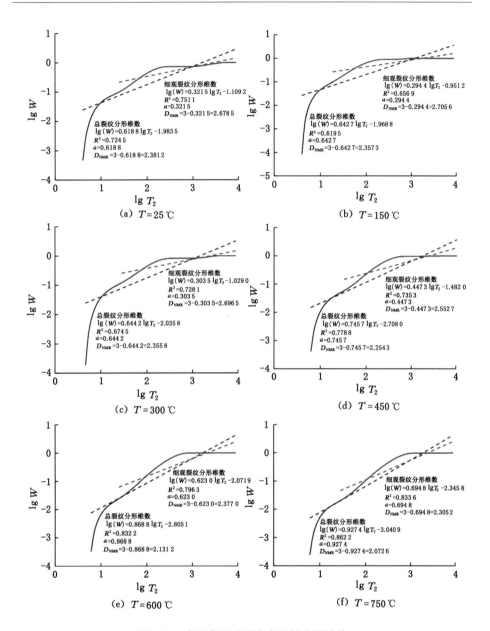

图 4-24　高温作用后花岗岩试样分形维数

裂纹分形维数，通过计算可以得到细观裂纹分形维数在 2.31～2.71 分布，总裂纹分形维数在 2.07～2.38 分布。同时图 4-25 给出了细观裂纹及总裂纹分形维数随温度的变化规律，从图中可以看出细观裂纹与总裂纹随温度的变化规律相似:在 $T \leqslant 300\ ℃$ 时,裂纹的分形维数随温度增加基本不变,说明温度对裂纹分布的均质性影响较小;而当 $300\ ℃ \leqslant T \leqslant 750\ ℃$ 时,随着温度的增加分形维数不断减小,说明虽然温度增加一定程度上引入了裂纹,但是裂纹尺寸分布更加均匀。

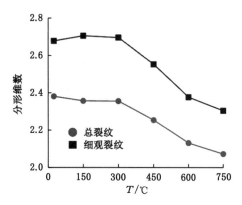

图 4-25　高温作用后花岗岩试样分形维数随温度变化

4.6　本章小结

本章首先测量了不同高温作用后花岗岩试样的渗透率、孔隙率和地层因数,在此基础上根据其与细观裂纹特征参数的联系,推导出不同高温作用后花岗岩微裂纹张开度、半径、密度及连通率随温度的变化规律。假设在有效应力下只改变微裂纹的张开度,推导出不同高温作用后花岗岩微裂纹张开度、孔隙率、地层因数及导热系数随有效应力的变化规律。最后,使用 NMR 研究了不同高温作用后花岗岩试样内微裂纹的分布特征,其结果与理论推导得到的结果相似,在一定程度上说明了理论推导的合理性。通过上述分析主要得到以下结论:

(1) 使用 McKee 公式对不同高温作用后花岗岩渗透率随有效应力演化进行回归,得到了初始渗透率、弹性范围内残余渗透率、裂纹初始体积柔量及裂纹体积柔量随有效应力和温度的变化规律。初始渗透率和最终渗透率随温度的演化特征相似,在 $25 \sim 300\ ℃$ 变化不大,在 $300 \sim 600\ ℃$ 突增,而在 $600 \sim 750\ ℃$ 再次稳定。

(2) 孔隙率在 $25 \sim 300\ ℃$ 变化不大,在 $450\ ℃$ 开始有所上升,而在 $450 \sim 600\ ℃$ 突增,并在 $600 \sim 750\ ℃$ 进入稳定阶段。地层因数在 $25 \sim 150\ ℃$ 有所上

升,在 150～600 ℃快速下降,在 600～750 ℃维持较小值。

（3）建立了花岗岩渗透宏观特征与细观特征之间的联系,结果表明裂纹半径和张开度在 150 ℃时有所升高,而裂纹密度和连通率有所降低,综合考虑花岗岩晶粒摩擦力的升高,所以导致花岗岩渗透率、强度、弹性模量都会有所上升。$T=300$ ℃时,裂纹张开度和半径有所降低,而裂纹密度和连通率有所升高,导致花岗岩渗透率上升,而强度和弹性模量变化不大。当 $T=450$ ℃时,裂纹张开度、半径和连通率都有所上升,导致花岗岩渗透率上升,强度和弹性模量下降。当 $T=600$ ℃时,由于石英发生相变,裂纹张开度、密度和连通率快速上升,导致花岗岩渗透率急剧上升,强度及弹性模量快速下降。当 $T=750$ ℃时,裂纹密度和连通率上升速率放缓,导致花岗岩渗透率、强度和弹性模量变化不明显。建立了花岗岩强度及弹性模量随裂纹连通率的指数关系式,结果表明拟合结果与试验结果吻合较好。

（4）根据裂纹体积柔量随有效应力的变化关系,推导了裂纹张开度随有效应力的变化关系,结果表明该关系式可以较好地拟合花岗岩裂纹张开度随有效应力的变化。拟合结果得到的裂纹初始张开度和裂纹初始体积柔量存在较好的线性关系。裂纹体积柔量随有效应力的降低速率在 $T=150$ ℃时会有所上升,其后基本稳定。考虑残余孔隙率可以较好地拟合高温作用后花岗岩孔隙率随有效应力的变化,通过拟合得到残余孔隙率在 $T\leqslant300$ ℃时变化不明显,在 $T=450$ ℃时开始增大,其后随着温度升高快速增加。高温作用后花岗岩地层因数随着有效应力总体上呈现线性增长,斜率和截距随着温度升高总体上呈现下降趋势。通过孔隙率建立了花岗岩导热系数随有效应力的关系,结果表明花岗岩导热系数随有效应力呈现非线性增加趋势,随着有效应力增加导热系数前期增长较快,后期逐渐稳定,与试验测得的导热系数随单轴及三轴有效应力变化趋势相似。随着温度增加,导热系数有所降低,但对有效应力越来越敏感。

参考文献

[1] CHEN Y F, HU S H, WEI K, et al. Experimental characterization and micromechanical modeling of damage-induced permeability variation in Beishan granite[J]. International journal of rock mechanics and mining sciences,2014,71:64-76.

[2] BERNABE Y. The effective pressure law for permeability in Chelmsford

granite and Barre granite[J].International journal of rock mechanics and mining sciences & geomechanics abstracts,1986,23(3):267-275.

[3] SOULEY M,HOMAND F,PEPA S,et al.Damage-induced permeability changes in granite:a case example at the URL in Canada[J].International journal of rock mechanics and mining sciences,2001,38(2):297-310.

[4] CHEN D,PAN Z J,YE Z H,et al.A unified permeability and effective stress relationship for porous and fractured reservoir rocks[J].Journal of natural gas science and engineering,2016,29:401-412.

[5] CHEN S W,YANG C H,WANG G B.Evolution of thermal damage and permeability of Beishan granite[J].Applied thermal engineering,2017, 110:1533-1542.

[6] ZHANG F,ZHAO J J,HU D W,et al.Laboratory investigation on physical and mechanical properties of granite after heating and water-cooling treatment[J].Rock mechanics and rock engineering,2018,51(3):677-694.

[7] KLINKENBERG L J. The permeability of porous media to liquids and gases[J].Drilling and production practice,1941,1941:200-213.

[8] 杨圣奇,徐鹏.岩石全自动气体渗透率测试系统及测算方法:CN105675469A [P].2016-06-15.

[9] 国家能源局.岩样电性参数实验室测量规范:SY/T 6712—2023[S].北京:石油工业出版社,2023.

[10] SCHEIDEGGER A E.The physics of flow through porous media[M].3d ed.Toronto,Buffalo:University of Toronto Press,1974.

[11] HUANG Y H,YANG S Q,TIAN W L,et al.Physical and mechanical behavior of granite containing pre-existing holes after high temperature treatment[J].Archives of civil and mechanical engineering,2017,17(4): 912-925.

[12] MITCHELL E K,FIALKO Y,BROWN K M.Temperature dependence of frictional healing of Westerly granite:experimental observations and numerical simulations[J].Geochemistry,geophysics,geosystems,2013,14 (3):567-582.

[13] ARCHIE G E.The electrical resistivity log as an aid in determining some reservoir characteristics[J].Transactions of the AIME,1942,146(1):

54-62.

[14] DIENES J K. Permeability, percolation and statistical crack mechanics [C]//Proceedings of the 23rd Symposium on Rock Mechanics, Berkeley, 25-27 August, 1982. New York: AIME, 1982: 86-94.

[15] STAUFFER D, AHARONY A. Introduction to Percolation Theory[M]. Abingdon, UK: Taylor & Francis, 1985.

[16] CHARLAIX E, GUYON E, RIVIER N. A criterion for percolation threshold in a random array of plates [J]. Solid state communications, 1984, 50 (11): 999-1002.

[17] SHI Y L, WANG C Y. Pore pressure generation in sedimentary basins: overloading versus aquathermal[J]. Journal of geophysical research: solid earth, 1986, 91(B2): 2153-2162.

[18] DAVIES J P, DAVIES D K. Stress-dependent permeability: characterization and modeling[C]//Proceedings of SPE Annual Technical Conference and Exhibition, October 3-6, 1999. Society of Petroleum Engineers, 1999: 页码不详.

[19] MOUSSET-JONES P, MCPHERSON M J. The determination of in situ rock thermal properties and the simulation of climate in an underground mine[J]. International journal of mining and geological engineering, 1986, 4(3): 197-216.

[20] INNAURATO N, OCCELLA E. Laboratory and in situ rock thermal property measurements in hot mine [C]//Proceedings of International Symposium on Rock at Great Depth, Pau, 28-31 August, 1989. Rotterdam: A. A. Balkema, 1989, 1: 379-385.

[21] DEMIRCI A, GÖRGÜLÜ K, DURUTÜRK Y S. Thermal conductivity of rocks and its variation with uniaxial and triaxial stress[J]. International journal of rock mechanics and mining sciences, 2004, 41(7): 1133-1138.

[22] GÖRGÜLÜ K, DURUTÜRK Y S, DEMIRCI A, et al. Influences of uniaxial stress and moisture content on the thermal conductivity of rocks [J]. International journal of rock mechanics and mining sciences, 2008, 45(8): 1439-1445.

[23] ZHAO X G, WANG J, CHEN F, et al. Experimental investigations on the

thermal conductivity characteristics of Beishan granitic rocks for China's HLW disposal[J].Tectonophysics,2016,683:124-137.

[24] LEWIS C R,ROSE S C.A theory relating high temperatures and overpressures[J].Journal of petroleum technology,1970,22(1):11-16.

[25] 熊巨华,刘羽,姚玉鹏.2015年度工程地质学自然科学基金项目受理与资助分析[J].工程地质学报,2015,23(6):1211-1219.

[26] 姚艳斌,刘大锰,蔡益栋,等.基于NMR和X-CT的煤的孔裂隙精细定量表征[J].中国科学:地球科学,2010,40(11):1598-1607.

[27] YAO Y B,LIU D M,CHE Y,et al.Petrophysical characterization of coals by low-field nuclear magnetic resonance (NMR)[J].Fuel,2010,89(7):1371-1380.

[28] CHEN S D,TANG D Z,TAO S,et al.Fractal analysis of the dynamic variation in pore-fracture systems under the action of stress using a low-field NMR relaxation method:an experimental study of coals from western Guizhou in China [J]. Journal of petroleum science and engineering,2019,173:617-629.

第 5 章　高温后花岗岩常规三轴压缩力学行为数值模拟研究

室内试验为研究高温后花岗岩力学行为提供了可靠的手段,但室内试验较难用于探究花岗岩高温后的破坏过程及细观机理。随着计算机技术及数值模拟算法的不断进步,使用数值模拟研究高温后花岗岩的力学行为逐渐成为一种趋势。学者们使用 PFC、RFPA、FLAC、OOF 等程序开展了花岗岩高温及力学行为研究,取得了一系列成果,其中 PFC 作为离散元,能较好地反映花岗岩的高温及力学作用下的破裂过程,得到了广泛的认可。

PFC 中的黏结颗粒模型(BPM)可以模拟完整和裂隙岩体的力学行为,故在近十几年来受到学者们的广泛关注。BPM 需要标定细观参数,进而使得能够模拟岩石的宏观力学行为,但是 BPM 在模拟岩石宏观力学行为时存在 3 个内在的问题:① 模拟得到的单轴压缩强度与拉伸强度之比明显较小;② 模拟得到的内摩擦角较小;③ 峰值强度随围压呈线性增长[1-3]。出现这种现象的原因为:① 均匀对称的圆形颗粒不能提供嵌锁力和旋转阻力;② 在单轴压缩和拉伸试验中试样都是以拉伸裂纹导致的破坏为主[4-6]。为了解决该问题,学者们进行了多种尝试,其中改变本构关系和颗粒的形状是两种主要的方法。

本构模型描述了接触力和位移的关系及破坏条件,改变本构关系不会增加标定细观参数的难度。为了使模拟中颗粒受力过程中位移响应与试验结果一致,学者们从不同的角度对现有接触本构模型进行了改进。线性滚动阻力模型是在现有线性模型的基础上添加滚动阻力机制,接触最大法向和切向应力受到累积弯矩和扭矩影响[7-9]。滚动阻力模型充分考虑了颗粒嵌锁力,Bardet 等[10]模拟结果表明固定颗粒旋转时的内摩擦角明显大于颗粒可自由旋转时的内摩擦角。Potyondy 在 PFC[2D] 中提出了一种新的 Flat-Joint(FJ)模型[11-12],并将其扩展到 PFC[3D] 中[13]。FJ 模型模拟了两个虚拟面上的相互作用,每个虚拟面与球刚性连接,使用假设有限长度和面积的线段或面模拟了自然岩石中多边形晶粒结构的黏结、摩擦及接触的部分破坏行为。FJ 接触模型被离散为多个基本单元，基本单元可以为黏结状态或者非黏结状态，基本单元的破坏导致接触的部分破坏[14]。Wu 等[3]使用 FJ 模型标定了锦屏大理岩常规三轴力学行为，结果表明使用 FJ 模型可以较好地模拟其宏观力学行为。Vallejos 等[15]使用增强黏结颗粒模型和 FJ 模型模拟了 Westerly 花岗岩，结果表明 FJ 模型可以更好地反映 Westerly 花岗岩的力学行为，尤其在较低和中等围压下。Ding 等[16]提出了一种新的增加单轴压缩与拉伸强度比的方法，该方法适当地考虑了转动弯矩对法向和切向应力的影响。这种新的接触模型被用于模拟 Lac Du Bonnet 花岗岩和 Carrara 大理岩，结果表明该方法可以较好地模拟单轴压缩与拉伸强度之比。但是，使用改变本构关系的方法依然不能模拟晶粒岩石中的晶粒内部和边界破裂过程。

Jensen 等[17]及 Thomas 等[18]曾提出圆形颗粒不能很好地模拟膨胀和嵌锁力等依赖晶粒形状的属性。为了解决该问题，Potyondy 等[1]提出了 Cluster 单元。Cluster 单元为多个颗粒的集合，Cluster 单元内部的黏结强度明显大于 Cluster 单元之间的接触强度。但是使用该方法模拟得到的压拉比依然较低，在 6～10，同时不能抵挡颗粒的旋转。Cho 等[4]为了减小颗粒旋转带来的影响，提出了一种 Clump 模型，Clump 单元为刚性黏结在一起的颗粒，计算过程中作为一个实体进行处理。Clump 单元中的颗粒可以自由重叠，且在力的作用下不会发生破坏，但是，在围压作用下试样峰后表现为明显的延性特征。2010 年，Potyondy[5]提出了 Grain-based 模型（GBM），并将其广泛应用于岩石力学行为研究。在 GBM 中试样由多边形、可变形和破坏的晶粒组成，晶粒由平行黏结组合起的数个颗粒组成，晶粒边界通过光滑节理模型（SJ）进行连接，如图 5-1 所示。Bahrani 等[19-20]使用 GBM 模拟了完整和颗粒状 Wombeyan 大理岩的力学行为，研究了试样尺寸对完整及损伤后岩石强度的影响。Hofmann 等[21-22]研究了矿物晶粒尺寸及颗粒尺寸对弹性模量、强度及试样最终破裂模式的影响。从图 5-1(c)可以看出，晶粒边界不是直线，而是曲折的接触面[23]。但是 GBM 模型中不能反映边界的曲折，所以需要改进 GBM 模型，使其能更真实地反映晶粒的力学行为。

试验研究极大地提升了人们对高温损伤及热裂纹的认识，但是对热裂纹的扩展及能量演化等高温细观行为研究不够深入，所以，需要使用能完全考虑岩石细观结构的数值软件来解决这个问题[24]。为此，Shao 等[25]将试验结果与有限元进行结合，研究了不同高温作用下花岗岩由脆性向延性转化的过程。Yu

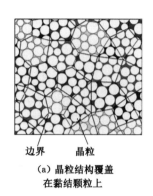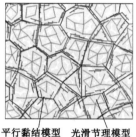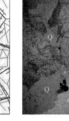

边界　　晶粒　　　　　平行黏结模型　光滑节理模型

　(a) 晶粒结构覆盖　　　　(b) GBM 包含平行　　　　(c) 花岗岩偏光显微
　　 在黏结颗粒上　　　　　 黏结和光滑节理模型　　　　　　结果

图 5-1　包含平行黏结模型和光滑节理模型的 GBM 模型[5]和花岗岩偏光显微结果[23]

等[26]提出使用细观结构数值模型(RFPA-DTM)研究高温后花岗岩力学行为的变化,结果表明高温作用下裂纹首先在晶粒边界萌生,并沿晶粒边界扩展,直至闭合导致晶粒孤立。Zhao[27]使用 PFC^{2D}模拟了加热导致微裂纹的萌生扩展过程,并研究了高温作用后花岗岩的单轴力学行为,同时研究了不同晶粒尺寸对高温后花岗岩巴西劈裂强度的影响[28]。Yang 等[29-30]使用 PFC^{2D}中的 Cluster 单元,对含有不同矿物成分的花岗岩进行高温模拟,研究了高温后花岗岩单轴压缩力学行为,同时研究了含孔洞花岗岩高温后的裂纹扩展及最终破裂特征。Liu 等[31]使用 UDEC 模拟了不同高温处理后含不同晶粒尺寸花岗岩的单轴力学行为,结果表明 3 种晶粒尺寸花岗岩的单轴抗压强度会随着温度升高而不断减小,400 ℃后降低速率更加明显。上述数值模拟方法只模拟了高温后花岗岩单轴及巴西劈裂过程,而对高温后花岗岩三轴力学行为研究较少。在前人的研究基础上,本章开展高温后花岗岩常规三轴力学行为离散元模拟研究。

5.1　数值建模及高温模拟过程

5.1.1　构建 GBM 单元

　　与 Potyondy[32]提出生成 GBM 的方法不同,本章根据 Cluster 单元生成算法构建 GBM 单元,构建步骤如下:

　　(1) 生成压密黏结试样,如图 5-2(a)所示。压密黏结试样的生成过程主要包括 4 个步骤:① 初始压缩;② 施加初始各向同性应力;③ 删除浮颗粒;④ 赋值平行黏结参数。为了节省计算资源,参考 Peng 等[33]的做法将试样尺寸设置为宽 25 mm,高 50 mm,颗粒直径在 0.30～0.49 mm 均匀分布,所以数值模拟试样中共包含 9 190 个颗粒。

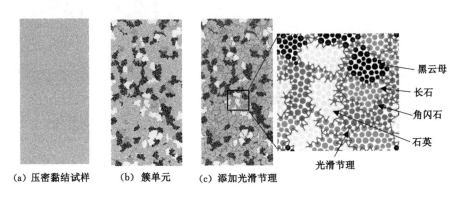

（a）压密黏结试样　　（b）簇单元　　（c）添加光滑节理

图 5-2　花岗岩 GBM 模型构建过程

（2）生成簇单元。簇单元[图 5-2（b）]定义为一组相邻的颗粒集合,相邻为颗粒之间存在接触。首先随机选定一个颗粒作为簇单元的母颗粒,随后遍历与母颗粒存在接触的颗粒并将其加入簇单元中,当簇单元中的颗粒个数达到上限时停止遍历；当遍历与母颗粒接触的颗粒个数不能达到上限时,继续遍历与簇单元中存在接触的颗粒,并将其加入该簇单元中。簇单元中颗粒个数上限服从一定的规律,本章中簇单元最大颗粒个数设置为 30。当试样中的所有颗粒都属于簇单元时结束程序。

（3）赋值晶粒细观力学参数。根据花岗岩试样中各矿物晶粒的含量,随机选取 Cluster 单元并赋予相应的细观参数。本章模拟的花岗岩主要由 6 种矿物晶粒组成:石英（11.12%）,长石（59.85%）,黑云母（21.56%）,角闪石（6%）,绿泥石（1.01%）和白云石（0.46%）。由于晶粒的细观参数较多,为了简便细观参数调试过程,本章只考虑石英、长石、黑云母和角闪石等 4 种矿物。根据各矿物的含量,试样中 1 122 个颗粒定义为石英,5 635 个颗粒定义为长石,1 981 个颗粒定义为黑云母,551 个颗粒定义为角闪石。

（4）将晶粒边界的接触替换为光滑节理模型,如图 5-2（c）所示。首先将晶粒边界的平行黏结模型替换为光滑节理模型,并赋值光滑节理参数。光滑节理模型中的法向和切向刚度通过式（5-1）继承原有平行黏结和接触的法向和切向刚度:

$$
\left.\begin{array}{l}
\bar{k}_{n}=(k_{n}/A)+\bar{k}^{n} \\
\bar{k}_{s}=(k_{s}/A)+\bar{k}^{s} \\
A=2\bar{R}t\,,t=1 \\
\bar{R}=\bar{\lambda}\min(R^{A},R^{B})
\end{array}\right\} \tag{5-1}
$$

式中：$\bar{k}_{n}$ 和 $\bar{k}_{s}$ 分别为光滑节理模型的法向和切向刚度；k_{n} 和 k_{s} 分别为接触连接模型的法向和切向刚度；$\bar{k}^{n}$ 和 $\bar{k}^{s}$ 分别为平行黏结模型的法向和切向接触刚度；A 为光滑节理模型的接触面积；t 为球的厚度，默认为单位厚度 1；$\bar{R}$ 为光滑节理模型的半径；$\bar{\lambda}$ 为最小颗粒半径的系数；R^{A} 和 R^{B} 代表相邻两个颗粒的半径。

光滑节理模型可以在不考虑颗粒接触倾角的情况下模拟接触面滑动的问题，将光滑节理模型设置在两个颗粒之间，如图 5-3 所示，则光滑节理可以表示一个有摩擦的和有黏结的节理。节理处的接触可以认为是光滑的，因为节理两侧颗粒可以相互覆盖和滑过对方，而不是如平行黏结模型中的颗粒在力的作用下相互转动。一个有效的光滑节理由颗粒的两个面组成，在计算过程中平行移动增量可以分解为沿节理法向和切向的位移，两者分别乘以光滑节理模型的法向和切向刚度，可以得到光滑节理模型的法向和切向应力增量。在提供应力位移关系时，光滑节理模型同时可以考虑库仑滑动带来的膨胀和黏结问题[34]。

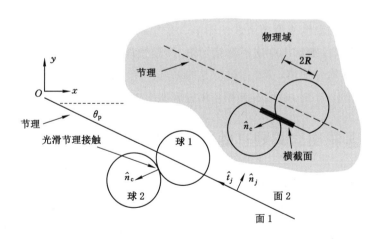

图 5-3　光滑节理模型原理素描图

5.1.2 高温模拟

PFC^{2D}可以模拟热传导及热存储过程,同时可以模拟由温度导致的位移和应力变化。热传导材料是通过热存储介质和热传导管道组成的,热存储介质为颗粒,热传导管道为颗粒之间的接触。热应变是通过赋值颗粒热膨胀系数和温度变化过程中颗粒相互作用产生的。颗粒热膨胀半径(ΔR)可以通过下式计算得到:

$$\Delta R = \alpha R \Delta T \tag{5-2}$$

式中:α 为颗粒热膨胀系数;R 为颗粒半径;ΔT 为温度增量。

当颗粒之间存在平行黏结时,假设颗粒膨胀只产生了法向应力增量(ΔF^n)。颗粒膨胀过程中,假设颗粒的接触半径($\bar{L}$)均匀膨胀。则颗粒膨胀导致的法向应力增量可以表示为:

$$\Delta \bar{F}^n = -\bar{K}^n A \Delta U^n = -\bar{K}^n A (\bar{\alpha} \bar{L} \Delta T) \tag{5-3}$$

式中:$\bar{K}^n$ 为黏结材料的法向刚度;A 为黏结材料的接触面积;ΔU^n 为相对位移量;$\bar{\alpha}$ 为黏结材料的热膨胀系数(取接触两侧颗粒线膨胀系数的平均值);ΔT 为温度增量(取接触两侧颗粒温度增量平均值)[14]。

Chen 等[35]使用 XRD 衍射分析高温后花岗岩的矿物成分,表明高温处理对矿物成分影响较小,高温主要影响矿物晶粒形状,所以在本章模拟中不考虑高温造成花岗岩矿物成分的改变,只模拟因矿物晶粒热膨胀导致的热裂纹产生过程。在加温过程中,由于花岗岩的摩擦系数会随着温度升高几乎线性增加,所以模拟过程中需要考虑温度对摩擦系数的影响。采用均匀加热的方式模拟加热过程,每次加热 1 ℃,并循环 100 次后继续加热,降温过程与加热过程相似。模拟过程中对整个试样均匀加热,不考虑热传导的影响。为了模拟石英发生 α-β 相变,当模拟加温至 573 ℃时,赋值石英颗粒半径膨胀 1.004 6 倍。

5.2 常温花岗岩常规三轴压缩模拟结果

由于 PFC 中的细观参数与宏观力学行为之间没有直接关系,一般通过"试错法"匹配细观参数,即通过不断调整细观参数,使模拟结果与试验结果能较好匹配。由于 GBM 中含有的细观参数较多,在调试过程中首先固定石英、长石、黑云母和角闪石的细观参数,通过调整节理细观参数完成细观参数的标定。通过不断试错,得到了一组细观参数,如表 5-1 所示。

表 5-1　花岗岩晶粒内部及晶粒边界细观参数

晶粒内部细观参数	斜长石 (52%)	石英 (17%)	碱性长石 (15%)	黑云母 (12%)
颗粒半径 r 范围/mm	0.150～0.245	0.150～0.245	0.150～0.245	0.150～0.245
密度 ρ/(kg/m³)	2 600	2 650	2 600	2 850
颗粒有效弹性模量 E_c/GPa	32	40	25	15
平行黏结有效弹性模量 $\bar{E}_c$/GPa	32	40	25	15
颗粒法向与切向刚度之比 k_n/k_s	1.7	1.0	1.6	1.1
平行黏结法向与切向刚度之比 $\bar{k}_n/\bar{k}_s$	1.7	1.0	1.6	1.1
颗粒摩擦系数 μ	1.2	1.2	1.2	1.2
平行黏结参考半径 g_r/mm	0.1	0.1	0.1	0.1
平行黏结半径因子 $\bar{\lambda}$	0.6	0.6	0.6	0.6
弯矩贡献系数 $\bar{\beta}$	1	1	1	1
平行黏结法向强度 σ_n/MPa	106	121	106	60
平行黏结黏聚力 $\bar{c}$/MPa	276	291	276	160
平行黏结内摩擦角 $\bar{\varphi}$/(°)	50	50	50	50
光滑节理法向刚度系数 sj_nsf	0.6			
光滑节理切向刚度系数 sj_ssf	0.95			
光滑节理摩擦系数 sj_fric	1.2			
光滑节理法向强度 sj_ten/MPa	4			
光滑节理黏聚力 sj_coh/MPa	60			
光滑节理内摩擦角 φ/(°)	50			

5.2.1　宏观力学行为

为了验证上述细观参数的合理性,将数值模拟结果与室内试验结果进行对比。如图 5-4 所示为巴西劈裂及常规三轴压缩应力-应变曲线模拟结果与试验结果对比,从图中可以看出巴西劈裂下,除在初始压缩阶段之外,数值模拟应力-应变曲线与试验结果吻合较好,峰值强度相似。在初始压缩阶段试验曲线表现为明显的非线性,主要可能是试样中存在初始孔隙及表面不平整造成的;而数值模拟试样经过应力平衡及去除浮颗粒阶段,试样内部均质性较好,不存在初始压缩的非线性段。单轴压缩下室内试验及数值模拟曲线在峰前都存在应力跌落现象,但数值模拟结果的峰值强度明显大于室内试验结果。单轴压缩下出现峰前应力跌落一方面是由于试样内部矿物成分的强度不同,另一方面是由于试样端面不平造成的应力集中。数值模拟可以考虑试样内部矿物颗粒强度的不均匀性,但在数值模拟中端面较平整,所以数值模拟曲线中会存在一定的应力跌落现

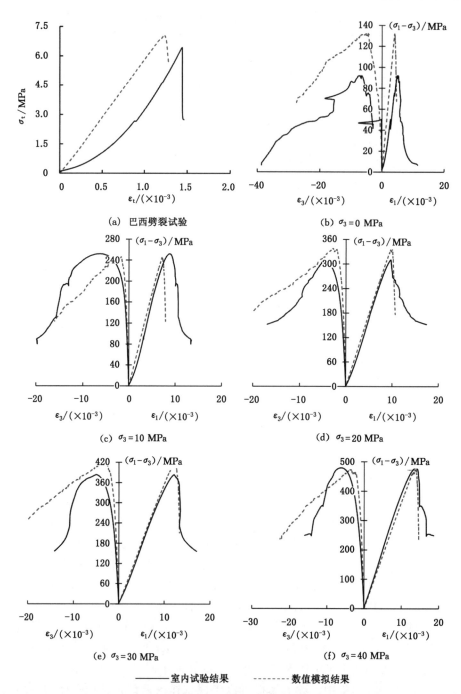

图 5-4　花岗岩应力-应变曲线数值模拟结果与试验结果对比

象,同时导致峰值强度较室内试验结果略高。三轴压缩条件下,围压作用会在一定程度上减弱试样端面不平造成的应力集中现象,峰前一般不存在应力跌落,所以数值模拟结果应力-应变曲线与室内试验结果吻合较好。

图 5-5 给出了花岗岩巴西劈裂及三轴压缩下强度参数及变形参数随围压的变化,从图中可以看出各参数数值模拟结果与试验结果吻合较好。如图 5-5(a)所示,峰值强度随围压增加呈现出明显的非线性关系,符合霍克-布朗准则。数值模拟结果与试验结果吻合较好,说明该方法可以在一定程度上克服使用圆形颗粒模拟三轴压缩过程中峰值强度只能随围压线性增加及压拉比较小的问题。损伤阈值同样随着围压升高非线性增加,数值模拟结果在低围压下与试验结果吻合较好,而随着围压增大数值模拟结果与室内试验结果的偏差有所增大,如图 5-5(b)所示。室内试验结果显示弹性模量从单轴到加围压条件下会快速升高,而后随着围压的增大弹性模量基本稳定。这是因为施加围压在一定程度上闭合

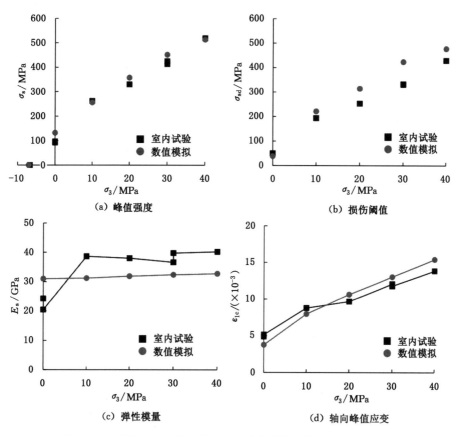

图 5-5　花岗岩常规三轴压缩下力学参数模拟结果与试验结果对比

了试样中的天然孔隙及裂隙,增加了有效接触面积,提高了试样的弹性模量,而随着围压增大试样内孔隙的体积柔量呈指数形式减小,所以增加围压对孔隙的闭合程度有限,弹性模量增加不明显。由于数值模拟试样中不存在孔隙及裂隙,所以围压对试样的弹性模量影响不大。通过不断调整,数值模拟弹性模量总体上接近试验结果,如图 5-5(c)所示。围压在一定程度上增加了试样的承载能力及抗变形能力,所以轴向峰值应变随着围压增大总体上呈现线性增长,数值模拟结果与室内试验结果吻合较好,如图 5-5(d)所示。

图 5-6 给出了花岗岩常规三轴压缩最终破裂模式室内试验及数值模拟结果对比,从图中可以看出,单轴压缩下试样以轴向劈裂破坏为主,数值模拟试样中主要以平行于加载方向晶粒边界拉伸裂纹为主,穿晶拉伸裂纹导致部分晶粒边界拉伸裂纹贯通,形成与加载方向平行的宏观裂纹。围压作用下试样一般呈剪切破坏,数值模拟试样中穿晶拉伸裂纹与晶粒边界拉伸裂纹相互贯通,共同形成宏观剪切裂纹。随着围压增大晶粒边界拉伸裂纹逐渐减少,而穿晶拉伸裂纹逐渐增多,微裂纹形成过程及破裂机理将在后续章节进行探究。

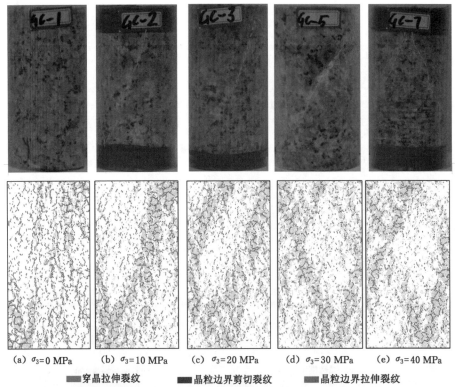

(a) σ_3=0 MPa　　(b) σ_3=10 MPa　　(c) σ_3=20 MPa　　(d) σ_3=30 MPa　　(e) σ_3=40 MPa

▆穿晶拉伸裂纹　　▆晶粒边界剪切裂纹　　▆晶粒边界拉伸裂纹

图 5-6　花岗岩常规三轴压缩破裂模式数值模拟与室内试验结果对比

从上述分析可以看出,该 GBM 模型可以较好地模拟花岗岩在巴西劈裂及常规三轴压缩下的力学行为,应力-应变曲线、强度参数、变形参数及破裂模式与试验结果吻合较好,可以将此模型用于后续花岗岩力学行为的研究中。

5.2.2　细观力学行为

图 5-7 给出了单轴及 $\sigma_3 = 40$ MPa 条件下裂纹数目在加载过程中的演化特征,结合图 5-8 和图 5-9 微裂纹在试样中的分布特征,可以分析试样在加载过程中的破裂特征。图 5-7 中的字母对应图 5-8 和图 5-9 中的裂纹分布状态。

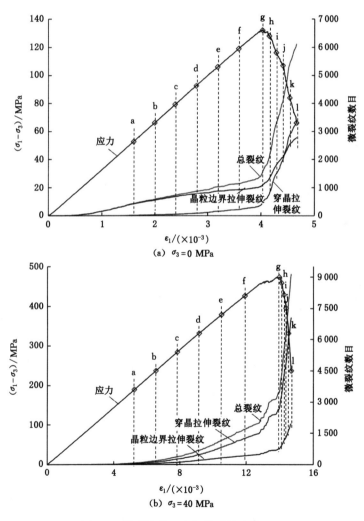

图 5-7　微裂纹数目在加载时的演化过程

单轴压缩下：如图 5-8（a）所示，当加载至 a 点（$\varepsilon_1 = 1.60 \times 10^{-3}$，$\sigma_{sd} = 52.86$ MPa）时，总裂纹数目开始增长，裂纹主要以晶粒边界拉伸裂纹为主，晶粒内部几乎无裂纹产生，此时晶粒边界拉伸裂纹随机分布在试样中。当加载至 b 点（$\varepsilon_1 = 1.99 \times 10^{-3}$，$\sigma_{sd} = 66.07$ MPa）时，晶粒内部依然未出现裂纹，总裂纹数目稳定增长，边界拉伸裂纹随机分布在试样中。但当加载至 c 点（$\varepsilon_1 = 2.39 \times 10^{-3}$，$\sigma_{sd} = 79.26$ MPa）时，开始出现穿晶拉伸裂纹，主要分布在试样的上端。从 c 点到 f 点（$\varepsilon_1 = 3.58 \times 10^{-3}$，$\sigma_{sd} = 118.93$ MPa）裂纹数目稳定增长，试样内无明显的裂纹贯通现象，如图 5-8(c)～(f)所示。而当加载至峰值点 g（$\varepsilon_1 = 4.02 \times 10^{-3}$，$\sigma_{sd} = 132.14$ MPa）时，总裂纹数目开始快速增加，同时穿晶拉伸裂纹增长速度较晶粒边界拉伸裂纹增长速度快，在试样的右上角出现因穿晶裂纹扩展导致的贯通，如图 5-8(g)所示。峰后伴随着应力的下降，总裂纹数目开始快速增长，在 j 点（$\varepsilon_1 = 4.41 \times 10^{-3}$，$\sigma_{sd} = 106.84$ MPa）前，穿晶裂纹数目小于晶粒边界裂纹数目，其后穿晶裂纹数目逐渐超越晶粒边界裂纹数目。出现这种现象的原因是晶粒边界强度明显小于晶粒内部强度，加载前期主要以离散分布在试样中的晶粒边界裂纹为主，而当晶粒边界裂纹扩展到一定程度时，晶粒开始破坏并导致离散分布在试样中的晶粒边界拉伸裂纹贯通，形成宏观裂纹[图 5-8(g)～(l)]，试样的承载力逐渐降低。穿晶拉伸裂纹与晶粒边界拉伸裂纹的数目一定程度上受到晶粒大小的影响，由于本章模拟的是粗晶花岗岩，Cluster 单元中的最大颗粒个数设置为 30，晶粒内部接触个数明显大于晶粒边界的接触个数，所以会出现晶粒内部裂纹个数在 j 点后超过晶粒边界裂纹个数的现象。

图 5-9 给出了围压为 40 MPa 时常规三轴压缩过程试样内的微裂纹分布，结合图 5-7(b)裂纹数目演化特征可以分析其破裂机理。当试样被加载至 a 点（$\varepsilon_1 = 5.24 \times 10^{-3}$，$\sigma_{sd} = 189.52$ MPa）时，微裂纹数目开始增加。与单轴压缩不同，此时试样中既有晶粒边界拉伸裂纹，同时存在穿晶拉伸裂纹，且穿晶拉伸裂纹较晶粒边界拉伸裂纹多。从图 5-9(a)可以看出试样中微裂纹离散分布。从 a 点到峰前 f 点（$\varepsilon_1 = 11.90 \times 10^{-3}$，$\sigma_{sd} = 426.44$ MPa）之间，裂纹数目增长速率逐渐增大，但总体稳定，在试样中的穿晶拉伸裂纹数目明显大于晶粒边界拉伸裂纹数目，且在试样中随机离散分布，如图 5-9(a)～(f)所示。当加载至峰值点 g 时（$\varepsilon_1 = 13.96 \times 10^{-3}$，$\sigma_{sd} = 473.81$ MPa），微裂纹数目开始快速增加，从图 5-9(g)中可以观察到由穿晶裂纹主导的宏观裂纹。其后，随着加载进行，应力快速下降，对应的裂纹数目快速增加，同时穿晶拉伸裂纹与晶粒边界拉伸裂纹之间的差距快速增加，对应试样中的宏观剪切带逐渐形成，如图 5-9(g)～(l)所示。

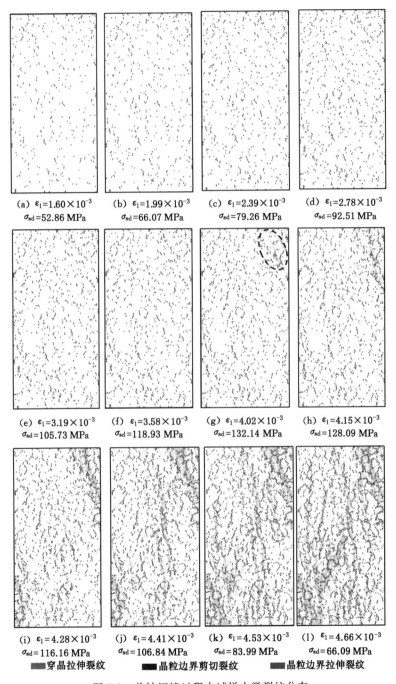

(a) $\varepsilon_1 = 1.60 \times 10^{-3}$
$\sigma_{sd} = 52.86$ MPa

(b) $\varepsilon_1 = 1.99 \times 10^{-3}$
$\sigma_{sd} = 66.07$ MPa

(c) $\varepsilon_1 = 2.39 \times 10^{-3}$
$\sigma_{sd} = 79.26$ MPa

(d) $\varepsilon_1 = 2.78 \times 10^{-3}$
$\sigma_{sd} = 92.51$ MPa

(e) $\varepsilon_1 = 3.19 \times 10^{-3}$
$\sigma_{sd} = 105.73$ MPa

(f) $\varepsilon_1 = 3.58 \times 10^{-3}$
$\sigma_{sd} = 118.93$ MPa

(g) $\varepsilon_1 = 4.02 \times 10^{-3}$
$\sigma_{sd} = 132.14$ MPa

(h) $\varepsilon_1 = 4.15 \times 10^{-3}$
$\sigma_{sd} = 128.09$ MPa

(i) $\varepsilon_1 = 4.28 \times 10^{-3}$
$\sigma_{sd} = 116.16$ MPa

(j) $\varepsilon_1 = 4.41 \times 10^{-3}$
$\sigma_{sd} = 106.84$ MPa

(k) $\varepsilon_1 = 4.53 \times 10^{-3}$
$\sigma_{sd} = 83.99$ MPa

(l) $\varepsilon_1 = 4.66 \times 10^{-3}$
$\sigma_{sd} = 66.09$ MPa

■穿晶拉伸裂纹　　　■晶粒边界剪切裂纹　　　■晶粒边界拉伸裂纹

图 5-8　单轴压缩过程中试样内微裂纹分布

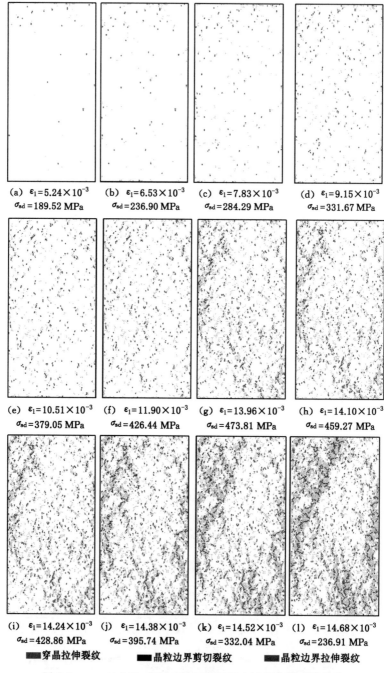

(a) $\varepsilon_1 = 5.24 \times 10^{-3}$ (b) $\varepsilon_1 = 6.53 \times 10^{-3}$ (c) $\varepsilon_1 = 7.83 \times 10^{-3}$ (d) $\varepsilon_1 = 9.15 \times 10^{-3}$
$\sigma_{sd} = 189.52$ MPa $\sigma_{sd} = 236.90$ MPa $\sigma_{sd} = 284.29$ MPa $\sigma_{sd} = 331.67$ MPa

(e) $\varepsilon_1 = 10.51 \times 10^{-3}$ (f) $\varepsilon_1 = 11.90 \times 10^{-3}$ (g) $\varepsilon_1 = 13.96 \times 10^{-3}$ (h) $\varepsilon_1 = 14.10 \times 10^{-3}$
$\sigma_{sd} = 379.05$ MPa $\sigma_{sd} = 426.44$ MPa $\sigma_{sd} = 473.81$ MPa $\sigma_{sd} = 459.27$ MPa

(i) $\varepsilon_1 = 14.24 \times 10^{-3}$ (j) $\varepsilon_1 = 14.38 \times 10^{-3}$ (k) $\varepsilon_1 = 14.52 \times 10^{-3}$ (l) $\varepsilon_1 = 14.68 \times 10^{-3}$
$\sigma_{sd} = 428.86$ MPa $\sigma_{sd} = 395.74$ MPa $\sigma_{sd} = 332.04$ MPa $\sigma_{sd} = 236.91$ MPa

■穿晶拉伸裂纹　　　■晶粒边界剪切裂纹　　　■晶粒边界拉伸裂纹

图 5-9　$\sigma_3 = 40$ MPa 常规三轴压缩过程中试样内微裂纹分布

综合分析可以看出:在峰前试样中微裂纹离散分布,微裂纹数目稳定增长;而当加载至峰值强度时形成宏观裂纹,微裂纹数目快速增加;其后宏观裂纹不断形成,导致试样失稳破坏。低围压下峰前试样中主要以晶粒边界拉伸裂纹为主,峰后穿晶拉伸裂纹扩展导致晶粒边界拉伸裂纹贯通,形成宏观裂纹。高围压下峰前试样中主要以穿晶拉伸裂纹为主,峰后穿晶裂纹扩展形成宏观剪切裂纹。

图 5-10 给出了总裂纹、穿晶拉伸裂纹及晶粒边界拉伸裂纹在常规三轴压缩过程中的演化特征,从图中可以看出微裂纹的演化受围压影响较大。如图 5-10(a)所示,总裂纹数目在峰前加载过程中上升速率不断增大,围压在峰前对裂纹的增加呈抑制作用,随着围压的增高,裂纹增长速率逐渐降低。峰后裂纹数目突增,围压对裂纹的演化影响不大,但裂纹开始突增点会随着围压升高而升高,说明围压升高在一定程度上增加了试样的可破坏能力。穿晶拉伸裂纹演化特征与总裂纹相似,但穿晶拉伸裂纹开始增加的点明显后移,如图 5-10(b)所示。而晶粒边界拉伸裂纹在峰前即出现快速增长的特征,且其增长速率受到围压抑制比较明显。峰后穿晶和晶粒边界拉伸裂纹都产生突增现象,且基本不受围压影响。从图 5-10(c)可以看出晶粒边界拉伸裂纹开始突增的点受围压影响较小,一定程度上说明当试样中晶粒边界拉伸裂纹达到一定程度时,试样承载力达到上限,继续加载可能导致试样失稳破坏。

图 5-11 给出了试样在峰值强度及最终破裂时对应裂纹数目随围压的变化。由于试样内不存在穿晶剪切裂纹,所以在此处未对其进行讨论。从图 5-11(a)可以看出峰值强度对应的总裂纹及穿晶拉伸裂纹变化规律相似,随着围压增加不断增加,而 20 MPa 后逐渐平稳;但晶粒边界拉伸裂纹却随着围压增高不断减少;晶粒边界剪切裂纹较少,在 20 MPa 之前不会出现,在 20 MPa 出现 9 个晶粒边界剪切裂纹,其后随着围压升高不断增加。试样最终破裂后的微裂纹数目较峰值强度时明显增大,但随着围压的变化规律与峰值强度时相似,如图 5-11(b)所示。最终破裂时试样中依然以穿晶拉伸裂纹为主,随着围压的升高裂纹数先增加,在 $\sigma_3 = 40$ MPa 时略有降低。围压增大一方面可以增加试样内储存的应变能,破坏时应变能释放,造成试样内裂纹数增大,另一方面围压抑制了裂纹扩展,增加了裂纹萌生扩展所需要的能量,综合考虑出现了裂纹数目先增加后略有降低的现象。随着围压增加,试样的剪切破坏特征更加明显,所以出现晶粒边界拉伸裂纹逐渐减少及晶粒边界剪切裂纹逐渐增多的趋势。

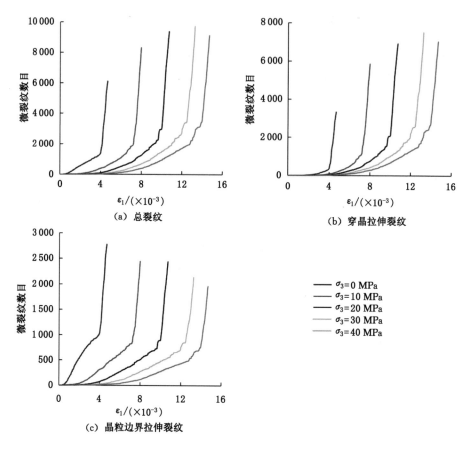

图 5-10　常规三轴压缩微裂纹演化特征

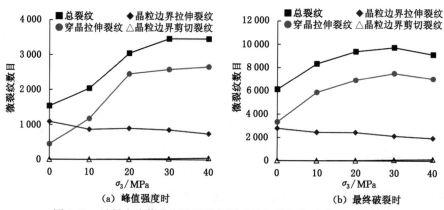

图 5-11　试样在峰值强度及最终破裂时对应裂纹数目随围压的变化

5.3　高温处理花岗岩单轴压缩模拟结果

高温晶粒膨胀会在试样中引入热裂纹,图 5-12 为不同高温作用后试样内微裂纹分布,从图中可以看出高温主要引入了晶粒边界和晶粒内部拉伸裂纹。当 $T=150$ ℃时,共存在 4 个晶粒边界拉伸裂纹,在试样内随机分布。当 $T=300$ ℃时,晶粒边界拉伸裂纹明显增多,且其之间存在少量贯通,但未形成宏观裂纹,对应视频显微结果可以看出试样在 300 ℃之前未产生明显的裂纹,与之对应的是模拟试样中未存在明显的宏观裂纹。当 $T=450$ ℃时,晶粒边界裂纹继续扩展,并形成明显的宏观裂纹,对应视频显微结果可以看出试样中存在较少的晶粒边界裂纹。当 $T=600$ ℃时,由于石英晶粒相变,晶粒边界裂纹贯通,形成明显的绕晶粒边界扩展的裂纹,宏观裂纹明显增多,同时在石英晶粒内部出现穿晶拉伸裂纹,对应视频显微结果可以看出试样内晶粒边界裂纹明显增多,同时出现了穿晶裂纹。当 $T=750$ ℃时,由于 $T=600$ ℃时宏观裂纹已经形成,为晶粒继续膨胀提供空间,所以裂纹较难继续扩展,从视频显微结果可以看出 $T=750$ ℃裂纹相较于 $T=600$ ℃时没有明显的扩展。

为了定量描述微裂纹随温度的变化,图 5-13 给出了晶粒边界拉伸裂纹及穿晶拉伸裂纹随温度的变化。从图中可以看出:在 $T=150$ ℃时,试样内几乎无裂纹;当 $T=300$ ℃时,晶粒边界拉伸裂纹开始增长;当 $T=450$ ℃时,晶粒边界拉伸裂纹明显增长,但此时仍然无穿晶拉伸裂纹出现;当 $T=600$ ℃时,晶粒边界拉伸裂纹及穿晶拉伸裂纹快速增加;而当 $T=750$ ℃时,微裂纹数目基本不变。

5.3.1　宏观力学行为

图 5-14 给出了不同高温作用后花岗岩单轴压缩应力-应变曲线数值模拟与室内试验结果对比。从图 5-14(a)可以看出:当 $T=150$ ℃时,峰值强度会略有上升,但总体上在 $T \leqslant 300$ ℃时应力-应变曲线变化不明显;当 $T=450$ ℃时,峰值强度及斜率都会有所降低,但应力-应变曲线特征变化不大;当 $T \geqslant 600$ ℃时,峰值强度及斜率明显降低,同时峰后表现为明显的延性特征。对比室内试验轴向应力-应变曲线[图 5-14(b)]可以看出数值模拟可以较好地反映轴向应力-应变曲线随温度的变化。图 5-14(c)为不同高温作用后花岗岩应力-环向应变特征曲线数值模拟结果,从图中可以看出:当 $T \leqslant 300$ ℃时,温度对应力-环向应变曲线影响较小,且在峰前存在一定的突变;当 $T=450$ ℃时,峰值强度会有所降低,

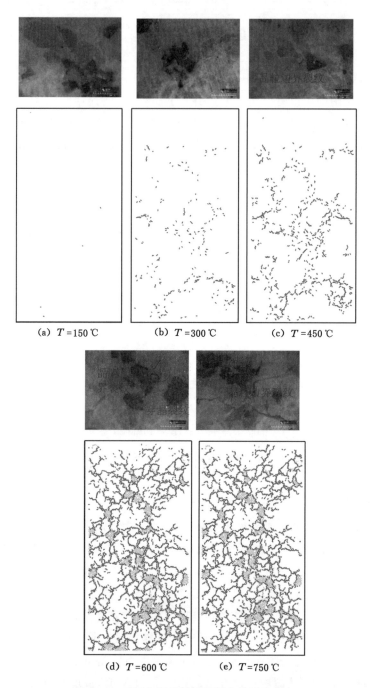

(a) $T=150\,℃$ (b) $T=300\,℃$ (c) $T=450\,℃$

(d) $T=600\,℃$ (e) $T=750\,℃$

图 5-12　不同高温作用后试样内微裂纹分布

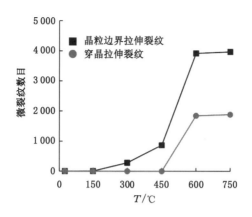

图 5-13　微裂纹数目随温度的演化

且在峰值点附近环向应变快速增大;当 $T \geqslant 600\ ℃$ 时,试样承载结构遭到破坏,压缩过程中环向应变快速增加,当试样发生破坏时环向应变增加更明显。对比图 5-14(d)室内试验结果可以看出数值模拟在一定程度上反映了花岗岩应力-环向应变曲线随温度的变化。图 5-14(e)给出了应力-体积应变特征曲线数值模拟结果,对比图 5-14(f)室内试验结果可以看出数值模拟在一定程度上反映了花岗岩应力-体积应变曲线随温度的变化;当 $T \leqslant 450\ ℃$ 时,峰前应力-体积应变曲线几乎重合,温度对体积应变的影响较小;而当 $T \geqslant 600\ ℃$ 时,试样一经加载即表现为明显的膨胀特征。综合图 5-14 可以看出,该数值模拟方法在一定程度上能够反映花岗岩应力-应变曲线特征随温度的演化。

　　为了定量比较高温作用后花岗岩数值模拟与室内试验结果,图 5-15 给出了花岗岩峰值强度及弹性模量随温度变化的数值模拟与室内试验结果对比。从图 5-15(a)可以看出:峰值强度在 $T = 150\ ℃$ 时略有上升;其后,在 $T = 300\ ℃$ 时峰值强度会略有降低;在 $T = 450\ ℃$ 时,由于高温引入宏观裂纹,导致试样的峰值强度明显下降;当 $T = 600\ ℃$ 时,石英发生相变,峰值强度产生突降;而后随着温度升高,峰值强度下降速率明显减小。数值模拟结果较试验结果大,但随温度的变化特征相似。图 5-15(b)给出了弹性模量随温度的变化:在 $T \leqslant 300\ ℃$ 时,弹性模量先增长后降低,但变化不大,其后在 $300 \sim 600\ ℃$ 快速下降,而在 $600 \sim 750\ ℃$ 变化不明显。数值模拟结果在 $T \leqslant 450\ ℃$ 时略有降低,但变化不大,与试验结果存在一定的差距,而在 $450 \sim 750\ ℃$ 快速下降,与试验结果趋势相似。综合分析可以看出数值模拟可以在一定程度上反映峰值强度及弹性模量随温度的变化。

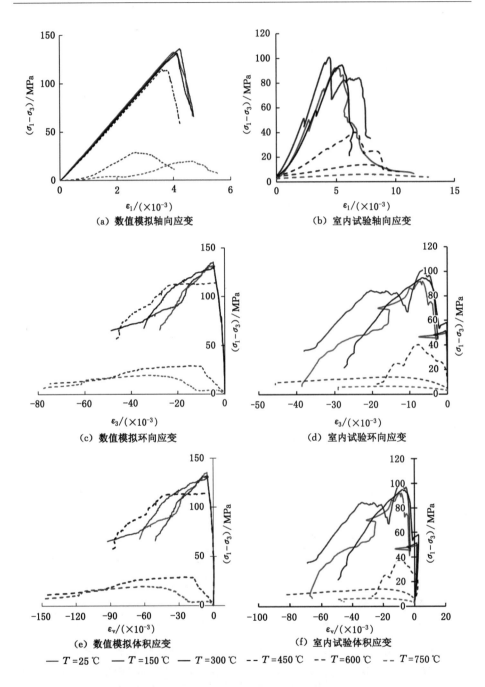

（a）数值模拟轴向应变   （b）室内试验轴向应变

（c）数值模拟环向应变   （d）室内试验环向应变

（e）数值模拟体积应变   （f）室内试验体积应变

—— $T=25\,^{\circ}\!C$　—— $T=150\,^{\circ}\!C$　—— $T=300\,^{\circ}\!C$　-- $T=450\,^{\circ}\!C$　-- $T=600\,^{\circ}\!C$　-- $T=750\,^{\circ}\!C$

图 5-14　高温后花岗岩单轴压缩应力-应变曲线数值模拟与室内试验结果对比

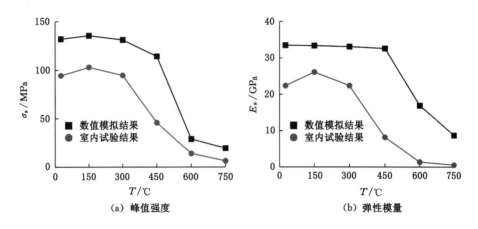

図 5-15　高温作用后花岗岩峰值强度及弹性模量数值模拟与室内试验结果对比

图 5-16 给出了高温作用后花岗岩最终破裂模式试验与模拟结果对比,从图中可以看出:在 $T \leqslant 450$ ℃时高温处理对试样的破裂模式影响不大,试样主要以轴向劈裂破坏为主;而当 $T \geqslant 600$ ℃时,由于高温引入较多的晶粒边界拉伸裂纹,且相互之间存在一定的贯通,所以单轴压缩过程中试样主要以晶粒边界裂纹相互之间的贯通导致的整体失稳为主。对比室内试验结果可以看出此时试样内无明显的劈裂裂纹,试样的破裂模式主要受到高温引入的裂纹影响。

5.3.2　细观力学行为

图 5-17 给出了 450 ℃和 600 ℃高温作用后试样微裂纹数目随加载的演化,结合图 5-18 和图 5-19 不同应力状态下微裂纹在试样中的分布,可以分析高温作用后试样单轴压缩破裂机理。如图 5-17(a)所示,在加载之前试样中即存在晶粒边界拉伸裂纹,开始压缩时由于晶粒之间的相互调整晶粒边界裂纹数目开始增加。当加载至 a 点($\varepsilon_1 = 1.49 \times 10^{-3}$,$\sigma_{sd} = 45.75$ MPa)时,试样中只存在晶粒边界拉伸裂纹。对比图 5-12(c)和图 5-18(a)可以看出试样中除了存在已有热裂纹的扩展,同时在试样中增加了较多离散分布的晶粒边界拉伸裂纹。当加载至 b 点($\varepsilon_1 = 1.85 \times 10^{-3}$,$\sigma_{sd} = 57.19$ MPa)时开始出现穿晶裂纹,但此时依然是晶粒边界拉伸裂纹为主,如图 5-18(b)所示。峰前阶段(b～f 点)晶粒边界拉伸裂纹及穿晶拉伸裂纹稳定增长,试样中无明显的宏观裂纹产生。而在峰值点 g 点($\varepsilon_1 = 3.61 \times 10^{-3}$,$\sigma_{sd} = 114.37$ MPa)时,微裂纹数目开始快速增加,在试样中出现明显的穿晶拉伸裂纹集中的现象。峰后阶段穿晶裂纹和晶粒边界裂纹快速增加,试样中穿晶裂纹不断聚集并形成宏观裂纹,如图 5-18(h)～(l)所示。

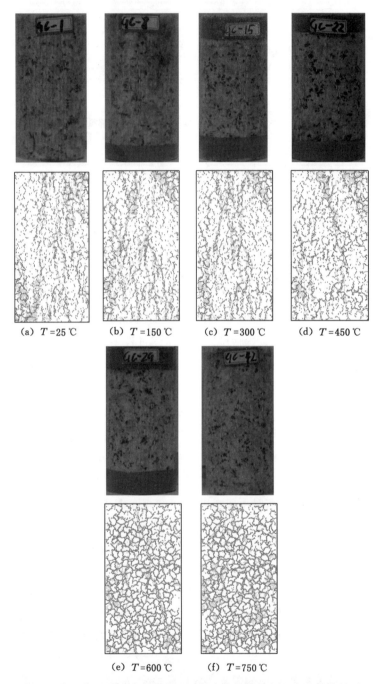

(a) $T=25\ ℃$ (b) $T=150\ ℃$ (c) $T=300\ ℃$ (d) $T=450\ ℃$

(e) $T=600\ ℃$ (f) $T=750\ ℃$

图 5-16   高温作用后花岗岩最终破裂模式数值模拟与室内试验结果对比

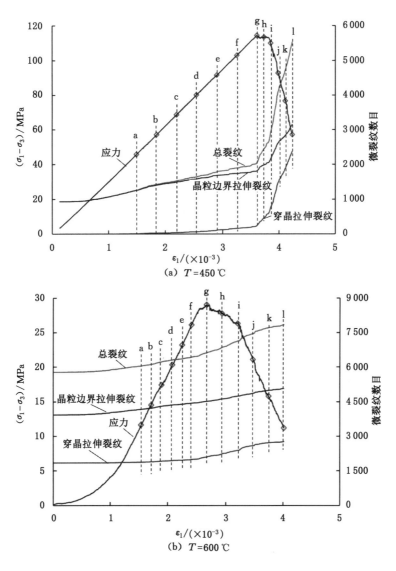

图 5-17 高温作用后试样微裂纹数目在加载时的演化过程

当 $T=600$ ℃时,在未加载时试样中已经存在大量的晶粒边界拉伸裂纹及穿晶拉伸裂纹,如图 5-17(b)所示。由于使用颗粒膨胀法模拟石英晶粒相变,所以穿晶拉伸裂纹主要存在于石英晶粒中,晶粒边界裂纹相互贯通,可以明显看出晶粒轮廓。由于晶粒边界拉伸裂纹在试样中扩展较充分,加载过程中裂纹数目增加不明显,同时可以看出在加载初期阶段应力存在明显的非线性段。对比图

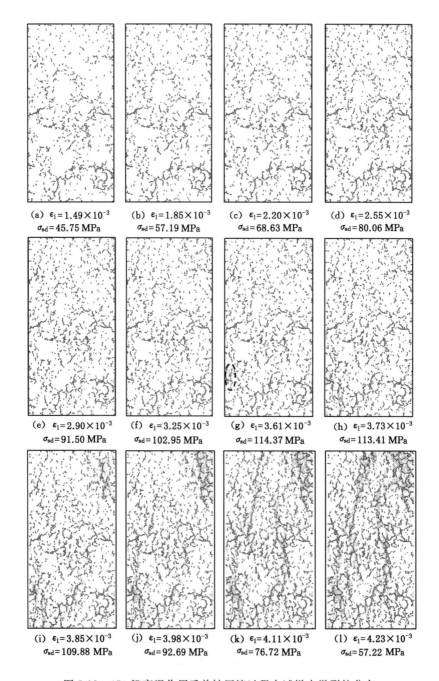

(a) $\varepsilon_1 = 1.49 \times 10^{-3}$ (b) $\varepsilon_1 = 1.85 \times 10^{-3}$ (c) $\varepsilon_1 = 2.20 \times 10^{-3}$ (d) $\varepsilon_1 = 2.55 \times 10^{-3}$

$\sigma_{sd} = 45.75\,\text{MPa}$ $\sigma_{sd} = 57.19\,\text{MPa}$ $\sigma_{sd} = 68.63\,\text{MPa}$ $\sigma_{sd} = 80.06\,\text{MPa}$

(e) $\varepsilon_1 = 2.90 \times 10^{-3}$ (f) $\varepsilon_1 = 3.25 \times 10^{-3}$ (g) $\varepsilon_1 = 3.61 \times 10^{-3}$ (h) $\varepsilon_1 = 3.73 \times 10^{-3}$

$\sigma_{sd} = 91.50\,\text{MPa}$ $\sigma_{sd} = 102.95\,\text{MPa}$ $\sigma_{sd} = 114.37\,\text{MPa}$ $\sigma_{sd} = 113.41\,\text{MPa}$

(i) $\varepsilon_1 = 3.85 \times 10^{-3}$ (j) $\varepsilon_1 = 3.98 \times 10^{-3}$ (k) $\varepsilon_1 = 4.11 \times 10^{-3}$ (l) $\varepsilon_1 = 4.23 \times 10^{-3}$

$\sigma_{sd} = 109.88\,\text{MPa}$ $\sigma_{sd} = 92.69\,\text{MPa}$ $\sigma_{sd} = 76.72\,\text{MPa}$ $\sigma_{sd} = 57.22\,\text{MPa}$

图 5-18　450 ℃高温作用后单轴压缩过程中试样内微裂纹分布

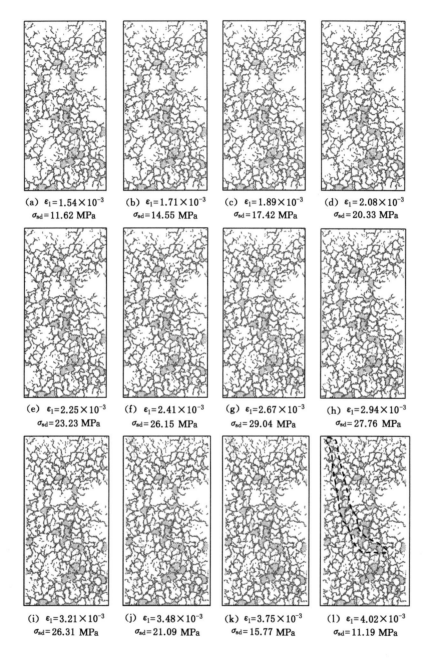

图 5-19　600 ℃高温作用后单轴压缩过程中试样内微裂纹分布

5-12(d)及图 5-19(a)可以看出当加载到 a 点($\varepsilon_1 = 1.54 \times 10^{-3}$, $\sigma_{sd} = 11.62$ MPa)时,试样内裂纹增加不明显。在峰前阶段(a～f 点),加载过程中晶粒之间不断调整,裂纹数目变化不明显。从图 5-19(a)～(f)可以看出在峰前加载过程中无明显的宏观裂纹产生。当加载至峰值强度 g 点($\varepsilon_1 = 2.67 \times 10^{-3}$, $\sigma_{sd} = 29.04$ MPa)时,穿晶拉伸裂纹开始快速增加,对应由穿晶裂纹贯通的宏观裂纹不断形成,如图 5-19(h)～(l)所示。

结合图 5-8 及上述分析可以看出高温作用后虽然引入一定的晶粒边界拉伸裂纹及穿晶拉伸裂纹,在加载前期试样主要受到晶粒边界拉伸裂纹控制,但当晶粒边界拉伸裂纹扩展到一定程度时,穿晶拉伸裂纹开始出现,此时试样达到峰值点。峰后试样主要受穿晶拉伸裂纹控制,穿晶拉伸裂纹导致峰前扩展的晶粒边界拉伸裂纹贯通,并形成宏观裂纹。宏观裂纹形成过程中应力不断下降,当宏观裂纹最终形成时,试样破坏。

图 5-20 给出了不同高温作用后试样总裂纹、穿晶拉伸裂纹及晶粒边界拉伸裂纹在单轴压缩过程中的演化过程,从图中可以看出温度对微裂纹的演化影响较大。当 $T \leqslant 450$ ℃时,加载前总裂纹数目随着温度增加不断增加,此时试样主要以晶粒边界拉伸裂纹为主。峰前阶段随着加载进行总裂纹数目缓慢增长,且存在一个明显的初始增长点,此时试样中穿晶拉伸裂纹相对晶粒边界拉伸裂纹少。此时温度对总裂纹及晶粒边界拉伸裂纹增长速度影响较小,而穿晶拉伸裂纹几乎重合。峰后穿晶拉伸裂纹和晶粒边界拉伸裂纹快速增长,且增长速度受温度影响较小。当 $T \geqslant 600$ ℃时,裂纹演化与 $T \leqslant 450$ ℃时明显不同,总体表现为延性特征,开始加载时裂纹数目即开始出现缓慢增长,同时在峰值点的转折也不如 $T \leqslant 450$ ℃时明显。这主要是因为 $T \geqslant 600$ ℃时试样较松散,初始加载时试样中晶粒即开始调整,导致部分裂纹扩展,裂纹数目增加,此时主要以晶粒边界拉伸裂纹为主。由于试样承载结构遭到破坏,试样储存应变能的能力明显减弱,所以峰后应变能释放对试样的损伤较小,导致试样在峰后表现为明显的延性破坏,微裂纹数目增长缓慢。

单轴压缩过程中不会产生穿晶及晶粒边界剪切裂纹,所以图 5-21 给出了高温作用后试样单轴压缩在峰值强度及最终破裂时对应微裂纹数目随温度的变化。从图 5-21(a)中可以看出:在达到峰值强度时,当 $T \leqslant 450$ ℃时,晶粒边界拉伸裂纹数目随着温度增加几乎线性增长。由于 300 ℃和 450 ℃高温作用后试样中晶粒边界裂纹出现部分贯通,导致试样更容易沿晶粒边界破坏,所以穿晶裂纹数目此时略有降低,从而导致总裂纹数目在 $T = 450$ ℃时略有降低;而当 $T =$

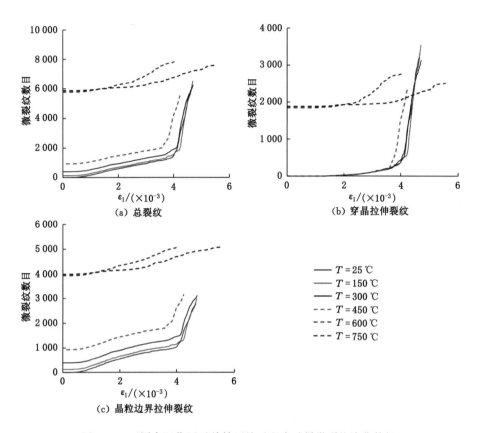

图 5-20　不同高温作用后单轴压缩过程中试样微裂纹演化特征

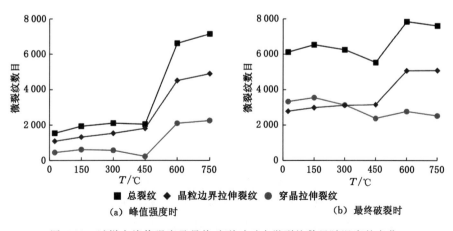

图 5-21　试样在峰值强度及最终破裂时对应微裂纹数目随温度的变化

600 ℃时,试样内已经存在大量的热裂纹,所以峰值点对应的晶粒边界拉伸裂纹及穿晶拉伸裂纹快速增加;其后,当温度上升至 750 ℃时,晶粒边界拉伸裂纹及穿晶拉伸裂纹增长速率降低。如图 5-21(b)所示,试样最终破裂时,晶粒边界拉伸裂纹随温度的演化与峰值强度时相似,但穿晶拉伸裂纹总体上随温度升高有降低的趋势,说明试样中热裂纹增加在一定程度上影响了试样的最终破裂模式,使得试样更趋于沿晶粒边界破坏。由于穿晶裂纹的减少及晶粒边界裂纹的增加,导致总裂纹数目随温度变化规律不明显。

5.4　高温处理花岗岩常规三轴压缩模拟结果

5.4.1　宏观力学行为

为了验证三轴压缩下该数值模拟方法的合理性,图 5-22 给出了不同围压下高温作用后花岗岩应力-应变曲线数值模拟与室内试验结果对比,由于图 5-14 已经给出了不同高温作用后花岗岩单轴压缩应力-应变曲线随温度的演化,此处只给出试样在不同围压下的应力-应变曲线。为了使对比效果更加明显,图 5-22 只给出了应力-环向和轴向应变的演化。当 $\sigma_3=10$ MPa 时,如图 5-22(a)、(b)所示,可以看出:当 $T \leqslant 150$ ℃时,温度对应力-应变曲线的影响不大,两条曲线几乎重合;而当 300 ℃ $\leqslant T \leqslant 450$ ℃时,试样的峰值强度开始下降,但温度对弹性阶段影响不大,峰前阶段存在一定的应力波动,但峰后依然为脆性破坏;而当 $T \geqslant 600$ ℃时,应力-应变曲线峰前弹性阶段的斜率明显降低,环向应变明显增加,峰值强度明显降低,同时峰后表现为明显的塑性特征。

当 $\sigma_3=20$ MPa 时,如图 5-22(c)、(d)所示:当 $T \leqslant 300$ ℃时,温度对应力-应变曲线影响不大,数值模拟结果中 3 条曲线几乎重合,而室内试验结果中除 $T=150$ ℃峰值偏高外,$T=25$ ℃和 300 ℃曲线吻合较好;当 $T=450$ ℃时,接近峰值时塑性特征更加明显,同时峰值强度有所降低,但峰后依然保持脆性特征;当 $T \geqslant 600$ ℃时,试样在弹性阶段的斜率明显降低,环向应变明显增加,峰值强度明显降低,试样峰后延性特征较 $T \leqslant 450$ ℃时明显,但相较于 $\sigma_3=10$ MPa,$T \geqslant 600$ ℃时延性特征有所减弱。

当 $\sigma_3=30$ MPa 和 40 MPa 时,如图 5-22(e)~(h)所示:当 $T \leqslant 450$ ℃时,温度对试样应力-应变曲线影响不大,峰值强度有所波动,但变化不大;而当 $T \geqslant 600$ ℃时,峰前弹性阶段斜率;明显降低,环向应变明显增加,峰值强度明显降低,但峰后的延性特征随着围压的增加而逐渐减弱。

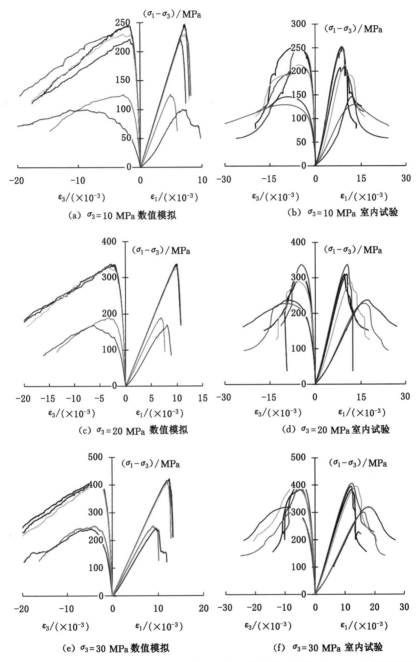

图 5-22　不同围压下高温作用后常规三轴压缩花岗岩试样应力-应变曲线数值
模拟与室内试验结果对比

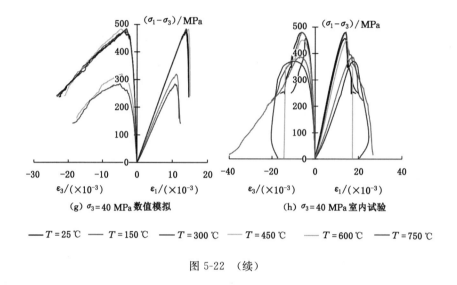

(g) $\sigma_3 = 40$ MPa 数值模拟　　　　　　　(h) $\sigma_3 = 40$ MPa 室内试验

—— $T = 25\,℃$　　—— $T = 150\,℃$　　—— $T = 300\,℃$　　—— $T = 450\,℃$　　—— $T = 600\,℃$　　—— $T = 750\,℃$

图 5-22　（续）

通过图 5-22 可以看出数值模拟可以在一定程度上反映应力-应变曲线弹性阶段、峰前塑性阶段、峰值强度及峰后延性特征随温度及围压的变化。从图中可以看出：当 $T \leqslant 450\,℃$ 时，随着围压的增大，温度对应力-应变曲线的影响不断减小，峰后一般表现为脆性特征；而当 $T \geqslant 600\,℃$ 时，在围压作用下温度依然会对应力-应变曲线产生影响，导致弹性阶段斜率降低，环向应变明显增加，峰值强度明显降低，峰后试样表现为明显的延性特征，但延性特征会随着围压的增大不断减弱。

为了定量比较数值模拟与室内试验结果，本章将数值模拟及室内试验得到的峰值强度、损伤阈值、弹性模量及泊松比随温度及围压的变化进行对比。

图 5-23 为高温作用后花岗岩三轴压缩峰值强度随温度的变化，从图中可以看出单轴压缩下，峰值强度在 $T = 150\,℃$ 时略有升高，其后开始缓慢下降，而在 $450 \sim 600\,℃$ 时开始快速降低，其后降低缓慢。当 $\sigma_3 = 10$ MPa 时，在 $T \leqslant 450\,℃$ 时峰值强度随着温度的增加波动降低，但变化不明显，而在 $T = 600\,℃$ 时有较大的突降，其后随温度增加变化不明显。当 $\sigma_3 \geqslant 20$ MPa 时，在 $T \leqslant 450\,℃$ 时温度对峰值强度的影响不大，在 $\sigma_3 = 40$ MPa 时峰值强度会随着温度升高略有增长，但当 $T = 600\,℃$ 时，峰值强度都会有较大的突降，当温度上升至 $750\,℃$ 时，峰值强度降低速度明显降低。

图 5-24 给出了高温作用后花岗岩常规三轴压缩峰值强度随围压的变化，从图中可以看出总体上峰值强度随围压升高不断升高。在 $T \leqslant 450\,℃$ 时，温度对

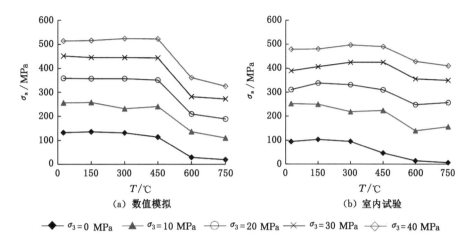

图 5-23 高温作用后花岗岩试样常规三轴压缩峰值强度随温度的变化

峰值强度影响不大,在不同围压下试样的峰值强度几乎相等;而当 $T \geqslant 600$ ℃ 时,峰值强度随围压增加的斜率变化不大,但相同围压下对应的峰值强度明显降低。

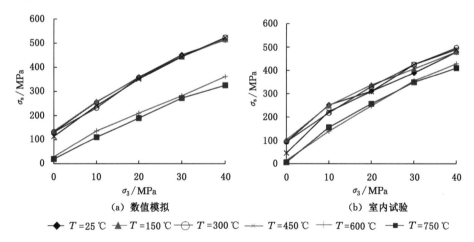

图 5-24 高温作用后花岗岩试样常规三轴压缩峰值强度随围压的变化

图 5-25 给出了高温作用后花岗岩三轴压缩损伤阈值随温度的演化。从图 5-25(a)可以看出单轴压缩下损伤阈值在 $T \leqslant 300$ ℃时变化不大,而在 $T =$ 450 ℃时开始下降,并在 $T = 600$ ℃时产生突降,其后变化不大。室内试验结果与数值模拟规律相似,如图 5-25(b)所示,损伤阈值在 $T \leqslant 300$ ℃时先升高后降

低,但变化不明显,其后在 300～600 ℃开始快速下降,而当温度上升至 750 ℃时变化不明显。在围压作用下:数值模拟试样损伤阈值在 $T \leqslant 450$ ℃时变化不大,室内试验结果显示损伤阈值随温度增加波动变化,但总体变化不明显;当 $T = 600$ ℃时,损伤阈值会产生突降,其后随着温度上升至 750 ℃损伤阈值下降速率有所降低。

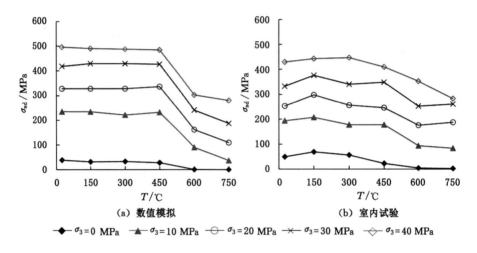

图 5-25　高温作用后花岗岩试样常规三轴压缩损伤阈值随温度的变化

图 5-26 描述了高温作用后花岗岩试样常规三轴压缩损伤阈值随围压的变化,从图中可以看出:当 $T \leqslant 450$ ℃时,温度对损伤阈值影响较小,随着围压升高,损伤阈值非线性上升;而当 $T \geqslant 600$ ℃时,相同围压下损伤阈值明显降低,且随着围压升高的线性特征更加明显。总体上损伤阈值随温度及围压的变化与峰值强度相似。

从图 5-24 和图 5-26 可以看出试样峰值强度及损伤阈值随着围压增加而不断升高,所以此处使用莫尔-库仑准则对峰值强度及损伤阈值随围压的变化进行回归,可以得到内摩擦角及黏聚力随温度的变化如图 5-27 所示。图 5-27(a)给出了峰值强度内摩擦角随温度变化数值模拟与室内试验结果对比,从图中可以看出在 $T \leqslant 450$ ℃时,内摩擦角波动上升,其后开始快速下降。数值模拟结果与室内试验结果虽然存在一定的差距,但变化规律基本相似。由图 5-27(b)可见:损伤阈值内摩擦角数值模拟结果在 $T \leqslant 450$ ℃时与室内试验结果存在一定的差距,室内试验结果表明损伤阈值内摩擦角随着温度上升不断增加,而数值模拟结果显示内摩擦角随着温度升高基本不变;而其后数值模拟及室内试验结果都表

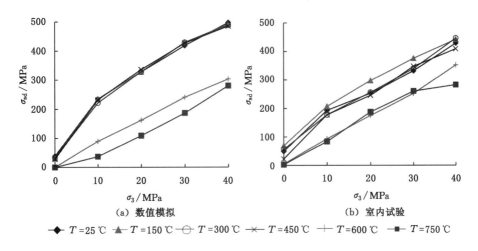

图 5-26　高温作用后花岗岩试样常规三轴压缩损伤阈值随围压的变化

明随着温度升高,损伤阈值内摩擦角会不断下降。

图 5-27(c)给出了峰值强度黏聚力随温度的演化,从图中可以看出数值模拟结果较室内试验结果略高,但其变化规律相似,在 $T=150$ ℃时黏聚力略有上升,其后在 $150\sim600$ ℃黏聚力快速下降,而在温度上升至 750 ℃时黏聚力变化不大。由图 5-27(d)可见:损伤阈值黏聚力数值模拟结果在 $T\leqslant450$ ℃时与室内试验结果存在一定差距,室内试验结果显示黏聚力随着温度先升高后不断降低,而数值模拟结果表明黏聚力随温度变化基本不变;当 $T=600$ ℃时,黏聚力快速下降,而当温度上升至 750 ℃时黏聚力略有上升,数值模拟结果与室内试验结果吻合较好。

从上述分析可以看出,使用莫尔-库仑准则拟合得到的数值模拟峰值强度的内摩擦角和黏聚力随温度变化规律与室内试验相同,但数值模拟得到的损伤阈值的内摩擦角和黏聚力变化规律在 $T\leqslant450$ ℃时与室内试验结果存在一定的差距,但当 $T\geqslant600$ ℃时其变化规律与室内试验结果相似。

图 5-28 给出了高温作用后花岗岩常规三轴压缩弹性模量随温度的变化,从图中可以看出:在 $T\leqslant450$ ℃时,数值模拟弹性模量受到温度影响较小,而室内试验弹性模量随着温度升高不断波动下降,但此时弹性模量随温度变化不明显,数值模拟结果在一定程度上可以反映室内试验结果;而当 $T\geqslant600$ ℃时,弹性模量快速下降,且随着围压升高降低速率逐渐减小,虽然室内试验在温度上升至750 ℃时弹性模量降低速率有所减小,但随着围压升高弹性模量降低速率逐渐减小的现象依然明显。

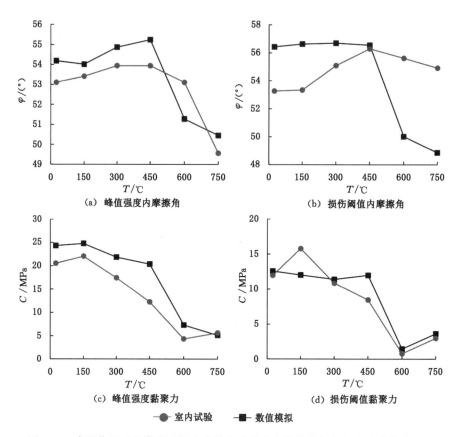

（a）峰值强度内摩擦角　　　　　　　（b）损伤阈值内摩擦角

（c）峰值强度黏聚力　　　　　　　　（d）损伤阈值黏聚力

——●—— 室内试验　　　　——■—— 数值模拟

图 5-27　高温作用后花岗岩试样内摩擦角及黏聚力数值模拟与室内试验结果对比

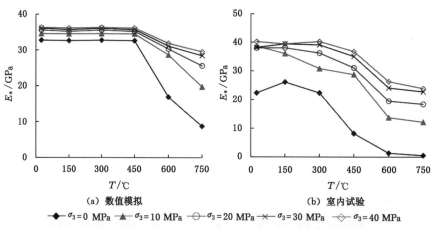

（a）数值模拟　　　　　　　　　　　（b）室内试验

—◆— σ_3=0 MPa　—▲— σ_3=10 MPa　—○— σ_3=20 MPa　—×— σ_3=30 MPa　—◇— σ_3=40 MPa

图 5-28　高温作用后花岗岩试样常规三轴压缩弹性模量随温度的变化

图 5-29 给出了高温作用后花岗岩常规三轴压缩弹性模量随围压的变化,从图中可以看出:数值模拟弹性模量在 $T \leqslant 450$ ℃时,加 10 MPa 围压时弹性模量会有较大的上升,而后随着围压升高,弹性模量增长不明显;室内试验结果显示在 $T \leqslant 300$ ℃时弹性模量随围压的变化与数值模拟结果相同,而在 $T = 450$ ℃时弹性模量在后期加围压过程中的上升速率明显大于 $T \leqslant 300$ ℃时的。而当 $T \geqslant 600$ ℃时,加 10 MPa 围压会导致数值模拟弹性模量突增,但后期加围压时弹性模量增长依然明显,室内试验结果遵循相同的规律。

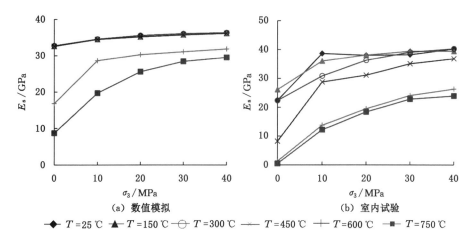

图 5-29　高温作用后花岗岩试样常规三轴压缩弹性模量随围压的变化

图 5-30 展示了高温作用后花岗岩常规三轴压缩泊松比随温度的变化,从图中可以看出:单轴压缩下泊松比在 $T \leqslant 300$ ℃时基本不变,而在 $T = 450$ ℃时开始上升,但数值模拟结果中泊松比上升幅度明显小于室内试验,其后随着温度的升高泊松比几乎线性升高,数值模拟与室内试验结果吻合较好。围压作用下试样的横向膨胀受到抑制,所以在 $T \leqslant 450$ ℃时泊松比变化不明显,其后泊松比随着温度升高不断升高,但其升高的速率随着围压升高不断降低。

图 5-31 描述了高温作用后花岗岩试样常规三轴压缩泊松比随围压的变化,从图中可以看出:当 $T \leqslant 450$ ℃时,数值模拟泊松比在加 10 MPa 围压时会有所降低,但其后随着围压增大变化不明显,而室内试验结果表明当 $T \leqslant 300$ ℃时泊松比随围压变化不明显,而当 $T = 450$ ℃时泊松比随围压的变化规律与数值模拟结果相同;而当 $T \geqslant 600$ ℃时,泊松比在加围压时迅速下降,其后随着围压升高缓慢降低,在数值模拟和室内试验结果中都可以观察到该现象。

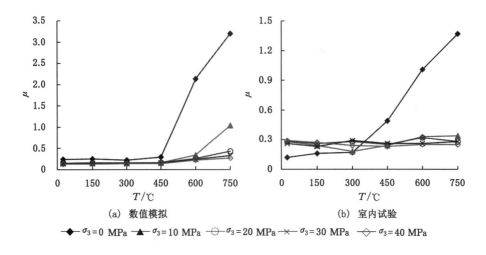

图 5-30　高温作用后花岗岩试样常规三轴压缩泊松比随温度的变化

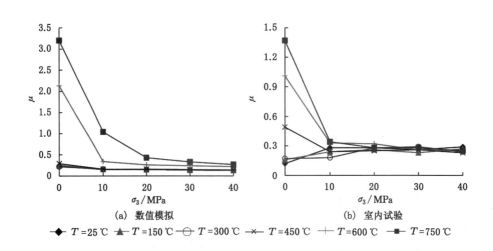

图 5-31　高温作用后花岗岩试样常规三轴压缩泊松比随围压的变化

图 5-6 和图 5-16 已经给出了常温条件下花岗岩常规三轴压缩及不同高温作用后花岗岩单轴压缩下试样最终破裂模式室内试验与数值模拟结果对比,所以图 5-32～图 5-35 只给出了不同高温作用后花岗岩在围压为 10～40 MPa 三轴压缩下最终破裂模式室内试验与数值模拟结果对比,总体上三轴压缩下试样以剪切破坏为主,但剪切裂纹的形态受到温度及围压的影响。

当 $\sigma_3 = 10$ MPa 时,如图 5-32 所示。由室内试验结果可知:当 $T \leqslant 450$ ℃ 时,试样剪切裂纹呈人字形分布,两条及多条剪切裂纹导致试样破坏,且裂纹曲 折扩展;而当 $T \geqslant 600$ ℃ 时,试样一般由单条剪切裂纹贯通,并导致试样破坏。 数值模拟结果显示:当 $T \leqslant 450$ ℃ 时,试样中除主剪切裂纹外,同时存在未贯通 的剪切裂纹和轴向劈裂裂纹;而当 $T \geqslant 600$ ℃ 时,虽然在主裂纹周围存在一定的 分叉裂纹,但主剪切裂纹较明显,且贯通试样。

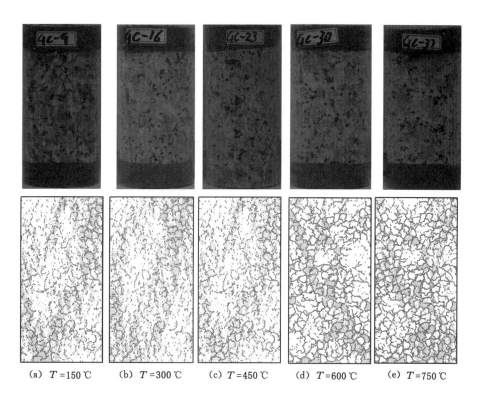

(a) $T = 150$ ℃ 　　(b) $T = 300$ ℃ 　　(c) $T = 450$ ℃ 　　(d) $T = 600$ ℃ 　　(e) $T = 750$ ℃

图 5-32 　高温作用后花岗岩三轴压缩最终破裂模式数值模拟与 室内试验结果对比($\sigma_3 = 10$ MPa)

图 5-33~图 5-35 展示了 $\sigma_3 = 20 \sim 40$ MPa 时高温作用后花岗岩三轴压缩最 终破裂模式数值模拟与室内试验结果对比,从图中可以看出室内试验试样最终 破裂模式随温度的变化与 $\sigma_3 = 10$ MPa 时相似,在 $T \leqslant 450$ ℃ 时试样主要呈由人 字形或共轭剪切裂纹导致的破坏,而当 $T \geqslant 600$ ℃ 时试样由单一剪切裂纹主导。 对比 $\sigma_3 = 10$ MPa 试样破裂模式可以看出:随着围压升高,裂纹形态趋于简单。

数值模拟结果显示,在 $T \leqslant 450$ ℃时试样中包含两条以上剪切带,而在 $T \geqslant$ 600 ℃时试样在主裂纹周围虽然存在一些分支裂纹,但试样主要受到主剪切裂纹控制。相对于 $\sigma_3 = 10$ MPa 试样,随着围压升高,试样中的分支裂纹逐渐减少,主剪切裂纹更加明显。

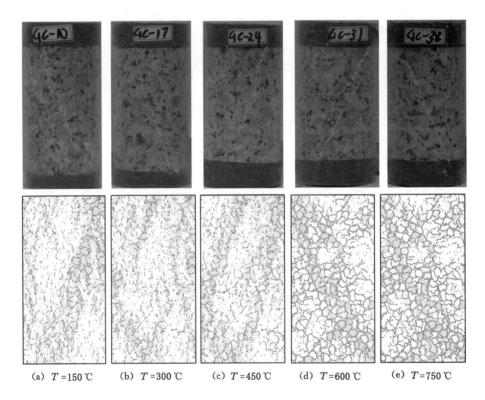

(a) $T = 150$ ℃   (b) $T = 300$ ℃   (c) $T = 450$ ℃   (d) $T = 600$ ℃   (e) $T = 750$ ℃

图 5-33   高温作用后花岗岩三轴压缩最终破裂模式数值模拟与
室内试验结果对比($\sigma_3 = 20$ MPa)

5.4.2   细观力学行为

为了研究高温作用后花岗岩的破裂机理,本章将对高温作用后花岗岩三轴破裂过程进行分析,限于篇幅,仅对 10 MPa 及 40 MPa 围压下 150 ℃、450 ℃和 600 ℃高温作用后花岗岩破裂过程进行分析。

结合图 5-36(a)和图 5-37 可以分析 10 MPa 围压下 150 ℃高温作用后花岗岩三轴压缩破裂过程。当加载至 a 点($\varepsilon_1 = 2.86 \times 10^{-3}$,$\sigma_{sd} = 99.14$ MPa)时,试样中晶粒边界拉伸裂纹随机分布在试样中,此时试样中不存在穿晶拉伸裂纹。

当试样加载至 b 点($\varepsilon_1 = 3.57 \times 10^{-3}$,$\sigma_{sd} = 123.94$ MPa)时,试样内开始出现穿晶拉伸裂纹,穿晶拉伸裂纹同样随机分布在试样中。其后在峰值前晶粒边界拉伸裂纹和穿晶拉伸裂纹随着加载缓慢增加,穿晶拉伸裂纹增加速度略大于晶粒边界拉伸裂纹,试样中裂纹随机分布,较少产生贯通,如图 5-34(b)～(f)所示。而当加载至峰值点 g($\varepsilon_1 = 7.27 \times 10^{-3}$,$\sigma_{sd} = 247.86$ MPa)时,晶粒边界拉伸裂纹和穿晶拉伸裂纹快速增加,穿晶拉伸裂纹增长速度略快,试样中微裂纹出现贯通现象,如图 5-34(g)所示。当应力下降至 h 点($\varepsilon_1 = 7.46 \times 10^{-3}$,$\sigma_{sd} = 240.11$ MPa)时,在试样中可以看到明显的宏观裂纹 1,如图 5-34(h)所示。当试样加载至 i 点($\varepsilon_1 = 7.65 \times 10^{-3}$,$\sigma_{sd} = 225.38$ MPa)时,在试样中出现宏观裂纹 2,如图 5-34(i)所示。当应力降低至 j 点($\varepsilon_1 = 7.84 \times 10^{-3}$,$\sigma_{sd} = 215.72$ MPa)时,试样中出现宏观剪切裂纹 3,如图 5-34(j)所示。其后随着应力的下降,裂纹不断扩张贯通,最终形成两组相互平行的宏观剪切带,如图 5-34(l)所示。

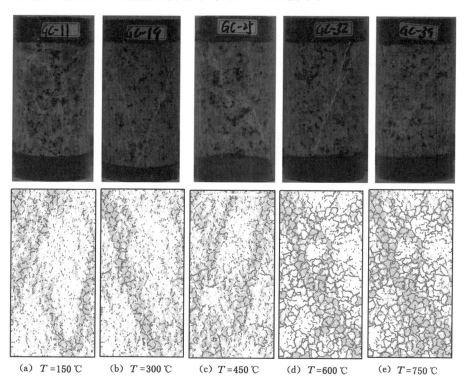

(a) $T = 150$ ℃　　(b) $T = 300$ ℃　　(c) $T = 450$ ℃　　(d) $T = 600$ ℃　　(e) $T = 750$ ℃

图 5-34　高温作用后花岗岩三轴压缩最终破裂模式数值模拟与
室内试验结果对比($\sigma_3 = 30$ MPa)

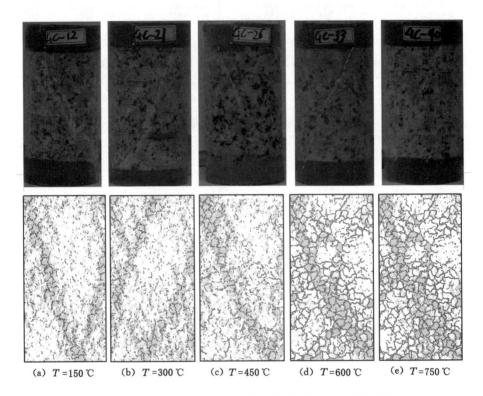

(a) $T = 150\,℃$ (b) $T = 300\,℃$ (c) $T = 450\,℃$ (d) $T = 600\,℃$ (e) $T = 750\,℃$

图 5-35　高温作用后花岗岩三轴压缩最终破裂模式数值模拟与
室内试验结果对比($\sigma_3 = 40$ MPa)

结合图 5-36(b) 和图 5-38 可以分析 40 MPa 围压下 150 ℃ 高温作用后花岗岩三轴压缩破裂过程。与 10 MPa 围压下试样的破裂过程相似,在峰值点前的加载过程中,微裂纹缓慢增加,且随机分布在试样中,但此时穿晶拉伸裂纹的数目明显大于晶粒边界拉伸裂纹,试样中穿晶拉伸裂纹明显多于晶粒边界拉伸裂纹,如图 5-38(a)～(f) 所示。当加载至峰值点 g($\varepsilon_1 = 14.01 \times 10^{-3}$, $\sigma_{sd} = 476.21$ MPa) 时,微裂纹数量快速上升,在试样中可以看到宏观裂纹 1、2 和 3,如图 5-38(g) 所示。后期宏观裂纹 1、2 和 3 不断扩展,最终形成贯通试样的剪切裂纹,如图 5-38(h)～(l) 所示。

结合图 5-39(a) 和图 5-40 可以分析围压为 10 MPa 下 450 ℃ 高温作用后试样三轴压缩破裂过程。从图中可以看出当试样加载至 a 点($\varepsilon_1 = 2.75 \times 10^{-3}$, $\sigma_{sd} = 92.35$ MPa) 时,试样中的热裂纹缓慢扩展,晶粒边界拉伸裂纹数目缓慢增加。当加载至 b 点($\varepsilon_1 = 3.41 \times 10^{-3}$, $\sigma_{sd} = 115.41$ MPa) 时,穿晶拉伸裂纹开始出

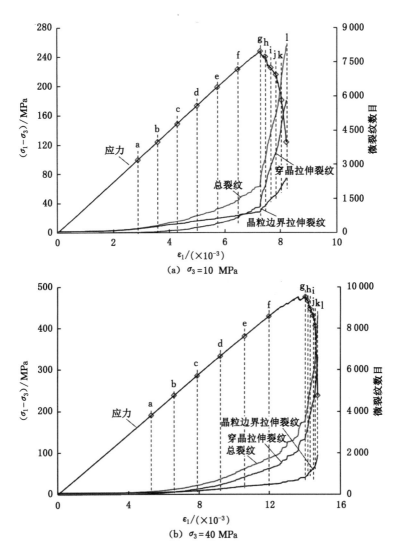

(a)　$\sigma_3 = 10$ MPa

(b)　$\sigma_3 = 40$ MPa

图 5-36　高温作用后试样三轴压缩时微裂纹数的演化过程（$T = 150$ ℃）

现,且在试样中随机分布,如图 5-40(b)所示。其后在峰值前穿晶拉伸裂纹升高速率逐渐增大,且明显大于晶粒边界拉伸裂纹,此时晶粒边界拉伸裂纹扩展不明显,穿晶拉伸裂纹随机分布在试样中,如图 5-40(b)～(f)所示。当加载至峰值点 g($\varepsilon_1 = 7.25 \times 10^{-3}$,$\sigma_{sd} = 230.81$ MPa)时,晶粒边界拉伸裂纹及穿晶拉伸裂纹数目快速增加,并在试样中产生宏观裂纹 1 和 2,如图 5-40(g)所示。其后裂纹 1 和 2 不断扩展,并贯通形成剪切裂纹 3,该剪切带还具有明显的轴向劈裂特性,

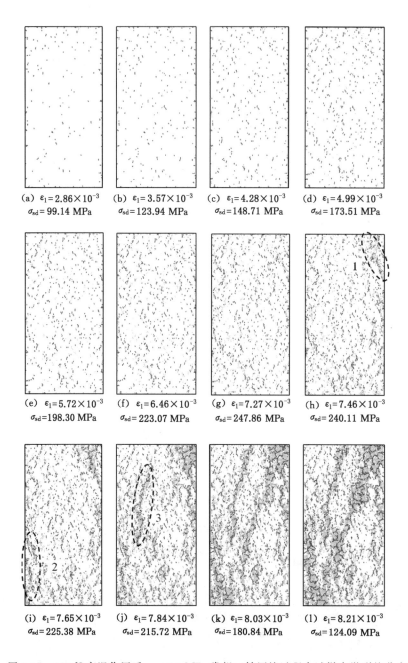

(a) $\varepsilon_1 = 2.86 \times 10^{-3}$ (b) $\varepsilon_1 = 3.57 \times 10^{-3}$ (c) $\varepsilon_1 = 4.28 \times 10^{-3}$ (d) $\varepsilon_1 = 4.99 \times 10^{-3}$
$\sigma_{sd} = 99.14$ MPa $\sigma_{sd} = 123.94$ MPa $\sigma_{sd} = 148.71$ MPa $\sigma_{sd} = 173.51$ MPa

(e) $\varepsilon_1 = 5.72 \times 10^{-3}$ (f) $\varepsilon_1 = 6.46 \times 10^{-3}$ (g) $\varepsilon_1 = 7.27 \times 10^{-3}$ (h) $\varepsilon_1 = 7.46 \times 10^{-3}$
$\sigma_{sd} = 198.30$ MPa $\sigma_{sd} = 223.07$ MPa $\sigma_{sd} = 247.86$ MPa $\sigma_{sd} = 240.11$ MPa

(i) $\varepsilon_1 = 7.65 \times 10^{-3}$ (j) $\varepsilon_1 = 7.84 \times 10^{-3}$ (k) $\varepsilon_1 = 8.03 \times 10^{-3}$ (l) $\varepsilon_1 = 8.21 \times 10^{-3}$
$\sigma_{sd} = 225.38$ MPa $\sigma_{sd} = 215.72$ MPa $\sigma_{sd} = 180.84$ MPa $\sigma_{sd} = 124.09$ MPa

图 5-37   150 ℃高温作用后 $\sigma_3 = 10$ MPa 常规三轴压缩过程中试样内微裂纹分布

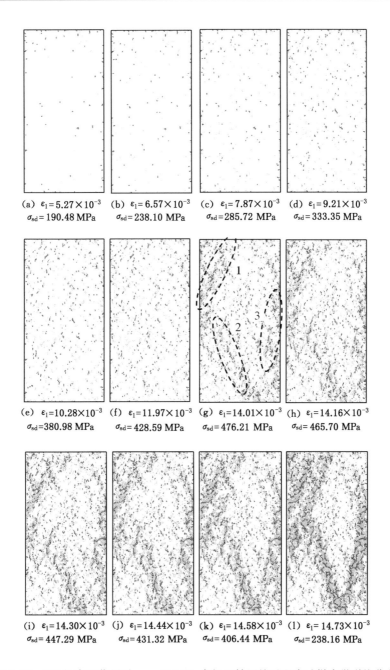

(a) $\varepsilon_1 = 5.27 \times 10^{-3}$ (b) $\varepsilon_1 = 6.57 \times 10^{-3}$ (c) $\varepsilon_1 = 7.87 \times 10^{-3}$ (d) $\varepsilon_1 = 9.21 \times 10^{-3}$
$\sigma_{sd} = 190.48$ MPa $\sigma_{sd} = 238.10$ MPa $\sigma_{sd} = 285.72$ MPa $\sigma_{sd} = 333.35$ MPa

(e) $\varepsilon_1 = 10.28 \times 10^{-3}$ (f) $\varepsilon_1 = 11.97 \times 10^{-3}$ (g) $\varepsilon_1 = 14.01 \times 10^{-3}$ (h) $\varepsilon_1 = 14.16 \times 10^{-3}$
$\sigma_{sd} = 380.98$ MPa $\sigma_{sd} = 428.59$ MPa $\sigma_{sd} = 476.21$ MPa $\sigma_{sd} = 465.70$ MPa

(i) $\varepsilon_1 = 14.30 \times 10^{-3}$ (j) $\varepsilon_1 = 14.44 \times 10^{-3}$ (k) $\varepsilon_1 = 14.58 \times 10^{-3}$ (l) $\varepsilon_1 = 14.73 \times 10^{-3}$
$\sigma_{sd} = 447.29$ MPa $\sigma_{sd} = 431.32$ MPa $\sigma_{sd} = 406.44$ MPa $\sigma_{sd} = 238.16$ MPa

图 5-38 150 ℃高温作用后 $\sigma_3 = 40$ MPa 常规三轴压缩过程中试样内微裂纹分布

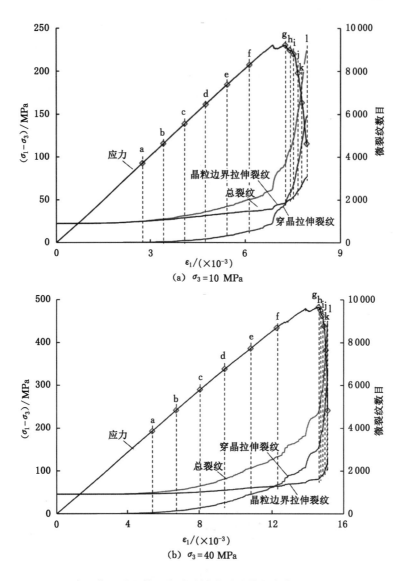

图 5-39　高温作用后三轴压缩时试样微裂纹数的演化过程($T=450$ ℃)

如图 5-40（h）～（k）所示。当应力降低至 1 点（$\varepsilon_1 = 7.92 \times 10^{-3}$，$\sigma_{sd} = 115.44$ MPa）时，在试样中产生与剪切裂纹 3 平行的剪切裂纹 4。与图 5-37 比较可以看出，虽然围压都为 10 MPa，但经历 450 ℃高温作用后试样中含有大量的晶粒边界拉伸裂纹，并已经形成贯通，所以最终压缩破坏后试样虽然整体上呈现剪切破坏，但是具有明显的拉伸劈裂特性。

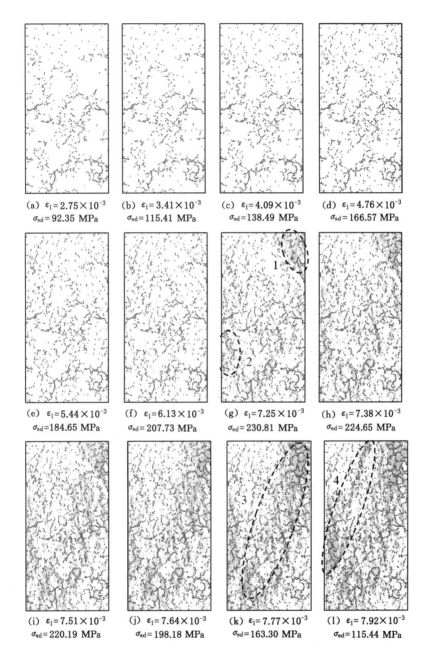

(a) $\varepsilon_1 = 2.75 \times 10^{-3}$
$\sigma_{sd} = 92.35$ MPa

(b) $\varepsilon_1 = 3.41 \times 10^{-3}$
$\sigma_{sd} = 115.41$ MPa

(c) $\varepsilon_1 = 4.09 \times 10^{-3}$
$\sigma_{sd} = 138.49$ MPa

(d) $\varepsilon_1 = 4.76 \times 10^{-3}$
$\sigma_{sd} = 166.57$ MPa

(e) $\varepsilon_1 = 5.44 \times 10^{-3}$
$\sigma_{sd} = 184.65$ MPa

(f) $\varepsilon_1 = 6.13 \times 10^{-3}$
$\sigma_{sd} = 207.73$ MPa

(g) $\varepsilon_1 = 7.25 \times 10^{-3}$
$\sigma_{sd} = 230.81$ MPa

(h) $\varepsilon_1 = 7.38 \times 10^{-3}$
$\sigma_{sd} = 224.65$ MPa

(i) $\varepsilon_1 = 7.51 \times 10^{-3}$
$\sigma_{sd} = 220.19$ MPa

(j) $\varepsilon_1 = 7.64 \times 10^{-3}$
$\sigma_{sd} = 198.18$ MPa

(k) $\varepsilon_1 = 7.77 \times 10^{-3}$
$\sigma_{sd} = 163.30$ MPa

(l) $\varepsilon_1 = 7.92 \times 10^{-3}$
$\sigma_{sd} = 115.44$ MPa

图 5-40　450 ℃高温作用后 $\sigma_3 = 10$ MPa 常规三轴压缩过程中试样内微裂纹分布

图 5-39(b)和图 5-41 给出了 40 MPa 围压下 450 ℃高温作用后试样三轴压缩破裂过程。加载过程中由于围压的限制，在 a 点（$\varepsilon_1 = 5.38 \times 10^{-3}$，$\sigma_{sd} = 193.10$ MPa）时穿晶拉伸裂纹开始增加，而晶粒边界拉伸裂纹保持不变，穿晶拉伸裂纹在试样中随机分布，如图 5-41(a)所示。其后随着应力增加，在峰前晶粒边界拉伸裂纹保持不变，穿晶拉伸裂纹增长速率逐渐提高，穿晶拉伸裂纹数目在 f 点（$\varepsilon_1 = 12.26 \times 10^{-3}$，$\sigma_{sd} = 434.50$ MPa）超过晶粒边界拉伸裂纹数目，此时穿晶拉伸裂纹在试样中随机分布，如图 5-41(b)～(f)所示。当加载到峰值点 g（$\varepsilon_1 = 14.58 \times 10^{-3}$，$\sigma_{sd} = 482.77$ MPa）时，穿晶拉伸裂纹及晶粒边界拉伸裂纹开始快速增加，穿晶拉伸裂纹在试样中产生明显的贯通，但没有产生明显的剪切裂纹。当应力降低到 h 点（$\varepsilon_1 = 14.69 \times 10^{-3}$，$\sigma_{sd} = 475.04$ MPa）时，剪切带 1、2 在试样中初始成核，其后剪切带 2 不断发育，最终形成比较明显的剪切带，如图 5-41(h)～(l)所示。

图 5-42(a)和图 5-43 给出了 10 MPa 围压下 600 ℃高温作用后试样的破裂过程，由于高温作用导致晶粒边界裂纹扩展较充分，在压缩过程中晶粒边界拉伸裂纹数目基本不变，而穿晶拉伸裂纹的扩展导致试样的破坏。峰值前，穿晶拉伸裂纹数目变化不明显，穿晶拉伸裂纹的增加对试样的影响不大，如图 5-43(a)～(f)所示。当加载至峰值点 g（$\varepsilon_1 = 4.90 \times 10^{-3}$，$\sigma_{sd} = 126.38$ MPa）时，穿晶拉伸裂纹数目开始快速增加，在试样边界及破碎的石英晶粒之间开始出现由穿晶拉伸裂纹导致的贯通现象，如图 5-43(g)所示。其后穿晶拉伸裂纹不断扩展贯通，最终形成明显的剪切带，如图 5-43(h)～(l)所示。

图 5-42(b)和图 5-44 给出了 40 MPa 围压下 600 ℃高温作用后试样的破裂过程。与 10 MPa 围压下试样的破裂过程相似，在峰前裂纹扩展不明显[图 5-44(a)～(f)]，且试样的破裂过程主要受已有穿晶拉伸裂纹的控制。当加载至峰值点 g（$\varepsilon_1 = 11.04 \times 10^{-3}$，$\sigma_{sd} = 321.28$ MPa）时，穿晶拉伸裂纹数目快速增加。因穿晶拉伸裂纹的扩展贯通，在试样中可以看到明显的剪切带出现。与 10 MPa 围压下剪切带缓慢形成不同，由于 40 MPa 围压下剪切带在峰值点时已初见雏形，所以后期快速扩展，如图 5-44(h)～(l)所示。同时由于剪切带的快速形成，所以试样峰后表现为明显的脆性特征，该现象与试验结果相同。高围压下，试样的承载能力提高，一定程度上增加了试样的应变能，当试样开始破坏时，虽然围压在一定程度上抑制裂纹扩展，但当较高应变能释放会加剧裂纹扩展的速度，导致试样突然破坏。由于 600 ℃高温作用后试样的最终破裂模式主要受到穿晶热裂纹的控制，围压升高并未导致裂纹扩展路径的明显变化，所以较高应变能的释放在一定程度上加剧了试样的破坏过程。

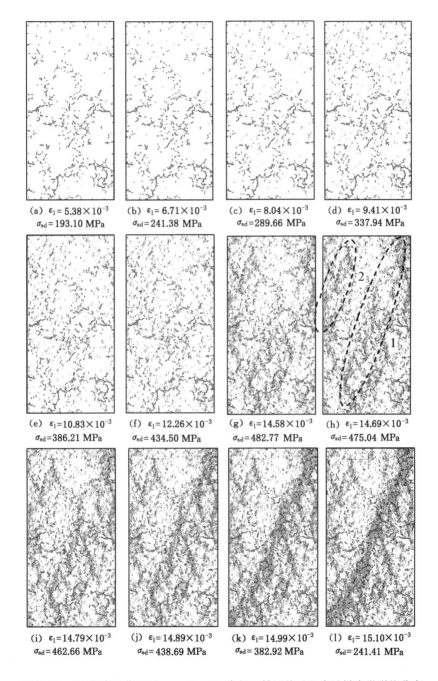

(a) $\varepsilon_1 = 5.38 \times 10^{-3}$
$\sigma_{sd} = 193.10$ MPa

(b) $\varepsilon_1 = 6.71 \times 10^{-3}$
$\sigma_{sd} = 241.38$ MPa

(c) $\varepsilon_1 = 8.04 \times 10^{-3}$
$\sigma_{sd} = 289.66$ MPa

(d) $\varepsilon_1 = 9.41 \times 10^{-3}$
$\sigma_{sd} = 337.94$ MPa

(e) $\varepsilon_1 = 10.83 \times 10^{-3}$
$\sigma_{sd} = 386.21$ MPa

(f) $\varepsilon_1 = 12.26 \times 10^{-3}$
$\sigma_{sd} = 434.50$ MPa

(g) $\varepsilon_1 = 14.58 \times 10^{-3}$
$\sigma_{sd} = 482.77$ MPa

(h) $\varepsilon_1 = 14.69 \times 10^{-3}$
$\sigma_{sd} = 475.04$ MPa

(i) $\varepsilon_1 = 14.79 \times 10^{-3}$
$\sigma_{sd} = 462.66$ MPa

(j) $\varepsilon_1 = 14.89 \times 10^{-3}$
$\sigma_{sd} = 438.69$ MPa

(k) $\varepsilon_1 = 14.99 \times 10^{-3}$
$\sigma_{sd} = 382.92$ MPa

(l) $\varepsilon_1 = 15.10 \times 10^{-3}$
$\sigma_{sd} = 241.41$ MPa

图 5-41　450 ℃高温作用后 $\sigma_3 = 40$ MPa 常规三轴压缩过程中试样内微裂纹分布

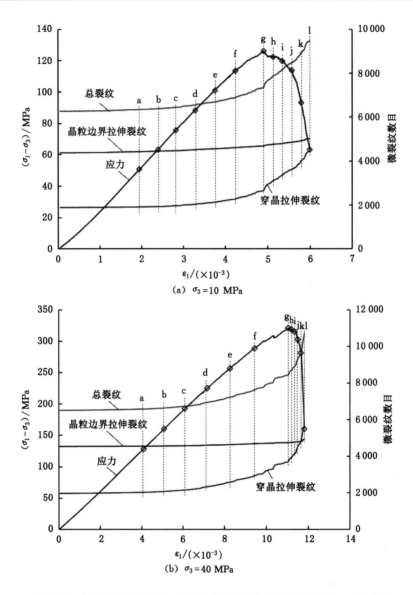

图 5-42　高温作用后试样三轴压缩时微裂纹数的演化过程（$T=600$ ℃）

　　基于上述分析可以看出，在温度相对较低时（$T \leqslant 450$ ℃），试样内的热裂纹较少，压缩破裂过程主要受到围压影响。在压缩过程中由于不同强度矿物晶粒随机分布，所以会在峰后形成多条初始剪切裂纹，最后剪切裂纹不断扩展，导致试样由多条剪切裂纹主导的破坏。由于裂纹萌生随机分布，所以试样的最终破

(a) $\varepsilon_1 = 1.94 \times 10^{-3}$ $\sigma_{sd} = 50.55$ MPa
(b) $\varepsilon_1 = 2.38 \times 10^{-3}$ $\sigma_{sd} = 63.20$ MPa
(c) $\varepsilon_1 = 2.82 \times 10^{-3}$ $\sigma_{sd} = 75.84$ MPa
(d) $\varepsilon_1 = 3.27 \times 10^{-3}$ $\sigma_{sd} = 88.46$ MPa

(e) $\varepsilon_1 = 3.75 \times 10^{-3}$ $\sigma_{sd} = 101.10$ MPa
(f) $\varepsilon_1 = 4.23 \times 10^{-3}$ $\sigma_{sd} = 113.74$ MPa
(g) $\varepsilon_1 = 4.90 \times 10^{-3}$ $\sigma_{sd} = 126.38$ MPa
(h) $\varepsilon_1 = 5.12 \times 10^{-3}$ $\sigma_{sd} = 122.33$ MPa

(i) $\varepsilon_1 = 5.34 \times 10^{-3}$ $\sigma_{sd} = 119.85$ MPa
(j) $\varepsilon_1 = 5.56 \times 10^{-3}$ $\sigma_{sd} = 113.86$ MPa
(k) $\varepsilon_1 = 5.78 \times 10^{-3}$ $\sigma_{sd} = 93.17$ MPa
(l) $\varepsilon_1 = 5.99 \times 10^{-3}$ $\sigma_{sd} = 63.26$ MPa

图 5-43　600 ℃高温作用后 $\sigma_3 = 10$ MPa 常规三轴压缩过程中试样内微裂纹分布

(a) $\varepsilon_1 = 4.09 \times 10^{-3}$
$\sigma_{sd} = 128.51$ MPa

(b) $\varepsilon_1 = 5.09 \times 10^{-3}$
$\sigma_{sd} = 160.64$ MPa

(c) $\varepsilon_1 = 6.10 \times 10^{-3}$
$\sigma_{sd} = 192.77$ MPa

(d) $\varepsilon_1 = 7.16 \times 10^{-3}$
$\sigma_{sd} = 224.90$ MPa

(e) $\varepsilon_1 = 8.27 \times 10^{-3}$
$\sigma_{sd} = 257.03$ MPa

(f) $\varepsilon_1 = 9.43 \times 10^{-3}$
$\sigma_{sd} = 289.16$ MPa

(g) $\varepsilon_1 = 11.04 \times 10^{-3}$
$\sigma_{sd} = 321.28$ MPa

(h) $\varepsilon_1 = 11.19 \times 10^{-3}$
$\sigma_{sd} = 318.94$ MPa

(i) $\varepsilon_1 = 11.34 \times 10^{-3}$
$\sigma_{sd} = 315.67$ MPa

(j) $\varepsilon_1 = 11.49 \times 10^{-3}$
$\sigma_{sd} = 303.00$ MPa

(k) $\varepsilon_1 = 11.64 \times 10^{-3}$
$\sigma_{sd} = 281.92$ MPa

(l) $\varepsilon_1 = 11.80 \times 10^{-3}$
$\sigma_{sd} = 160.73$ MPa

图 5-44　600 ℃高温作用后 $\sigma_3 = 40$ MPa 常规三轴压缩过程中试样内微裂纹分布

裂模式受围压影响较大。而当温度较高时（$T \geqslant 600$ ℃），试样中石英晶粒中出现明显的穿晶拉伸裂纹，三轴压缩过程中裂纹扩展受到热裂纹影响较大，易在已有穿晶拉伸裂纹之间贯通形成单条剪切裂纹。由于裂纹扩展路径受到已有热裂纹的影响较大，围压改变对试样最终破裂模式影响较小。同时由于高围压下试样中积攒的应变能较多，所以试样在峰后的脆性特征在高围压下更加明显。

　　由于 $T \leqslant 300$ ℃裂纹扩展特征相似，此处仅分析 $T = 450$ ℃和 600 ℃试样三轴压缩过程中微裂纹演化特征。图 5-45～图 5-47 给出了高温作用后试样三轴压缩总裂纹、穿晶拉伸裂纹及晶粒边界拉伸裂纹演化特征，从图中可以看出温度对微裂纹演化特征影响较大。当 $T = 450$ ℃时，微裂纹演化特征与未经高温处理试样相似：总裂纹数在峰前缓慢增长，且围压在一定程度上抑制了裂纹的增长；穿晶拉伸裂纹在加载到一定程度后开始增加，且增长缓慢；晶粒边界拉伸裂纹在开始加载后即开始快速增加，且峰前增长速率相对穿晶拉伸裂纹快，与未经高温处理试样裂纹演化过程不同的是，初始加载时试样中即存在部分晶粒边界拉伸裂纹。峰后裂纹快速增长，且受围压影响较小。

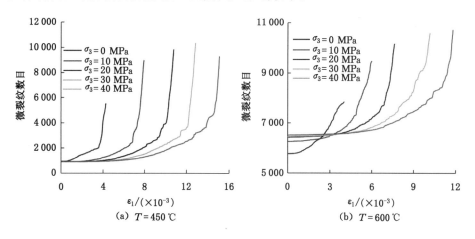

图 5-45　高温作用后试样常规三轴压缩总裂纹演化受围压影响

　　当 $T = 600$ ℃时，初始加载时试样中的裂纹数目随着围压升高而不断增加，从单轴到 10 MPa 围压下增加最明显，且后期随着围压升高，微裂纹增长速率逐渐降低。出现该现象的原因是 600 ℃高温作用后试样的结构遭到破坏，施加围压过程中试样内晶粒不断调整，导致新的裂纹产生。施加围压主要导致晶粒边界拉伸裂纹的增加，对穿晶拉伸裂纹的影响较小。加载过程中微裂纹存在较长

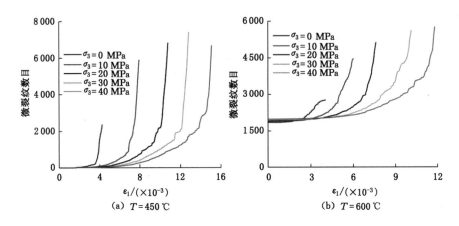

图 5-46　高温作用后试样常规三轴压缩穿晶拉伸裂纹演化受围压影响

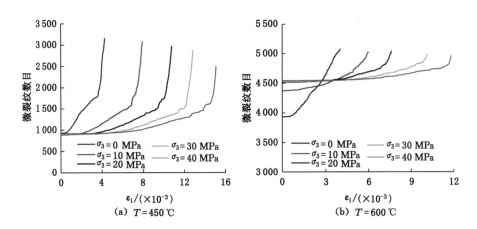

图 5-47　高温作用后试样常规三轴压缩晶粒边界拉伸裂纹演化受围压影响

的平静期,此时微裂纹数目基本不增长,且该平静期随着围压的升高不断延长。单轴压缩下,试样破坏主要由晶粒边界拉伸裂纹继续扩展导致,加载过程中晶粒边界拉伸裂纹增长明显。围压对晶粒边界拉伸裂纹扩展具有明显的抑制作用,且随着围压升高晶粒边界拉伸裂纹增长速率逐渐降低,且主要集中在峰后增长。峰后微裂纹数目快速增长,且微裂纹增长速率随着围压升高不断增加。

图 5-48~图 5-50 给出了围压为 10 MPa 和 40 MPa 下不同高温作用后试样三轴压缩过程中总裂纹、穿晶拉伸裂纹及晶粒边界拉伸裂纹演化特征。从图中可以看出:当 $T \leqslant 450$ ℃时,除了试样初始裂纹数不同外,温度对裂纹演化特征影响不大,此时穿晶拉伸裂纹演化曲线几乎重合。所以综合考虑可以看出,虽然

此时试样内出现热裂纹,但穿晶拉伸裂纹对试样的破裂过程影响不大,所以此时试样的宏观力学行为改变不大。当 $T=600$ ℃时,总裂纹及穿晶拉伸裂纹演化特征与 $T \leqslant 450$ ℃时相似,但峰后表现为明显的延性特征。当 $\sigma_3=10$ MPa 时,750 ℃高温作用后试样延性特征进一步增强;而当 $\sigma_3=40$ MPa 时,裂纹演化特征与 $T=600$ ℃时相似。这说明围压增加在一定程度上降低了试样的延性特征。当 $T \geqslant 600$ ℃时,加载过程中的裂纹扩展主要由穿晶拉伸裂纹主导,晶粒边界拉伸裂纹只在峰后略有增加。

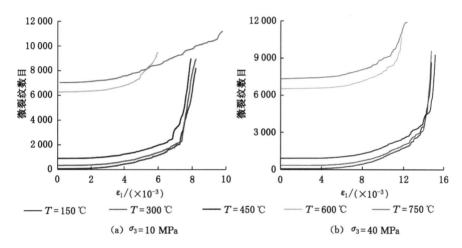

图 5-48　高温作用后试样常规三轴压缩总裂纹演化受温度影响

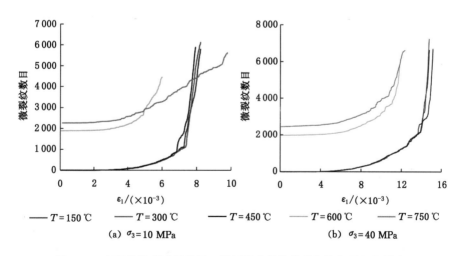

图 5-49　高温作用后试样常规三轴压缩穿晶拉伸裂纹演化受温度影响

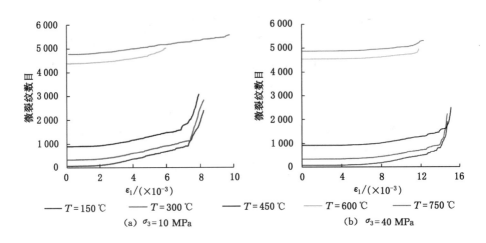

图 5-50　高温作用后试样常规三轴压缩晶粒边界拉伸裂纹演化受温度影响

图 5-51 给出了不同高温作用后峰值强度及最终破裂时对应微裂纹数随围压的变化,从图中可以看出:当 $T \leqslant 450$ ℃时,晶粒边界拉伸裂纹受到围压抑制,随着围压升高,峰值强度及最终破裂时试样对应的晶粒边界拉伸裂纹不断减少;

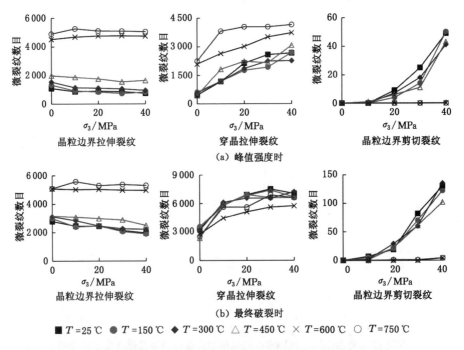

图 5-51　峰值强度及最终破裂时试样内微裂纹数目随围压的变化

峰值点对应的穿晶拉伸裂纹随围压几乎呈现线性增长趋势,而最终破裂时对应的穿晶拉伸裂纹随围压升高前期增长较迅速,后期基本平稳;晶粒边界剪切裂纹相对穿晶拉伸裂纹及晶粒边界拉伸裂纹明显较少,随着围压升高呈抛物线形式增长,在单轴压缩下试样中不存在晶粒边界剪切裂纹,其后随着围压升高快速增加。当 $T \geqslant 600$ ℃时,由于加热导致试样处出现了大量的晶粒边界拉伸裂纹,所以三轴压缩后试样中晶粒边界拉伸裂纹增加较少,晶粒边界拉伸裂纹随着围压增加变化不大;穿晶拉伸裂纹数总体上随着围压升高非线性增加,说明此时虽然试样的破裂模式变化不明显,但随着围压升高剪切带宽度不断增加;由于加热导致试样内晶粒边界裂纹充分扩展,且以拉伸裂纹为主,所以三轴压缩下试样中几乎不存在晶粒边界剪切裂纹。

5.5 本章小结

本章根据 Cluster 单元算法构建了 GBM 单元,赋值了不同矿物晶粒细观参数,通过常规三轴压缩试验标定了一组细观参数。通过赋值不同矿物晶粒热膨胀系数,及摩擦系数随温度的变化,模拟了高温作用对试样的影响,并将高温作用后试样进行常规三轴压缩试验的模拟,得到了如下结论:

(1) 使用该方法构建的 GBM 单元可以较好地模拟花岗岩常规三轴压缩宏观力学行为,模拟得到的应力-应变曲线、强度参数、变形参数及试样的最终破裂模式与试验结果吻合较好。在压缩过程中峰前试样中主要以随机分布的微裂纹为主,峰值点时试样中出现以穿晶拉伸裂纹扩展贯通形成的宏观裂纹,其后穿晶拉伸裂纹增长速度明显大于晶粒边界拉伸裂纹,并在试样中形成贯穿试样的宏观裂纹。围压在一定程度上抑制了晶粒边界拉伸裂纹的扩展,而促进了穿晶拉伸裂纹扩展,导致试样的剪切特征随着围压增大而越来越明显。

(2) 高温作用后,当 $T \leqslant 300$ ℃时,微裂纹在试样内随机分布;当 $T = 450$ ℃时,微裂纹贯通形成明显的宏观裂纹;而当 $T \geqslant 600$ ℃时,由于石英晶粒相变导致晶粒边界裂纹在试样中快速扩展,使得晶粒周围裂纹贯通,同时在石英晶粒中出现明显的穿晶拉伸裂纹。模拟得到的单轴压缩应力-应变曲线、峰值强度、弹性模量及最终破裂模式与试验结果吻合较好。随着温度升高,试样的破裂过程受到热裂纹的影响也越来越大,但试样在峰后一般表现为穿晶拉伸裂纹导致的宏观劈裂破坏为主。较高温度($T \geqslant 600$ ℃)作用后,试样承载结构遭到破坏,试样储存应变能的能力明显降低,所以峰后试样表现为明显的延性特征,裂纹增长速度明显降低。

(3) 数值模拟得到的花岗岩三轴压缩应力-应变曲线、峰值强度、损伤阈值、弹性模量、泊松比及最终破裂模式随温度及围压的变化与室内试验结果相同。当 $T \geqslant 600$ ℃时,随着围压升高试样变形为明显的脆性特征,主要是由于此时热裂纹控制试样的最终破裂模式,围压升高增加了试样储存应变能的能量,峰后在相同的能量释放面上导致试样破裂越来越剧烈。当 $T \leqslant 450$ ℃时,试样在三轴压缩下一般由多条剪切裂纹共同主导破坏;而当 $T \geqslant 600$ ℃时,试样一般由单一剪切裂纹主导破坏。通过分析试样的破裂过程可以看出:当 $T \leqslant 450$ ℃时,试样中晶粒强度随机分布,峰后会有多个初始剪切裂纹成核,在随后的加载过程中会形成多条剪切裂纹;而当 $T \geqslant 600$ ℃时,剪切裂纹通过贯通聚集成核的穿晶拉伸裂纹形成,易形成形式固定的剪切裂纹。

参考文献

[1] POTYONDY D O,CUNDALL P A.A bonded-particle model for rock[J]. International journal of rock mechanics and mining sciences,2004,41(8): 1329-1364.

[2] SCHÖPFER M P J,ABE S,CHILDS C,et al.The impact of porosity and crack density on the elasticity,strength and friction of cohesive granular materials:insights from DEM modelling[J].International journal of rock mechanics and mining sciences,2009,46(2):250-261.

[3] WU S C,XU X L.A study of three intrinsic problems of the classic discrete element method using flat-joint model[J]. Rock mechanics and rock engineering,2016,49(5):1813-1830.

[4] CHO N,MARTIN C D,SEGO D C.A clumped particle model for rock[J]. International journal of rock mechanics and mining sciences,2007,44(7): 997-1010.

[5] POTYONDY D O. A grain-based model for rock:approaching the true microstructure[C]//Proceedings of the rock mechanics in the Nordic Countries.Kongsberg,Norway:[s.n.],2010:225-234.

[6] SCHOLTÈS L,DONZÉF V.A DEM model for soft and hard rocks:role of grain interlocking on strength[J].Journal of the mechanics and physics of

solids,2013,61(2):352-369.

[7] IWASHITA K, ODA M. Rolling resistance at contacts in simulation of shear band development by DEM[J]. Journal of engineering mechanics, 1998,124(3):285-292.

[8] AI J,CHEN J F,ROTTER J M,et al. Assessment of rolling resistance models in discrete element simulations[J].Powder technology,2011,206(3):269-282.

[9] JIANG M J,SHEN Z F, WANG J F.A novel three-dimensional contact model for granulates incorporating rolling and twisting resistances[J]. Computers and geotechnics,2015,65:147-163.

[10] BARDET J P, HUANG Q. Numerical modeling of micropolar effects in idealized granular materials [C]//MEHRABADI M M. Mechanics of granular materials and powder systems.MD:ASME,1992:85-92.

[11] POTYONDY D O. PFC²ᴰ Flat-Joint Contact Model [Z]. Minneapolis, MN:Itasca Consulting Group,Inc.,2012.

[12] POTYONDY D O.A flat-jointed bonded-particle material for hard rock [C]//Proceedings of the 46th U. S. Rock Mechanics/Geomechanics Symposium, Chicago, USA, 24-27 June,2012.[S.l.:s.n.],2012.

[13] PORYONDY D O. PFC³ᴰ Flat-Joint Contact Model (version 1)[Z]. Minneapolis, MN:Itasca Consulting Group, Inc.,2013.

[14] Itasca Consulting Group, Inc. PFC v. 5. 0 [Z]. Minneapolis, MN: Itasca Consulting Group, Inc.,2017.

[15] VALLEJOS J A, SALINAS J M, DELONCA A, et al. Calibration and verification of two bonded-particle models for simulation of intact rock behavior [J].International journal of geomechanics,2017,17(4):06016030.

[16] DING X B,ZHANG L Y.A new contact model to improve the simulated ratio of unconfined compressive strength to tensile strength in bonded particle models[J]. International journal of rock mechanics and mining sciences,2014,69:111-119.

[17] JENSEN R P,BOSSCHER P J,PLESHA M E,et al.DEM simulation of granular media-structure interface: effects of surface roughness and particle shape [J]. International journal for numerical and analytical methods in geomechanics,1999,23(6):531-547.

[18] THOMAS P A, BRAY J D. Capturing nonspherical shape of granular media with disk clusters[J].Journal of geotechnical and geoenvironmental engineering,1999,125(3):169-178.

[19] BAHRANI N, KAISER P K, VALLEY B. Distinct element method simulation of an analogue for a highly interlocked, non-persistently jointed rockmass[J]. International journal of rock mechanics and mining sciences,2014,71:117-130.

[20] BAHRANI N, KAISER P K.Numerical investigation of the influence of specimen size on the unconfined strength of defected rocks[J].Computers and geotechnics,2016,77:56-67.

[21] HOFMANN H, BABADAGLI T, YOON J S, et al. A grain based modeling study of mineralogical factors affecting strength, elastic behavior and micro fracture development during compression tests in granites[J].Engineering fracture mechanics,2015,147:261-275.

[22] HOFMANN H, BABADAGLI T, ZIMMERMANN G. A grain based modeling study of fracture branching during compression tests in granites [J].International journal of rock mechanics and mining sciences,2015,77: 152-162.

[23] YANG S Q. Mechanical Behavior and Damage Fracture Mechanism of Deep Rocks[M].Singapore:Springer Nature Singapore,2022.

[24] CARPENTER M A,SALJE E K H,GRAEME-BARBER A.Spontaneous strain as a determinant of thermodynamic properties for phase transitions in minerals[J].European journal of mineralogy,1998,10(4):621-691.

[25] SHAO S,RANJITH P,WASANTHA P,et al.Experimental and numerical studies on the mechanical behaviour of Australian Strathbogie granite at high temperatures:an application to geothermal energy[J].Geothermics,2015,54: 96-108.

[26] YU Q L,RANJITH P G,LIU H Y,et al.A mesostructure-based damage model for thermal cracking analysis and application in granite at elevated temperatures[J]. Rock mechanics and rock engineering, 2015, 48 (6): 2263-2282.

[27] ZHAO Z H. Thermal influence on mechanical properties of granite: a

microcracking perspective [J]. Rock mechanics and rock engineering, 2016,49(3):747-762.

[28] ZHAO Z H, LIU Z N, PU H, et al. Effect of thermal treatment on Brazilian tensile strength of granites with different grain size distributions [J].Rock mechanics and rock engineering,2018,51(4):1293-1303.

[29] YANG S Q, TIAN W L, RANJITH P G.Failure mechanical behavior of Australian strathbogie granite at high temperatures: insights from particle flow modeling[J].Energies,2017,10(6):756.

[30] YANG S Q, TIAN W L, HUANG Y H.Failure mechanical behavior of pre-holed granite specimens after elevated temperature treatment by particle flow code[J].Geothermics,2018,72:124-137.

[31] LIU H, ZHANG K, SHAO S S, et al. Numerical investigation on the mechanical properties of Australian strathbogie granite under different temperatures using discrete element method[J].Rock mechanics and rock engineering,2019,52(10):3719-3735.

[32] POTYONDY D O. A grain-based model for rock:approaching the true microstructure [J]. Proceedings of rock mechanics in the Nordic Countries,2010:225-234.

[33] PENG J, WONG L N Y, TEH C I, et al.Modeling micro-cracking behavior of Bukit Timah granite using grain-based model[J].Rock mechanics and rock engineering,2018,51(1):135-154.

[34] IVARS D M, POTYONDY D O, PIERCE M, et al. The Smooth-Joint Contact Model [C]//Proceedings of the World Congress on Computational Mechanics and, European Congress on Computational Methods in Applied Sciences and Engineering.[S.l.:s.n.],2008.

[35] CHEN Y L, WANG S R, NI J, et al. An experimental study of the mechanical properties of granite after high temperature exposure based on mineral characteristics[J].Engineering geology,2017,220:234-242.

第6章 高温后花岗岩循环加卸载力学行为数值模拟研究

在核废料处置库的开挖建设及运行过程中，围岩不断承受周期荷载作用。循环加卸载主要分为恒定最大应力加卸载和递增最大应力加卸载两种方式。在工程实践中循环应力一般不是等幅值的，所以有必要研究递增最大应力循环加卸载岩石损伤演化机理。递增最大应力加卸载主要用于测试岩石弹性模量、残余应变、泊松比和能量在加载过程中的演化[1]，进而用于评价试样在加载过程中的损伤。借助声发射系统可以记录花岗岩破坏过程的声发射信号[2]，花岗岩振铃计数突变点大致在峰前90%处，可将此点作为判断花岗岩破坏的前兆[3]。同时，借助声发射定位技术，可以分析岩石全应力-应变曲线与累计声发射撞击数和事件数的时空分布关系，揭示岩石在压缩变形各个阶段的破裂演化机制[4-5]。

由于处置库围岩受到核废料衰变放热的影响，其力学行为将发生改变。高温作用引起花岗岩晶粒膨胀、脱水及化学变化，改变了花岗岩的基本物理特征[6-7]，进而影响了花岗岩的力学行为[8]。实时高温单轴压缩试验，温度可以达到1 200 ℃[9]，主要研究单轴压缩强度、变形、破裂及声发射特征随温度的变化[10]。实时高温常规三轴压缩试验对设备要求较高，使用液压油加热最高温度为600 ℃[11]，主要研究强度及剪切参数随温度的变化，结合声发射监测技术可以鉴别特征应力[12]。然而，试验手段较难获得高温作用花岗岩损伤破裂微细观机理，例如微裂纹及能量演化，需要借助考虑花岗岩细观结构的数值模拟软件来解决该问题。Zhao[13]使用PFC²ᴰ模拟了Lac du Bonnet花岗岩实时高温及高温作用后的裂纹分布情况。在此基础上，Yang等[14]使用PFC²ᴰ中的Cluster单元模拟了花岗岩实时高温单轴压缩力学行为，研究了高温及晶粒尺寸对花岗岩单轴压缩损伤破裂过程的影响。

可见，循环加卸载及高温作用花岗岩力学行为演化特征已有大量试验研究成果，但是室内试验较难从细观层面上观察高温后花岗岩三轴循环加卸载损伤破裂过程[15]。因此，本章在前人研究的基础上，使用PFC中的Cluster单元研究高温作用后花岗岩循环加卸载损伤破裂过程,为保障核废料处置库安全稳定运行提供一定的理论基础。

6.1　模拟方案

6.1.1　模拟加热过程

　　研究表明高温处理对矿物成分影响较小[16],高温主要影响矿物晶粒几何特征,所以在本次模拟过程中不考虑高温造成花岗岩矿物成分的改变,只模拟因高温作用矿物晶粒热膨胀导致热裂纹产生过程。在加温过程中,由于花岗岩的摩擦系数会随着温度升高几乎线性增加[17],所以模拟过程中需要考虑温度对摩擦系数的影响。采用均匀加热的方式模拟加热过程,每次加热 1 ℃,循环 100 次后继续加热,降温过程与加热过程相似。为了模拟石英发生 α-β 相变,当加温至 573 ℃时,赋值石英颗粒半径膨胀 1.004 6 倍[18]。同理,在降温至 573 ℃时,石英发生 β-α 相变,赋值石英颗粒半径缩小 0.995 4 倍。图 6-1 给出了高温 600 ℃后花岗岩内微裂纹分布特征。为了研究高温作用后花岗岩循环加卸载力学行为的变化,温度同样设定为常温和 600 ℃。

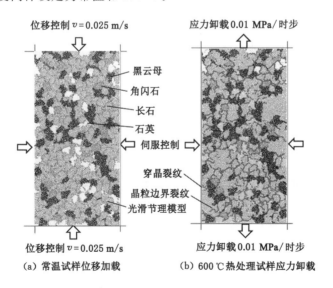

图 6-1　数值模拟热裂纹分布及循环加卸载过程

6.1.2　模拟循环加卸载

模拟循环加卸载时,其加载过程与单调加载相同:使用左右两侧墙对试样进行伺服控制,保持围压恒定,而上下端墙通过位移控制加载,速度设置为 0.025 m/s,如图 6-1(a)所示。当加载至设定轴向应变时进行卸压,卸压过程中侧向墙依然采用伺服控制,保持围压恒定,轴向采用伺服控制[19]。首先将轴向伺服控制压力设置为当前压力,并通过不断减小轴向压力(0.01 MPa/时步)进行卸压,当轴向偏应力减小至 1 MPa 时结束卸压,如图 6-1(b)所示。图 6-2 给出了循环加卸载典型应力、应变随时步的变化,从图中可以看出加载过程中轴向卸载应变不断增加,峰前设置 7 个循环,峰后设置 5 个循环,整个加载过程中围压保持不变。

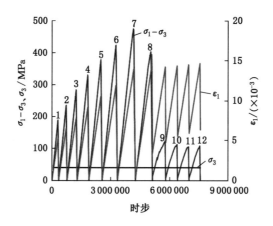

图 6-2　循环加卸载典型应力、应变随时步的变化

6.2　高温后花岗岩循环加卸载宏观力学行为

由于 PFC 中的细观参数与宏观力学行为之间不存在直接的关系,一般通过"试错法"匹配细观参数,即通过不断调整细观参数,使得模拟结果与试验结果能较好地匹配。由于 GBM 中含有的细观参数较多,在调试过程中首先固定石英、长石、黑云母和角闪石的细观参数,通过调整节理细观参数完成细观参数的标定。通过不断试错,得到了一组细观参数,如表 6-1 所示。

表 6-1　花岗岩晶粒内部及晶粒边界细观参数

细观参数	斜长石 (59.85%)	石英 (11.12%)	角闪石 (6%)	云母 (21.25%)
颗粒半径 r 范围/mm	0.150~0.245	0.150~0.245	0.150~0.245	0.150~0.245
密度 ρ/(kg/m³)	2 600	2 650	2 600	2 850
颗粒有效弹性模量 E_c/GPa	32	40	25	15
平行黏结有效弹性模量 $\bar{E}_c$/GPa	32	40	25	15
颗粒法向与切向刚度之比 k_n/k_s	1.7	1.0	1.6	1.1
平行黏结法向与切向刚度之比 $\bar{k}_n/\bar{k}_s$	1.7	1.0	1.6	1.1
颗粒摩擦系数 μ	1.2	1.2	1.2	1.2
平行黏结参考半径 g_r/mm	0.1	0.1	0.1	0.1
平行黏结半径因子 $\bar{\lambda}$	0.6	0.6	0.6	0.6
弯矩贡献系数 $\bar{\beta}$	1	1	1	1
平行黏结法向强度 σ_n/MPa	106	121	106	60
平行黏结黏聚力 $\bar{c}$/MPa	276	291	276	160
平行黏结内摩擦角 $\bar{\varphi}$/(°)	50	50	50	50
光滑节理法向刚度系数 sj_nsf	0.6			
光滑节理切向刚度系数 sj_ssf	0.95			
光滑节理摩擦系数 sj_fric	1.2			
光滑节理法向强度 sj_ten/MPa	4			
光滑节理黏聚力 sj_coh/MPa	60			
光滑节理膨胀角 sj_φ/(°)	50			
颗粒线膨胀系数 K^{-1}/(×10⁻⁶)	8.7	24.3	28.0	3.0

　　为了验证该模拟方法的可行性,首先进行高温作用后常规三轴压缩模拟,图 6-3 给出了花岗岩三轴压缩峰值强度随温度及围压的演化特征。从图中可以看出:单轴压缩下,峰值强度在 $T=150$ ℃时略有升高,其后开始缓慢下降,而在 $450\sim600$ ℃时开始快速降低,其后缓慢降低。当 $\sigma_3=10$ MPa 时,在 $T\leqslant450$ ℃ 时,峰值强度随着温度的增加波动降低,但变化不明显,而在 $T=600$ ℃时有较大的突降,其后随温度增加变化不明显。当 $\sigma_3\geqslant20$ MPa 时,在 $T\leqslant450$ ℃时,温度对峰值强度的影响不大,但当 $T=600$ ℃时,峰值强度都会有较大的突降。数值模拟得到的不同围压下峰值强度随温度的演化趋势与室内试验结果吻合较

好,说明该组细观参数可以较好地反映高温作用后花岗岩的三轴力学行为。在此基础上,可以开展高温作用后花岗岩循环加卸载研究。

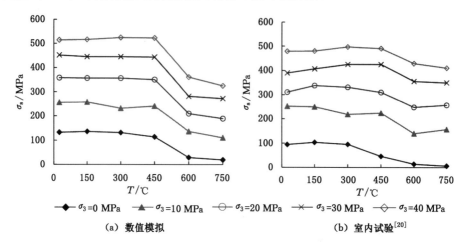

图 6-3　高温作用后花岗岩试样常规三轴压缩峰值强度随温度及围压的变化

图 6-4 为不同高温作用后花岗岩试样单调加载与循环加卸载应力-应变曲线室内试验及数值模拟结果。从图中可以看出,当 $T=25$ ℃时,总体上峰前循环加卸载应力-应变曲线与单调加载曲线吻合较好,表现为良好的记忆特征。而当 $T=600$ ℃时,由于此时试样内热裂纹较多,循环加卸载应力-应变曲线与单调加载曲线差别较大,其峰值强度明显降低。针对产生该现象的原因,接下来将从细观层面予以解释。由图 6-4 还可以看出:常温单轴压缩峰后呈现脆性破坏,而围压作用下试样具有一定的残余强度;600 ℃高温处理后单轴压缩单调加载峰后残余强度不明显,而循环加卸载存在一定的残余强度,三轴压缩下残余强度有所增加。

在偏应力较小时,加载和卸载过程中轴向应力-应变曲线存在明显的下凹段,说明在卸载过程中当应力较小时试样中的裂隙会张开,而在加载过程中裂隙会重新闭合。同时可以看出随着围压的增大,下凹段越来越不明显,说明围压在一定程度上抑制了裂隙的张开。而峰后下凹段更加明显,说明加载过程中造成的裂隙在卸载过程中也会在一定程度上张开。但第一次卸载后,继续加载对应的下凹段有所减弱,可能由于第一次循环加卸载导致部分闭合的裂隙未能完全张开。

压密阶段结束后进入弹性阶段,从图 6-4 中可以看出即使试样中已经出现

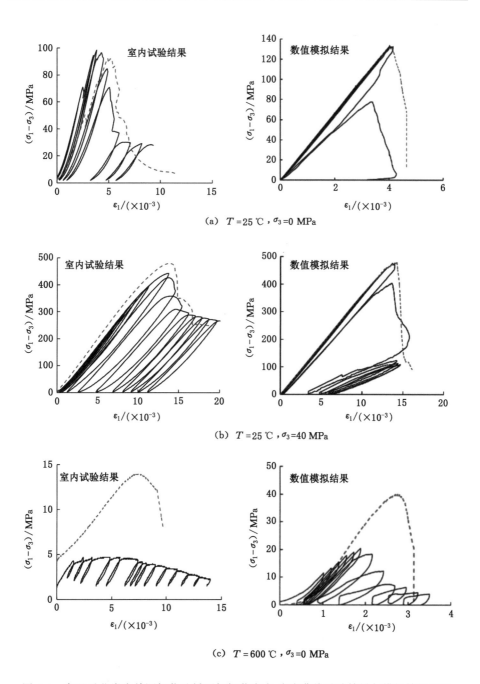

(a)　$T=25\ ℃$，$\sigma_3=0\ MPa$

(b)　$T=25\ ℃$，$\sigma_3=40\ MPa$

(c)　$T=600\ ℃$，$\sigma_3=0\ MPa$

图 6-4　高温后花岗岩单调加载及循环加卸载应力-应变曲线试验结果与模拟结果对比

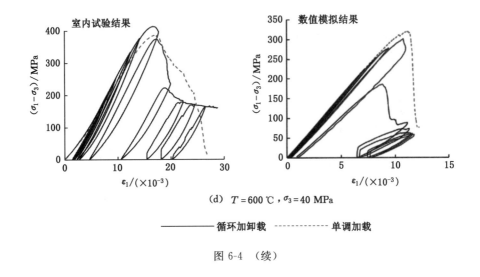

(d)　$T = 600\ ℃$，$\sigma_3 = 40\ MPa$

——————— 循环加卸载　　---------- 单调加载

图 6-4　（续）

损伤，依然存在弹性阶段，说明试样虽然已经出现损伤，即使在峰后阶段，但当应力不足以使裂纹继续扩展或剪切面产生滑移时，试样依然表现为弹性特征。弹性阶段结束后进入塑性阶段，此时应力-应变曲线表现为上凸特征。塑性阶段在峰前表现不明显，但峰后随着循环次数的增加塑性特征越来越明显。由于数值模拟试样内不存在初始缺陷，且峰后残余强度较低，只能在一定程度上反映高温后花岗岩力学行为的演化特征。接下来将结合室内试验和数值模拟对循环加卸载对变形及裂纹演化特征的影响展开分析。

　　从应力-应变曲线中可以提取加载段弹性模量，如图 6-5 所示。从图 6-5(a)、(b)可以看出，常温下弹性模量总体上随着循环次数呈现先增加后基本稳定、其后缓慢降低至快速降低、最后趋于稳定的变化趋势。这主要是因为加载前期会造成原生裂隙孔隙闭合，导致试样的弹性模量有所升高；当裂隙闭合后试样进入弹性阶段，加载时试样内裂纹产生较少，弹性模量变化不大；加载到一定程度后，试样内裂纹不断萌生贯通，承载结构不断损伤，导致试样的弹性模量不断降低；峰后弹性应变能释放，试样内宏观裂纹形成，弹性模量快速降低；当试样内的宏观裂纹形成后，试样承载结构达到新的平衡，进入残余强度阶段，此时弹性模量变化不大。同时，随着围压的增大，在相同加载次数时弹性模量不断增大。这说明围压在一定程度上增加了试样的刚度，同时在加载过程中一定程度上抑制了裂纹的萌生。

　　而 600 ℃高温处理后，试样内含有大量热裂纹，导致弹性模量初始增加段及随围压的变化更加明显，如图 6-5(c)、(d)所示。

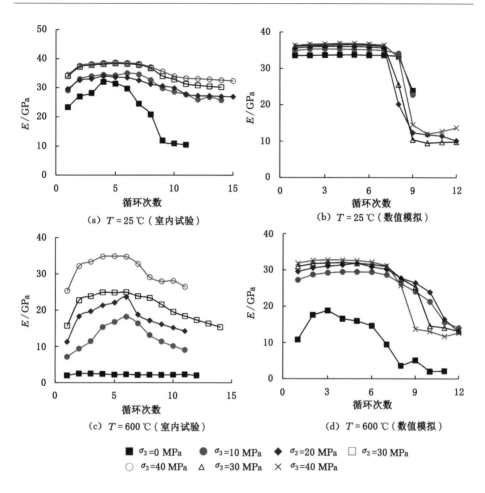

图 6-5　不同高温作用后花岗岩弹性模量随循环次数的变化

　　由于数值模拟试样不具有初始缺陷,故弹性模量初始上升段不明显。从图6-5(b)可以看出,常温下花岗岩弹性模量总体呈现峰前基本不变、峰后快速降低,而进入残余强度阶段基本不变的特征。由于单轴及 10 MPa 围压下试样残余强度较低,未进行循环加卸载模拟。同时由于缺少初始缺陷,导致常温下试样弹性模量对围压不敏感。而当试样经过 600 ℃ 高温处理后,试样内存在大量的热裂纹,如图 6-5(d)所示,导致弹性模量随循环次数的演化特征发生明显变化:初始加载闭合部分热裂纹,弹性模量会随着循环次数缓慢上升;其后,弹性模量开始缓慢降低;而当试样加载至峰后时,弹性模量开始快速下降。此时弹性模量相较于常温下对围压更加敏感,随着围压升高不断增加。总体上,不同高温处理后试样的弹性模量随循环次数及温度演化特征与室内试验结果相似。

试样破坏过程中会伴随离散分布于试样内部的微裂纹萌生扩展,室内试验主要观察到宏观裂纹,而对离散分布于试样内的微裂纹观察较少,而数值模拟可以较好地记录微裂纹产生的时间及位置,但大量的微裂纹存在导致宏观裂纹不明显。为了对比试样最终破裂模式室内试验及数值模拟结果,本章按照微裂纹对应颗粒相对位移量进行裂纹筛选,并得到宏观裂纹分布特征,如图 6-6 和图 6-7 所示。

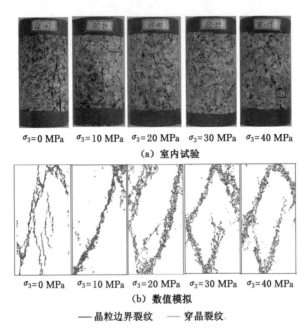

$\sigma_3=0$ MPa　$\sigma_3=10$ MPa　$\sigma_3=20$ MPa　$\sigma_3=30$ MPa　$\sigma_3=40$ MPa

(a) 室内试验

$\sigma_3=0$ MPa　$\sigma_3=10$ MPa　$\sigma_3=20$ MPa　$\sigma_3=30$ MPa　$\sigma_3=40$ MPa

(b) 数值模拟

—— 晶粒边界裂纹　—— 穿晶裂纹

图 6-6　常温下花岗岩循环加卸载试样最终破裂模式

常温下,单轴压缩下试样主要以劈裂破坏为主,且裂纹主要在晶粒边界萌生扩展;而 10 MPa 围压下试样以单剪切裂纹破坏为主,但此时裂纹依然存在于晶粒边界;随着围压升高,试样以共轭剪切破坏为主,且穿晶裂纹逐渐增多。Yang 等[21]通过偏光显微镜观察不同围压下的裂纹细观结构,证明穿晶裂纹随围压不断增加,在一定程度上说明了该数值模拟方法可以反映试样破裂的细观特征。

如图 6-7 所示:600 ℃高温作用后,单轴压缩下试样依然以劈裂破坏为主,且主要为晶粒边界裂纹;常规三轴下试样以单剪切裂纹破坏为主,随着围压增高剪切裂纹带上的分支逐渐减少,且穿晶裂纹的比例逐渐增大。对比室内试验结

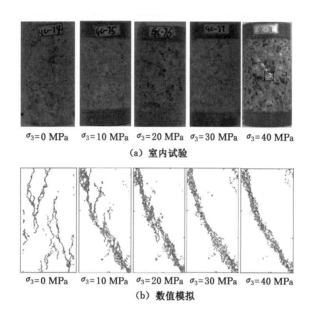

$\sigma_3=0$ MPa　　$\sigma_3=10$ MPa　　$\sigma_3=20$ MPa　　$\sigma_3=30$ MPa　　$\sigma_3=40$ MPa

（a）室内试验

$\sigma_3=0$ MPa　　$\sigma_3=10$ MPa　　$\sigma_3=20$ MPa　　$\sigma_3=30$ MPa　　$\sigma_3=40$ MPa

（b）数值模拟

图 6-7　600 ℃高温作用后花岗岩循环加卸载试样最终破裂模式

果可以看出数值模拟可以在一定程度上反映宏观裂纹随温度及围压的演化特征。

　　通过上述分析可以看出，数值模拟得到的高温作用花岗岩应力-应变曲线特征、弹性模量随循环次数的演化特征及最终破裂模式与室内试验结果相似，在一定程度上证明了该数值模拟方法的可行性。因室内试验较难观察试样的破裂过程，因此接下来将使用该数值模拟方法对高温作用后花岗岩循环加卸载裂纹演化特征展开分析。

6.3　高温后花岗岩循环加卸载裂纹演化特征

　　通过分析微裂纹演化过程，可较好地探究试样循环加卸载损伤破裂机理。图 6-8 给出了未经高温处理花岗岩在 40 MPa 围压下循环及单调加载过程中裂纹演化特征。从图 6-8（a）可以看出：峰前循环加卸载应力-应变曲线及裂纹演化曲线与单调加载曲线吻合较好，说明循环加卸载在峰前对试样损伤演化影响不大。由于围压影响，初始加载微裂纹类型以晶粒边界裂纹为主，而随着加载进行试样主要出现穿晶裂纹。峰值点附近微裂纹快速增加，且主要以穿晶裂纹为主。此时剪切带快速形成,剪切带穿过晶粒,产生较多穿晶裂纹。峰后循环加卸载应力-应变曲线及微裂纹演化曲线与单调加载曲线发生偏离,微裂纹数目在初始卸载段开始增多;继续加载过程中,当应力未达到前次加载最大应力时即出现裂纹增多的现象(Felicity效应)。此时循环加卸载对应的穿晶裂纹及沿晶裂纹数目明显大于单调加载的,且穿晶裂纹增加明显。峰后应力快速下降,并进入残余强度阶段。残余强度阶段,剪切带两侧岩体反复摩擦,造成循环加卸载对应微裂纹数目明显大于单调加载的。从图6-8(b)可以看出,残余强度阶段,循环加卸载对应的晶粒边界裂纹数目明显大于单调加载的,在一定程度上说明剪切带两侧岩体摩擦主要导致晶粒脱落,产生较多的晶粒边界裂纹。

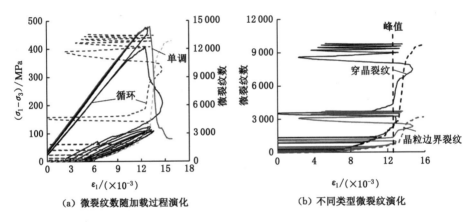

(a) 微裂纹数随加载过程演化　　　(b) 不同类型微裂纹演化

图 6-8　未经高温处理花岗岩在循环及单调加载过程中微裂纹演化特征($\sigma_3 = 40$ MPa)

由于 600 ℃高温作用后试样内存在大量的热裂纹,导致单轴压缩下循环加卸载裂纹演化特征与单调加载时存在明显区别,如图6-9所示。由于承载结构的破坏,卸载过程中试样内微裂纹继续增加,同时加载过程中 Felicity 效应明显,一旦加载微裂纹数即开始增加。所以,第1次加载后循环加卸载应力-应变曲线及微裂纹演化曲线与单调加载就产生了分离。当加载至第5次时,试样内晶粒边界裂纹数目明显大于穿晶裂纹数目,循环加卸载对应的晶粒边界裂纹数目大于单调加载的,而穿晶裂纹数目基本相等,在一定程度上说明循环加卸载过程主要是晶粒边界裂纹不断扩展。同时由于循环加卸载过程中晶粒边界裂纹的不断扩展,导致循环加卸载对应的峰值强度明显小于单调加载的。峰后应力开始缓慢下降,循环加卸载对应的微裂纹演化曲线与单调加载的分离更加严重。

此时晶粒边界裂纹和穿晶裂纹数目都有所增加,且循环加卸载对应的晶粒边界裂纹数目与单调加载的差别更大。此时试样主要以微裂纹之间的不断贯通为主,无明显宏观裂纹形成。而当试样破坏时,循环加卸载对应的穿晶裂纹数目明显小于单调加载的。产生该现象的主要原因为,循环加卸载宏观裂纹扩展速度相对单调加载的慢,有较多的时间调整,所以裂纹总体沿晶粒边界扩展;而在单调加载过程中,宏观裂纹扩展较快,当裂纹扩展路径经过晶粒时更容易穿越晶粒。该现象与 Ju 等[22]通过理论及室内试验的研究结果相似,裂纹扩展增大更容易产生穿晶裂纹。

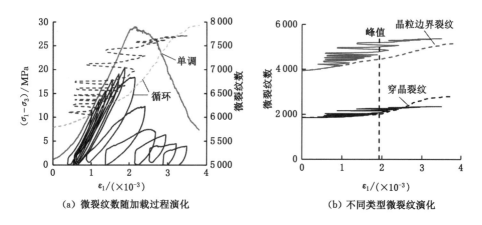

（a）微裂纹数随加载过程演化　　　（b）不同类型微裂纹演化

图 6-9　600 ℃高温处理花岗岩单轴压缩过程中微裂纹演化特征

围压在一定程度上增强了高温损伤后试样的承载能力,导致循环加卸载应力-应变曲线及微裂纹演化曲线与单调加载之间的区别有所减小,如图 6-10 所示。峰前循环加卸载应力-应变曲线及微裂纹演化曲线与单调加载的产生分离,导致循环加卸载对应的峰值强度略低于单调加载的。此时试样内穿晶裂纹数量快速增加,且循环加卸载对应的穿晶裂纹明显较单调加载的多,而晶粒边界裂纹增加不明显。峰值处微裂纹开始快速增加,且循环加卸载对应的裂纹数与单调加载的差距不断在增大。峰后卸载过程中裂纹数目持续增加,且 Felicity 效应明显。而当试样加载至残余强度阶段,由于剪切带的滑动,裂纹数目持续增加,但此时主要增加的是穿晶裂纹。由于高温作用,穿晶裂纹扩展充分,晶粒强度降低明显,所以峰后残余强度阶段主要产生大量穿晶裂纹,晶粒被压碎,出现大量粉末。

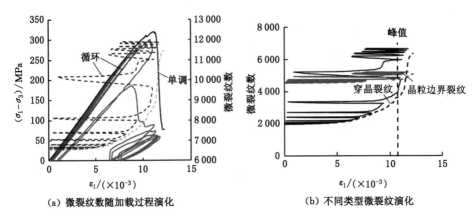

图 6-10　600 ℃高温处理花岗岩常规三轴压缩过程中微裂纹演化特征($\sigma_3 = 40$ MPa)

6.4　讨论

为了验证数值模拟结果的可行性,图 6-11、图 6-12 分别给出了试样三轴压缩破裂后裂纹远场及近场处偏光显微结果。

从图 6-11 可以看出加载对裂纹远场处的影响较小。常温下晶粒之间嵌锁紧密,晶粒较完整,但部分晶粒处会有一定的缺陷,该缺陷可能为原始缺陷。原始缺陷的存在在一定程度上造成了应力-应变曲线在初始压缩时产生非线性压密段。而 600 ℃高温处理后,试样内存在大量的穿晶裂纹及晶粒边界裂纹,与图 6-9 和图 6-10 对应的结果相似。由于大量穿晶裂纹及晶粒边界裂纹的存在,造成其力学行为与常温下明显不同。

图 6-12 给出了宏观裂纹近场处偏光显微结果,从图中可以看出不同高温作用下试样破裂特征明显不同。未经高温处理花岗岩宏观裂纹两侧较光滑,周围晶粒破坏较少,宏观破坏对周围晶粒影响较小,同时由于循环荷载作用,裂纹处存在明显的晶粒脱落现象[图 6-12(a)],该现象与图 6-8 得到的结论相似。高温处理后,宏观裂纹面较粗糙,同时宏观裂纹两侧的晶粒破坏较裂纹远场处明显严重,说明宏观破坏对周围晶粒影响较大。同时在宏观裂纹处存在明显的晶粒压碎现象,出现大量粉末,该结果与图 6-10 得到的结论相同。通过对高温处理后花岗岩破裂处的偏光显微分析,在一定程度上说明使用 GBM 模型可以分析高温处理后花岗岩循环加卸载细观力学行为。

(a) $T = 25\ ℃$　　　　　　　　(b) $T = 600\ ℃$

图 6-11　宏观裂纹远场偏光显微结果$(\sigma_3 = 40\ \text{MPa})$

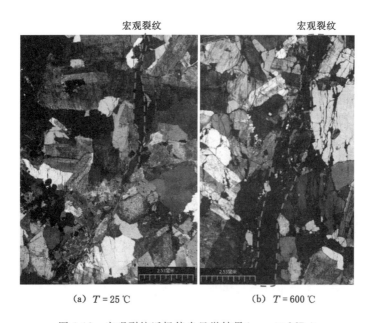

(a) $T = 25\ ℃$　　　　　　　　(b) $T = 600\ ℃$

图 6-12　宏观裂纹近场偏光显微结果$(\sigma_3 = 40\ \text{MPa})$

6.5　本章小结

　　本章使用数值模拟方法对高温处理后花岗岩三轴循环加卸载损伤演化特征展开分析,研究了应力-应变曲线响应、弹性模量随温度及围压的演化特征及试

样的损伤破裂过程,主要得到以下结论:

(1) 采用 PFC 中的 GBM 单元构建了花岗岩试样并开展了高温作用后常规三轴压缩及循环加卸载模拟,通过模拟获得的高温后花岗岩循环加卸载应力-应变曲线、弹性模量及最终破裂模式随温度及围压的演化与室内试验结果吻合较好。

(2) 弹性模量随循环次数变化主要分为峰前阶段、峰后破裂阶段及残余强度阶段。600 ℃处理后试样内存在大量热裂纹,弹性模量在峰前阶段会存在明显上升阶段,且对围压更加敏感。

(3) 未经高温处理花岗岩在三轴压缩初始阶段主要产生晶粒边界裂纹,其后穿晶裂纹占主导地位。进入残余强度后,剪切带两侧反复摩擦,导致大量晶粒脱落。

(4) 600 ℃高温处理后,单轴循环加卸载过程都会对应微裂纹增加(主要增加晶粒边界裂纹),所以循环加卸载峰值强度较单调加载的明显降低。而高围压限制了卸载过程中微裂纹数目增加及 Felicity 效应,循环加卸载峰值强度与单调加载的差距明显减小。同时由于热处理导致晶粒强度降低,剪切带两侧反复摩擦,产生大量穿晶裂纹。

参考文献

[1] 杨小彬,程虹铭,吕嘉琦,等.三轴循环荷载下砂岩损伤耗能比演化特征研究[J].岩土力学,2019,40(10):3751-3757,3766.

[2] 李庶林,周梦婧,高真平,等.增量循环加卸载下岩石峰值强度前声发射特性试验研究[J].岩石力学与工程学报,2019,38(4):724-735.

[3] 刘亚运,苗胜军,魏晓,等.三轴循环加卸载下花岗岩损伤的声发射特征及能量机制演化[J].矿业研究与开发,2016,36(6):68-72.

[4] 赵星光,马利科,苏锐,等.北山深部花岗岩在压缩条件下的破裂演化与强度特性[J].岩石力学与工程学报,2014,33(增刊2):3665-3675.

[5] 赵星光,李鹏飞,马利科,等.循环加、卸载条件下北山深部花岗岩损伤与扩容特性[J].岩石力学与工程学报,2014,33(9):1740-1748.

[6] 刘芳,徐金明.基于试验视频图像的花岗岩细观组分运动过程研究[J].岩石力学与工程学报,2016,35(8):1602-1608.

[7] 陈亮,刘建锋,王春萍,等.北山深部花岗岩弹塑性损伤模型研究[J].岩石力

学与工程学报,2013,32(2):289-298.

[8] 孙强,张志镇,薛雷,等.岩石高温相变与物理力学性质变化[J].岩石力学与工程学报,2013,32(5):935-942.

[9] SHAO S S,RANJITH P G,WASANTHA P L P,et al.Experimental and numerical studies on the mechanical behaviour of Australian Strathbogie granite at high temperatures: an application to geothermal energy [J]. Geothermics,2015,54:96-108.

[10] XU X L,ZHANG Z Z.Acoustic emission and damage characteristics of granite subjected to high temperature[J].Advances in materials science and engineering,2018,2018:8149870.

[11] ZHAO Y S,FENG Z J,ZHAO Y,et al.Experimental investigation on thermal cracking, permeability under HTHP and application for geothermal mining of HDR[J].Energy,2017,132:305-314.

[12] CHEN G Q,WANG J C,LI J,et al.Influence of temperature on crack initiation and propagation in granite [J]. International journal of geomechanics,2018,18(8): 04018094.

[13] ZHAO Z H.Thermal influence on mechanical properties of granite: a microcracking perspective [J]. Rock mechanics and rock engineering, 2016,49(3):747-762.

[14] YANG S Q,TIAN W L,HUANG Y H.Failure mechanical behavior of pre-holed granite specimens after elevated temperature treatment by particle flow code[J].Geothermics,2018,72:124-137.

[15] 刘静,李江腾.基于颗粒流的大理岩三轴循环加卸载细观损伤特性分析[J].中南大学学报(自然科学版),2018,49(11):2797-2803.

[16] 黄彦华,陶然,陈笑,等.高温后花岗岩断裂特性及热裂纹演化规律研究[J].岩土工程学报,2023,45(4):739-747.

[17] MITCHELL E K,FIALKO Y,BROWN K M.Temperature dependence of frictional healing of Westerly granite: experimental observations and numerical simulations[J].Geochemistry,geophysics,geosystems,2013,14(3):567-582.

[18] TIAN W L,YANG S Q,HUANG Y H.Macro and micro mechanics behavior of granite after heat treatment by cluster model in particle flow

code[J].Acta mechanica sinica,2018,34(1):175-186.

[19] 田文岭,杨圣奇,方刚.煤样三轴循环加卸载力学特征颗粒流模拟[J].煤炭学报,2016,41(3):603-610.

[20] YANG S Q,TIAN W L,ELSWORTH D,et al.An experimental study of effect of high temperature on the permeability evolution and failure response of granite under triaxial compression[J].Rock mechanics and rock engineering,2020,53(10):4403-4427.

[21] YANG S Q,TIAN W L,RANJITH P G.Experimental investigation on deformation failure characteristics of crystalline marble under triaxial cyclic loading[J].Rock mechanics and rock engineering,2017,50(11):2871-2889.

[22] JU M H,LI J C,LI X F,et al.Fracture surface morphology of brittle geomaterials influenced by loading rate and grain size[J].International journal of impact engineering,2019,133:103363.

第7章　高温后花岗岩渗透特性数值模拟研究

由于岩体属于不透明介质,液体在试样中的渗流过程难以被直接观察,且现有的试验手段往往只能从整体上对岩石的渗透特征进行评价。由于岩体具有非均质、各向异性特征,液体在岩体中的渗流过程会受到试样中微裂隙和节理的影响。随着计算机技术的发展,数值模拟因其可以观察到渗流过程,已经被广泛应用于岩体的渗流研究。

数值模拟主要分为有限元和离散元两种方法,有限元需要的计算量较小,前期得到了广泛的应用。Tang 等[1]使用 FSD 模型在 F-RFPA 中计算试样三轴压缩过程中渗透率演化过程,结果表明该模拟结果与试验结果吻合较好,将渗透演化过程分为 3 个阶段:弹性压缩阶段渗透率不断降低,非线性阶段渗透率降低速度逐渐减小并开始逐渐上升,峰后渗透率突增。Liu 等[2]在 COMSOL 中使用考虑气体迁移和试样变形的方程研究甲烷渗透过程中动态吸附特征,同时使用根据双孔弹性理论的渗流模拟研究了平衡时间与渗透特征的关系。Alemdag[3]使用有限单元法评估了坝基安山石的渗透特征,结果表明该坝的渗漏风险较小。Kjøller 等[4]将 CT 扫描得到的裂隙分布导入 ABAQUS 中,模拟了不同地应力下裂隙岩体的渗流特征。Cao[5-6]使用有限差分和有限单元法分析了气缸中截留空气对气体渗透率的影响,结果表明气体与水混合物的可压缩特征是影响气缸内气压衰减的主要因素,气体泡沫显著增加了液体的可压缩性,延长了液体脉冲衰减时间,从而低估了试样的渗透率。Xiong 等[7]使用 3D 扫描技术将破裂面导入 FVM 中,模拟了法向和剪切应力作用下渗透率的演化特征,并根据计算结果拟合了破裂面接触面积、粗糙度与水力张开度的关系。Ogata 等[8]使用 COMSOL 模拟了 THMC 耦合作用下含单节理花岗岩及泥岩渗透率及离子含量的变化,结果表明该方法可以较好地模拟渗透过程中由于离子溶解导致的渗透率演化。Liu 等[9]研究了含不同粗糙度节理试样在剪切过程中的渗透演化特征,结果表明线性流动区域到非线性流动区域的转化点在 $10^{-4} \sim 10^{-3}$。Daish

等[10]使用数值模拟方法计算了各向异性多孔材料的渗透特征,结果表明使用次网格界面模型可以较精确地模拟流体的流动及压拉场。

随着计算机技术的发展,离散元因其可以较好地反映岩石的破裂过程,逐渐成为模拟含节理岩体及岩体破裂过程渗透特征演化的理想手段。离散元思想在20世纪70年代被提出,主要思想是使用显式或者隐式算法计算颗粒或者块体的运动,并在每次计算中更新颗粒的运动及接触状态。Itasca公司的UDEC和PFC为常用离散元软件,已经被广泛应用于岩体力学及渗流特征模拟。Yao等[11]使用UDEC研究了含单节理及交叉节理对试样渗透率的影响,同时研究了不同围压下完整及含节理试样在三轴压缩过程中的渗透率演化,结果表明节理倾角、长度及垂直交叉节理的位置都会对试样渗透率产生影响,围压增加在一定程度上抑制了试样峰后的渗透率突增。Chen等[12]首先使用稳定压力渗透试验标定了液体参数,并模拟了不同工况下含不同矿物晶粒花岗岩水压致裂行为。Tan等[13]使用UDEC在细观层面模拟了花岗岩在三轴压缩过程中渗透率的演化特征,结果表明渗透率与体积应变具有较好的线性关系。Mansouri等[14]提出了模拟压缩颗粒中的液体渗透的离散元方法,对于非黏结颗粒材料,该方法与经典渗透数据吻合较好,同时3种简单黏结模型被用于研究黏结程度对渗透率的影响,结果表明沉淀过程会对渗透率产生较大影响。Zeng等[15]通过定义颗粒破裂后的初始裂隙张开度的方式改进了PFC中的原有渗透程序,该方法可以较好地模拟三轴压缩过程中渗透率的演化特征,并分析了破裂过程中试样内水压及流速的分布特征。

前人主要针对均质岩体及含节理岩体展开研究,较少考虑矿物晶粒分布对试样渗透率的影响。虽然使用UDEC可以考虑晶粒岩体的渗流,但在UDEC中晶粒被认为是不透水材料。为了研究花岗岩的高温渗透特征,本章同时考虑晶粒内部、晶粒边界及接触破裂后渗透行为的不同,对原有程序进行改进,模拟高温作用后花岗岩的渗透率随有效应力的变化。

7.1 流固耦合在PFC^{2D}中的实现

在已生成的平行黏结颗粒试样中,流体域被定义为颗粒接触所围成的区域,如图7-1(a)所示。该流体域用来存储流体,根据流体体积的变化可以计算流体域内压力的变化。当两相邻流体域之间存在压力差时,流体会通过流体域之间的流动通道进行流动。该流动通道定义在两颗粒的接触位置,连接两个流体域,

流动通道的流速 q 可以根据流动通道特征及两流体域孔压差确定:

$$q = k_1 a^3 \frac{(p_2 - p_1)}{L} t \qquad (7\text{-}1)$$

式中:k_1 为细观水力传导系数;a 为细观流动通道张开度;L 为流动通道长度,为相邻两颗粒半径之和;p_1 和 p_2 分别为流体域 1 和 2 的孔压;t 为颗粒厚度,PFC^{2D} 中默认为单位厚度 1。

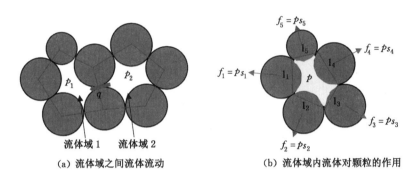

(a) 流体域之间流体流动   (b) 流体域内流体对颗粒的作用

图 7-1 PFC^{2D} 流体结构示意图

流动通道的张开度通常被认为是颗粒之间的空隙宽度,但在 PFC^{2D} 中完整试样颗粒之间不存在空隙。为了反映完整试样的渗透特性,对于没有破坏的黏结赋值一定的残余张开度,即黏结未破坏且法向作用力为零时流动通道的张开度。当法向压力作用在该黏结(流动通道)上时,会造成流动通道张开度减小。为了简化计算且符合经验规律,可以将在法向力 F 作用下的张开度 a 定义为:

$$a = \frac{a_0 F_0}{F + F_0} \qquad (7\text{-}2)$$

式中:a_0 为接触力为零时的残余张开度;F_0 为流动通道张开度减小为残余张开度一半时对应的法向作用力。从式(7-2)中可以看出,当法向力 F 为零时,$a = a_0$;当法向力 F 等于 F_0 时,$a = 0.5 a_0$;当法向力 F 趋近于无穷大时,张开度趋近零。虽然对于应力与张开度之间的关系学者们进行了大量的公式拟合,本书第 4 章中也对力与张开度的关系进行了描述,但不同公式对最终结果影响不大,为了方便计算,依然采用式(7-2)表示力与张开度的关系。

黏结状态下,拉力会造成流动通道张开度伴随黏结的张开而增大,拉力作用下流动通道张开度可以表示为:

$$a = a_0 + mg \qquad (7\text{-}3)$$

式中:g 为连接通道相邻颗粒之间的空隙宽度;m 为空隙宽度与流动通道张开度之间的转换系数。

在每个计算时步 Δt 内,由于流动通道内液体的流动及流体域本身体积变化导致的流体域孔压的变化(Δp)可以表示为:

$$\Delta p = \frac{K_f}{V_d}\left(\sum q\Delta t - \Delta V_d\right) \tag{7-4}$$

式中:K_f 为流体体积模量;V_d 为当前流体域体积;$\sum q$ 为流体域周围流动通道的流速之和;ΔV_d 为力作用下导致的流体域体积的增量。

流体域内的孔压会对周围颗粒产生一定的压力,由于流体域足够小,所以可认为在流体域内孔压是均匀分布的。则孔压对周围颗粒的作用力可以表示为:

$$f_i = pn_is_i \tag{7-5}$$

式中:p 为流体域内的孔压;n_i 为颗粒接触连线的法向向量;s_i 为颗粒接触连线的长度。见图 7-1(b)。

上述流固耦合算法中只考虑了颗粒黏结且均匀分布状态下流体的流动过程,而花岗岩由矿物晶粒组成,矿物晶粒内部与晶粒边界之间的渗透系数存在较大差别,且在热应力和外力作用下产生破裂会对试样的渗透率产生较大影响。针对原有程序不能模拟颗粒破裂的问题,学者们进行了大量的改进工作。Hazzard 等[16]、Al-Busaidi 等[17] 及 Zhao 等[18] 提出在黏结破坏后,黏结连接的两个流体域瞬间连通,两流体域的孔压($p_f{}'$)为原流体域孔压(p_{f1},p_{f2})的平均值:

$$p_f{}' = \frac{p_{f1} + p_{f2}}{2} \tag{7-6}$$

在此基础上,Zhou 等[20]考虑了连通流体域的体积不同,并改进了平均孔压的计算方法:

$$p_f{}' = \left[\frac{V_{f1} + V_{f2}}{(V_{r1} + V_{r2})\varphi} - 1\right]K_f \tag{7-7}$$

式中:V_{f1} 和 V_{f2} 分别为孔压为零时流体域 1 和流体域 2 的体积;V_{r1} 和 V_{r2} 分别为流体域 1 和流体域 2 的当前体积;φ 为表观孔隙率。

但是上述改进的基本思想是黏结一旦破坏,两相邻流体域的液体瞬间贯通。而现实中即使试样中产生裂纹,流体在试样中的流通仍具有一定的阻力,流动过程需要一定时间。所以,在此基础上,Zeng 等[15]对裂纹形成进行识别,重新定义了一套在裂纹位置处的流动通道,并对流动通道的初始张开度进行赋值,较好地模拟了泥岩三轴压缩过程中渗透率的演化趋势。

在原有流固耦合算法的基础上,考虑晶粒内部流动通道、晶粒边界流动通道及微裂纹对应流动通道的不同,本章定义了不同的初始流动通道初始张开度,如图 7-2 所示,根据接触类型及裂纹的分布状态,分别定义了晶粒内部流动通道[图 7-2(b)]、晶粒边界流动通道[图 7-2(c)]及裂纹流动通道[图 7-2(d)]。由于在细观层面上对完整岩石晶粒内部及边界、破裂后岩石张开度的研究较少,无法准确确定不同接触状态下流动通道的张开度。但在常规认识中,破裂后流动通道张开度明显大于晶粒边界流动通道张开度,而晶粒边界流动通道张开度明显大于晶粒内部流动通道张开度。Matthäi 等[20]根据现场数据表明:当裂隙与基质渗透率之比小于 10^2 时,裂隙对流体扰动较小;当裂隙与基质渗透率之比在 $10^3 \sim 10^4$ 时,裂隙对渗透性的贡献与基质相同;当裂隙与基质渗透率之比在 $10^5 \sim 10^6$ 时,渗透率主要取决于裂隙。第 4 章试验结果表明当试样内出现热裂纹后,渗透率会产生数量级上的增加,所以可以认为热裂纹对试样渗透率影响较大,根据立方定律可知,裂纹的初始张开度应该为基质张开度的 $46 \sim 100$ 倍。在计算过程中,为了保持系统稳定,临界时步 Δt 可以表示为:

$$\Delta t = \frac{2RV_d}{NK_f k_1 a^3} \tag{7-8}$$

式中:R 为颗粒平均半径;N 为水力通道数量。

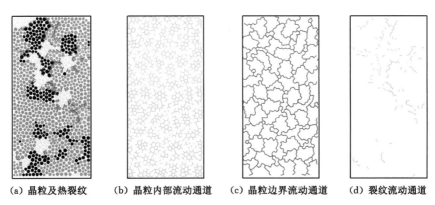

| (a) 晶粒及热裂纹 | (b) 晶粒内部流动通道 | (c) 晶粒边界流动通道 | (d) 裂纹流动通道 |

图 7-2　晶粒花岗岩热处理后试样内不同流动通道分布

由于临界时步 Δt 较小,试样从初始加渗透压到最终渗透平衡需较长时间,为了节约时间,同时防止因初始张开度定义较大导致系统不稳定,本章将裂纹初始流动通道张开度定义为晶粒内部流动通道张开度的 10 倍。由于晶粒边界流动通道张开度介于晶粒内部流动通道张开度及裂纹流动通道张开度之间,将晶粒边界流动通道张开度定义为晶粒内部流动通道张开度的 2 倍。该定义与 Zeng 等[15]将裂纹初始流动通道张开度定义为基质初始流动通道张开度的 10 倍相似。由于本章使用二维程序模拟三维问题，所以主要研究渗透率随围压及温度的变化规律。

7.2 流体细观参数验证

在第 5 章中通过标定室内试验结果已经得到一组细观参数，但该细观参数中的颗粒半径较小，需要较大的计算量。在流-固-热耦合计算过程中需要的计算量明显较大，所以在本章中计算高温后试样的渗流特征时将热模块关闭，同时将颗粒半径提高 3 倍。在标定细观参数前，首先进行细观参数敏感性分析，建立流体细观参数与宏观渗流特征之间的关系。

为了尽量减小流体对试样结构的影响，将进口端压力（p_{in}）设置为 0.5 MPa，而将出口端压力（p_{out}）设置为 0 MPa，如图 7-3 所示。在模拟稳态法测量渗透率的过程中，在试样中心设置渗透率测量线，统计并记录经过测量线上通道的渗透率之和，同时在试样中心位置设置 5 mm 宽测量区，可以记录该测量区平均孔压的变化。由于此处使用二维数值方法模拟三维渗流问题，且本章主要研究温度及围压对渗透率的影响，为了方便描述，此处使用相对渗透率 $\left(k_r = \dfrac{k}{k_{25}}\right)$ 来描述渗透率随温度、围压及时间的变化，其中 k 为任意温度和围压条件下试样稳定渗透率，k_{25} 为常温下无围压条件下试样稳定渗透率。

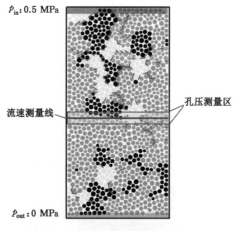

图 7-3　稳态法渗透率测试模型

　　由于渗透细观参数与渗透宏观系数不存在明显的函数关系，所以标定细观参数前要进行细观参数敏感性分析。为了简化细观参数的调试难度，将晶粒内部、晶粒边界及裂纹处的流动通道细观水力传导系数统一设置。本章主要分析细观水力传导系数（k_1）、初始张开度（a_0）、法向作用力（F_0）和流体体积模量（K_f）对宏观渗透率的影响。

　　图 7-4 为不同温度和围压下试样相对渗透率随时间的变化。从图中可以看出不同温度下相对渗透率随时间变化曲线特征存在明显的差异。当 $T = 25\ ℃$ 时，如图 7-4(a)所示，总体上相对渗透率在初始阶段呈上凹形缓慢上升，且随着围压升高上凹段越来越明显。加渗透压后，流体流动到试样中部监测线需要一定时间，所以前期相对渗透率会存在一定空白期。随着围压升高，颗粒之间法向力增大，导致流动通道张开度减小[见式(7-2)]，从而导致流体流动更加困难，下凹段更加明显。其后相对渗透率随时间上升斜率逐渐稳定，同时上升斜率也随着围压升高而不断降低。随着时间增加，相对渗透率增加速率不断降低，最后相对渗透率将趋于稳定。从图中可以看出相对渗透率斜率拐点出现的时间随着围压升高而不断增加，说明围压增加在一定程度上增加了渗透率稳定所需的时间。同时相对渗透率稳定后的数值随着围压升高而不断降低，说明围压增加降低了试样的渗透系数。

　　图 7-4(b)给出了 $600\ ℃$ 高温作用后不同围压下相对渗透率随时间的变化，从图中可以看出总体上相对渗透率随时间变化曲线与 $T = 25\ ℃$ 时相似。在加载初期曲线依然存在上凹段，但相对于 $T = 25\ ℃$ 时不明显。直线上升段依然会随着围压增大而不断减小，但总体上直线段相对 $T = 25\ ℃$ 时短，这主要是由于 $600\ ℃$ 高温作用后试样内热裂纹使得流体更容易流动，提前进入平衡段。后期随时间增加相对渗透率增加速率不断减小，当达到最大值后相对渗透率开始缓慢降低，与 $T = 25\ ℃$ 时存在明显不同。这主要是由于热裂纹在试样内分布不均匀，导致相对渗透率在试样内的分布会随时间和空间产生明显变化。其后随着时间增加相对渗透率缓慢降低，最终达到稳定值。平衡后的相对渗透率依然会随着围压增高不断降低。

　　图 7-5 给出了 $T = 25\ ℃$ 和 $600\ ℃$ 高温作用后不同围压下试样中部孔压随时间的演化，从图中可以看出孔压总体上呈现先缓慢增长、中期匀速上升、后期上升速度逐渐降低并趋于稳定的趋势。随着围压升高平衡所需的时间越来越长，但最终平衡后的孔压基本不受围压的影响。不同温度作用后试样中部孔压变化趋势基本相同，但最终平衡后的孔压有所差距。

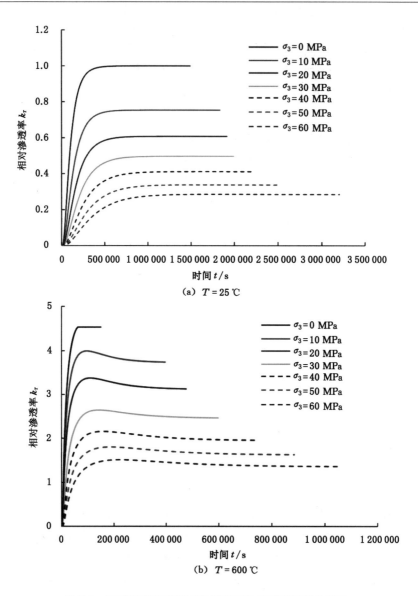

图 7-4　不同温度和围压下试样相对渗透率随时间的变化

图 7-6 给出了 $\sigma_3 = 10$ MPa 下不同温度作用后试样中部相对渗透率和孔压随时间的变化。从图 7-6(a)可以看出:稳定相对渗透率在 $T \leqslant 300$ ℃时变化不大,相对渗透率不断增大并趋于稳定,说明高温对试样渗透特性影响较小,试样内流动通道宽度分布较均匀。而当 $T = 450$ ℃时,稳定相对渗透率有所增大,同

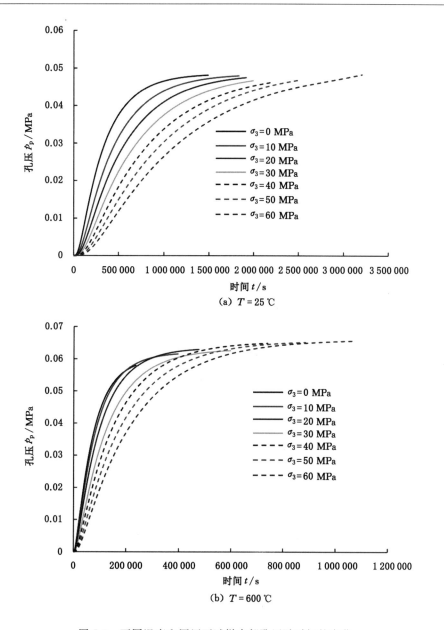

图 7-5　不同温度和围压下试样中部孔压随时间的变化

时当相对渗透率增大至最大值后略有下降,最后达到平稳,说明此时高温增大了
试样的渗透性,并在一定程度上使得试样内流动通道宽度分布有所变化。当
$T=600$ ℃时,稳定相对渗透率明显增大,稳定所需时间明显减小,同时相对渗

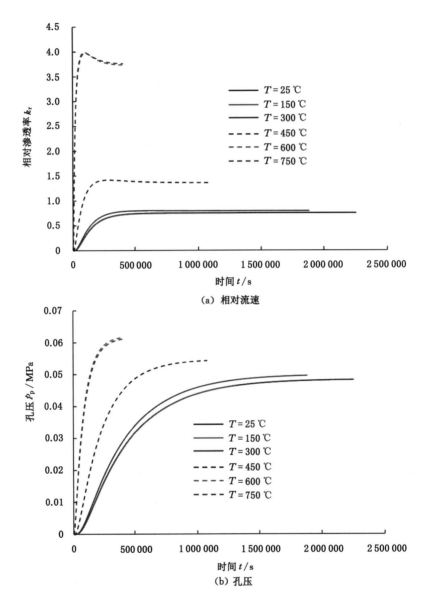

图 7-6　不同温度作用后试样中部相对渗透率及孔压随时间的变化（$\sigma_3 = 10$ MPa）

透率达到最大值后下降趋势更加明显,说明此时高温引入热裂纹导致试样渗透率明显增加,试样内流动通道宽度分布更加不均匀。当 $T = 750$ ℃时,相对于 $T = 600$ ℃试样相对渗透率随时间变化曲线变化不大,说明石英相变导致试样损伤后,继续加热至 750 ℃对试样影响较小,引入的热裂纹较少。

　　图 7-6(b)给出了不同高温作用后试样中部孔压随时间的变化曲线,从图中可以看出:当 $T=150$ ℃时,孔压变化曲线与常温下试样的孔压变化曲线几乎重合。而 $T=300$ ℃时,稳定孔压有所增大,稳定所需时间有所减小。当 $T=450$ ℃时,孔压随时间变化曲线明显变化,稳定孔压明显增大,稳定所需时间明显减小。当 $T=600$ ℃时,稳定孔压继续增大,稳定所需时间继续减小。当 $T=750$ ℃时,孔压随时间变化曲线几乎与 $T=600$ ℃时的重合。从图中可以看出温度不仅改变了孔压平衡所需时间,同时改变了稳定孔压大小,但对曲线特征影响较小。

　　图 7-7 给出了相对渗透率随围压的变化,从图中可以看出随着围压的升高相对渗透率总体呈现非线性降低的趋势,且当 $T{\geqslant}450$ ℃时,随着温度升高其降低速率不断增加,数值模拟结果与室内试验结果相似,但模拟结果中相对渗透率随围压降低幅度明显小于室内试验结果,这主要是由于考虑到计算时间,将 F_0 设置得较大导致的。如上分析,将 F_0 设置得较小可以在一定程度上增加渗透率对围压的敏感程度,但同时增加了计算时间。在保证节约计算时间的基础上,模拟结果在一定程度上反映了渗透率随围压的变化规律。

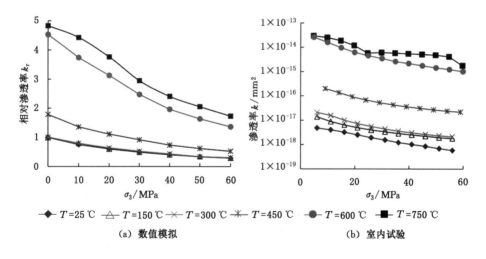

图 7-7　相对渗透率随围压的变化

　　图 7-8 描述了不同高温作用后试样渗透率变化趋势。从图 7-8(a)可以看出当 $T{\leqslant}300$ ℃时相对渗透率变化不大,而从图 7-8(b)可以看出试验结果中的初始渗透率和残余渗透率在 $T=150$ ℃时存在明显的升高。模拟结果不能再现该现象的原因主要是花岗岩加热过程中会伴随水分蒸发,而水分蒸发在一定程度

上会增加氮气在试样中的渗透率。当 $T=450\ ℃$ 时,由于高温在试样中引入的热裂纹较多,渗透率明显上升。当 $T=600\ ℃$ 时,由于石英发生相变,导致试样中热裂纹进一步增加,形成宏观裂纹,渗透率进一步上升。而当 $T=750\ ℃$ 时,由于宏观裂纹形成,导致热应力释放,继续加热裂纹扩展不明显,从而导致渗透率变化不大。随着围压上升,相对渗透率随温度的变化幅度明显减小。对比数值模拟结果和室内试验结果可以看出数值模拟在一定程度上反映了渗透率随温度的变化规律。数值模拟渗透率随温度的变化程度明显小于室内试验结果,主要是考虑计算时间及系统稳定而设置渗透参数所导致。

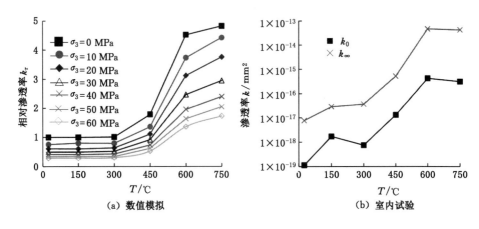

图 7-8　相对渗透率随温度的变化

7.3　不同高温作用后花岗岩细观渗流特征

图 7-9 给出了渗流过程中,$\sigma_3=20\ MPa$、未经高温处理试样中心处相对渗透率及孔压随时间的变化,结合不同距离处试样内孔压演化规律(图 7-10)和相对渗透率及孔压在试样中的分布特征(图 7-11),可以分析未经高温处理试样的渗流特征。图 7-9 中的字母对应于图 7-10 和图 7-11 中的序号;图 7-10 中的距离定义为试样中的点到试样顶端的距离,孔压为该区段的平均值,区段宽度为 2 mm;图 7-11 中第一行为渗透率分布,第二行为孔压分布,图中线段代表晶粒边界接触,相对渗透率和孔压分别使用不同颜色的圆代表,圆的半径与相对渗透率和孔压大小成正比。最大半径对应最大渗透率,最大渗透率随着时间不断变化;最大孔压不变,设置为 0.1 MPa。

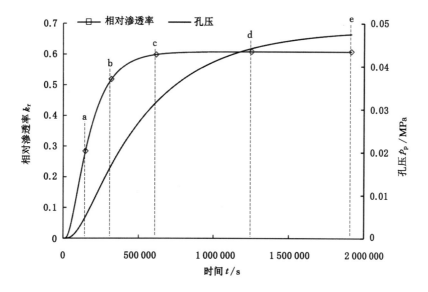

图 7-9 未经高温处理试样中心处相对渗透率及孔压随时间的演化

($T=25$ ℃,$\sigma_3=20$ MPa)

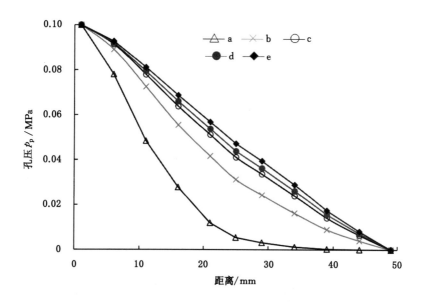

图 7-10 未经高温处理试样孔压随距离的演化($T=25$ ℃,$\sigma_3=20$ MPa)

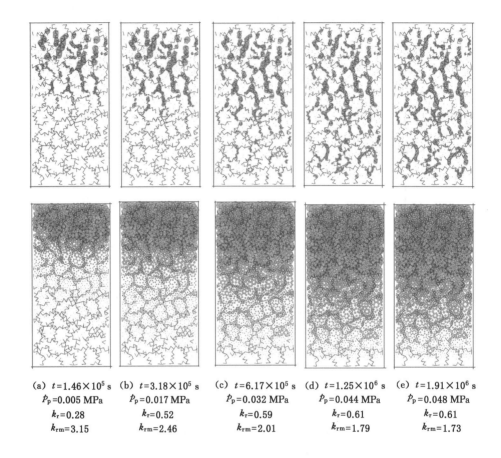

(a) $t=1.46\times10^5$ s　(b) $t=3.18\times10^5$ s　(c) $t=6.17\times10^5$ s　(d) $t=1.25\times10^6$ s　(e) $t=1.91\times10^6$ s
$\dot{p}_p=0.005$ MPa　　$\dot{p}_p=0.017$ MPa　　$\dot{p}_p=0.032$ MPa　　$\dot{p}_p=0.044$ MPa　　$\dot{p}_p=0.048$ MPa
$k_r=0.28$　　　　　$k_r=0.52$　　　　　$k_r=0.59$　　　　　$k_r=0.61$　　　　　$k_r=0.61$
$k_{rm}=3.15$　　　　$k_{rm}=2.46$　　　　$k_{rm}=2.01$　　　　$k_{rm}=1.79$　　　　$k_{rm}=1.73$

图 7-11　未经高温处理试样相对渗透率和孔压在试样内的分布特征
($T=25$ ℃,$\sigma_3=20$ MPa)

从图 7-9 可以看出经过上凹段后,相对渗透率和孔压线性上升,但相对渗透率上升速度明显大于孔压上升速度。当渗流至 a 点($t=1.46\times10^5$ s)时,孔压在试样中非线性分布,孔压在试样上半段下降速度较快,而后缓慢降低。由于此时孔压在上半段梯度较大,此时对应的最大相对渗透率(k_{rm})较大。从图 7-11(a)可以看出此时较大相对渗透率主要分布在试样中上部的晶粒边界上,晶粒内部的渗透率相对较小。孔压分布受晶粒边界渗流通道较小影响,随着距离增大不断减小。当渗流至 b 点($t=3.18\times10^5$ s)时,相对渗透率曲线增速有所降低。孔压在试样中随着距离增大依然呈非线性减小,但相较于 a 点非线性特征有所减弱。由于试样上半段孔压梯度有所减小,所以对应的最大相对渗透率有所降低。而在试样中心处孔压梯度有所增加,所以对应的相对渗透率有所增加。从图 7-11(b)可以看出相对渗透率及孔压的分布范围有所增加,但分布特征基本不变,相对渗透率依然分布在晶粒边界。当渗流至 c 点 $(t=6.17×10^5 s)$ 时,相对渗透率基本平稳。此时对应试样内孔压随着距离增加几乎呈线性降低,由于试样中部孔压梯度进一步增加,所以 c 点相对渗透率进一步升高。相对渗透率此时除了分布在试样上半段,在试样的下半段依然可见有相对渗透率少量分布在晶粒边界,但可以看出渗透率之间不连续。其后随着渗透时间增加,相对渗透率基本稳定,中间位置处孔压增加斜率不断降低,逐渐趋于稳定。孔压在试样中分布线性特征明显增加,后期趋于稳定。相对渗透率在试样下半段不断增加,后期在试样中相对渗透率均匀分布。相对渗透率稳定后可以明显看出相对渗透率主要分布在与渗透压梯度平行的晶粒边界上,形成了连续的渗流通道。孔压在试样中的分布趋于稳定,随着渗流时间基本不变。

图 7-12 给出了 150 ℃ 高温处理后试样中心处相对渗透率及孔压随渗透时间的演化,结合图 7-13 孔压随距离的演化及图 7-14 相对渗透率和孔压在试样内的分布特征,可以分析 150 ℃ 高温处理后试样的渗流特征。此时试样中未产生热裂纹,从图 7-12 可以看出相对渗透率和孔压随时间的演化特征与未经高温处理试样相似。在线性上升段 a 点 $(t=8.77×10^4 s)$,孔压随着距离增加非线性降低,在试样上半段快速降低,后期逐渐趋于稳定。相对渗透率主要分布在试样上半段的晶粒边界上,孔压分布不受晶粒边界的影响,在试样上半段不断减小。渗透至 b 点 $(t=2.58×10^5 s)$ 时,相对渗透率增加速率有所减小,孔压随距离分布非线性特征减弱。相对渗透率和孔压分布范围有所增大,但分布特征不变。其后渗透至 c 点 $(6.31×10^5 s)$,相对渗透率不断趋于稳定,孔压随着距离分布非线性特征不断减弱。相对渗透率开始在试样下半段晶粒边界上离散分布,孔压分布范围进一步增大。其后相对渗透率相对稳定,孔压随距离趋于线性分布。相对渗透率在试样下半段逐渐增大,最终在试样中形成主流动通道。

如图 7-15～图 7-17 所示,300 ℃ 高温处理后试样中出现离散分布的热裂纹,但对试样整体渗透特征影响不大。在初始渗透阶段(a～b 点),相对渗透率几乎线性升高,孔压随着距离增大非线性降低。整体上相对渗透率受热裂纹影响较小,主要分布在试样上半段晶粒边界上。但最大相对渗透率有所增大,说明热裂纹处局部可能出现渗透率较大的情况。孔压同样主要分布在试样上半段。

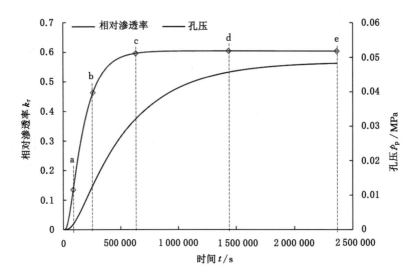

图 7-12　高温处理试样中心处相对渗透率及孔压随时间的演化($T = 150\ ℃,\sigma_3 = 20\ \text{MPa}$)

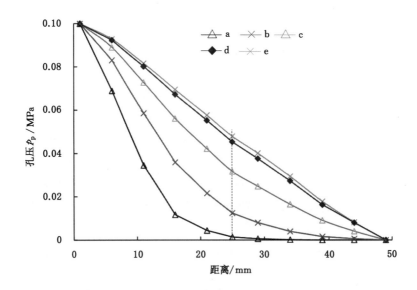

图 7-13　高温处理试样孔压随距离的演化($T = 150\ ℃,\sigma_3 = 20\ \text{MPa}$)

其后相对渗透率趋于稳定,当渗透至 c 点($t = 4.95 \times 10^5$ s)时,孔压随距离趋于线性降低。相对渗透率在试样下半段的晶粒边界上开始随机分布,孔压在试样中的分布范围进一步增大。其后相对渗透率随渗透时间基本不变,试样中部孔

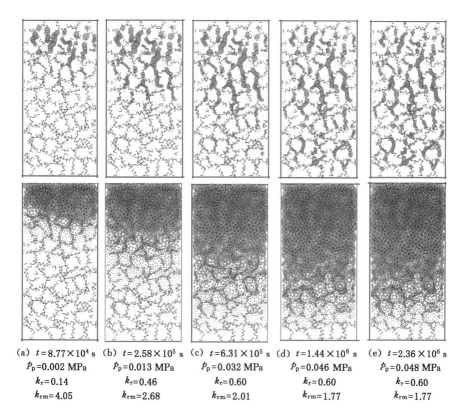

(a) $t=8.77\times10^4$ s
$p_p=0.002$ MPa
$k_r=0.14$
$k_{rm}=4.05$

(b) $t=2.58\times10^5$ s
$p_p=0.013$ MPa
$k_r=0.46$
$k_{rm}=2.68$

(c) $t=6.31\times10^5$ s
$p_p=0.032$ MPa
$k_r=0.60$
$k_{rm}=2.01$

(d) $t=1.44\times10^6$ s
$p_p=0.046$ MPa
$k_r=0.60$
$k_{rm}=1.77$

(e) $t=2.36\times10^6$ s
$p_p=0.048$ MPa
$k_r=0.60$
$k_{rm}=1.77$

图 7-14 高温处理试样相对渗透率和孔压在试样内的分布特征（$T=150$ ℃，$\sigma_3=20$ MPa）

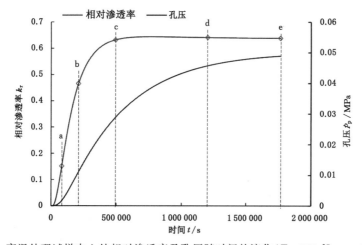

图 7-15 高温处理试样中心处相对渗透率及孔压随时间的演化（$T=300$ ℃，$\sigma_3=20$ MPa）

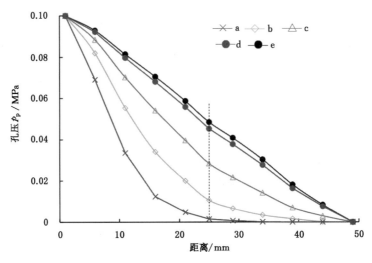

图 7-16　高温处理试样孔压随距离的演化（$T=300$ ℃，$\sigma_3=20$ MPa）

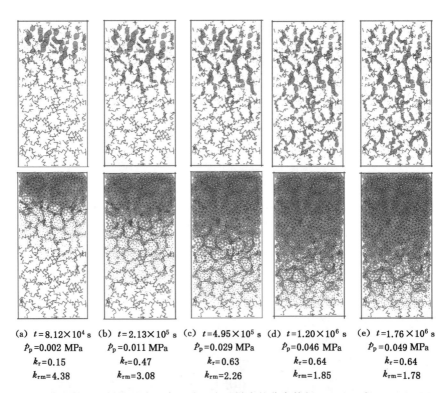

(a) $t=8.12\times10^4$ s 　(b) $t=2.13\times10^5$ s 　(c) $t=4.95\times10^5$ s 　(d) $t=1.20\times10^6$ s 　(e) $t=1.76\times10^6$ s

$p_\mathrm{p}=0.002$ MPa 　$p_\mathrm{p}=0.011$ MPa 　$p_\mathrm{p}=0.029$ MPa 　$p_\mathrm{p}=0.046$ MPa 　$p_\mathrm{p}=0.049$ MPa

$k_\mathrm{r}=0.15$ 　$k_\mathrm{r}=0.47$ 　$k_\mathrm{r}=0.63$ 　$k_\mathrm{r}=0.64$ 　$k_\mathrm{r}=0.64$

$k_\mathrm{rm}=4.38$ 　$k_\mathrm{rm}=3.08$ 　$k_\mathrm{rm}=2.26$ 　$k_\mathrm{rm}=1.85$ 　$k_\mathrm{rm}=1.78$

图 7-17　高温处理试样相对渗透率和孔压在试样内的分布特征（$T=300$ ℃，$\sigma_3=20$ MPa）

压不断趋于稳定,孔压在试样中部几乎呈线性分布。相对渗透率在试样下半段不断增大,最终形成连续的渗流主通道。

如图 7-18～图 7-20 所示,450 ℃高温处理后试样内产生较多的热裂纹,对试样的渗流特征影响较大。当渗透至 a 点($t=5.17×10^4$ s)时,相对渗透率和孔压随时间同样线性增长,孔压随着距离增加非线性降低。相对渗透率主要分布在已经贯通的边界裂纹中,但此时孔压分布受到热裂纹的影响较小,在试样上半段随着距离增加不断减小。渗透至 b 点($t=9.89×10^4$ s)时,相对渗透率随时间增加速率有所降低,试样中部孔压有所上升,孔压随距离分布非线性特征有所减弱。相对渗透率范围有所增大,同样分布在已经贯通的边界裂纹中,孔压范围继续增大。渗透至 c 点($t=2.72×10^5$ s)时,相对渗透率达到最大值,此时孔压随着距离增加几乎线性减小,但存在一定的波动,波动的原因可能是热裂纹在试样中分布不均。渗透至 d 点($t=4.49×10^5$ s)时,相对渗透率基本稳定,并在后期出现略微下降的趋势,并在 e 点($t=6.40×10^5$ s)再次趋于稳定。孔压随距离分布特征不变,但总体上有所上升。相对渗透率和孔压不断向试样下端扩展,相对渗透率分布状态基本不变,但主流动通道的数目在试样下端的数量明显小于上端。主流动通道数目的减少可能是相对渗透率略有降低的原因,下端主流动通道的减少使得试样中部两端的孔压差从 d 点的 0.023 MPa 降低到 e 点的 0.022 MPa,导致相对渗透率降低。

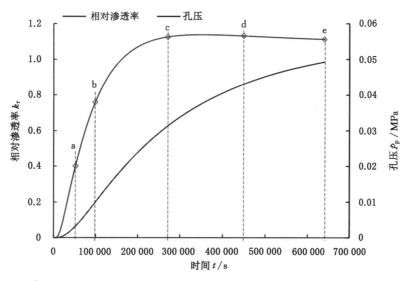

图 7-18　高温处理试样中心处相对渗透率及孔压随时间的演化($T=450$ ℃,$\sigma_3=20$ MPa)

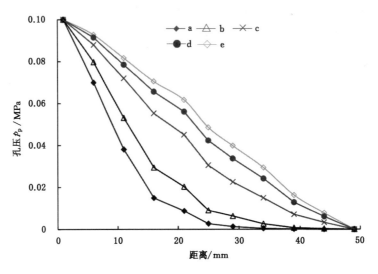

图 7-19　高温处理试样孔压随距离的演化（$T=450$ ℃,$\sigma_3=20$ MPa）

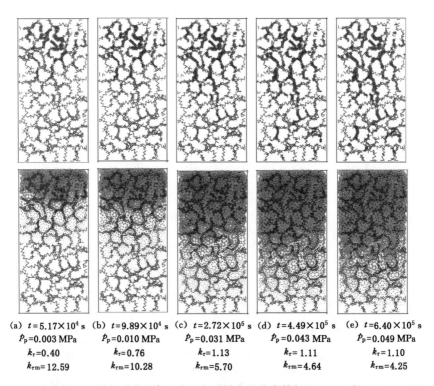

（a）$t=5.17\times10^4$ s	（b）$t=9.89\times10^4$ s	（c）$t=2.72\times10^5$ s	（d）$t=4.49\times10^5$ s	（e）$t=6.40\times10^5$ s
$p_p=0.003$ MPa	$p_p=0.010$ MPa	$p_p=0.031$ MPa	$p_p=0.043$ MPa	$p_p=0.049$ MPa
$k_r=0.40$	$k_r=0.76$	$k_r=1.13$	$k_r=1.11$	$k_r=1.10$
$k_{rm}=12.59$	$k_{rm}=10.28$	$k_{rm}=5.70$	$k_{rm}=4.64$	$k_{rm}=4.25$

图 7-20　高温处理试样相对渗透率和孔压在试样内的分布特征（$T=450$ ℃,$\sigma_3=20$ MPa）

由于 573 ℃时石英会发生相变，导致 600 ℃高温作用后试样中出现大量的热裂纹，进而影响试样的渗透特征。如图 7-21～图 7-23 所示，当渗透至 a 点（4.14×10^3 s）时，孔压随距离增加呈现明显的非线性特征。相对渗透率和孔压分布受到热裂纹的影响较大，主要分布在贯通的热裂纹上。当渗透至 b 点（$t = 2.09 \times 10^4$ s）时，相对渗透率线性增加，孔压随距离增加依然呈下凹形。由于区域 1 和 2 中出现大量的热裂纹，此处较大张开度流动通道数量增多，导致此处渗透率在各个流动通道上有所减小，但总渗透率应与上端相似。由于流动通道数目增多，流体易流动，在该区域的孔压较左右两端有所突出。当渗透至 c 点（$t = 8.81 \times 10^4$ s）时，相对渗透率达到最大值，孔压随距离增加趋于线性减小。相对渗透率沿晶粒边界热裂纹继续扩展至试样下半段，此时孔压受到热裂纹的影响较小。渗透至 d 点（$t = 2.89 \times 10^5$ s）时，相对渗透率开始有所降低，孔压随距离增大呈现明显的上凹形。主流动通道在下端有所减小，孔压分布进一步向试样下端扩展。其后相对渗透率不断减小，并在 e 点（$t = 4.75 \times 10^5$ s）趋于稳定，孔压在试样中总体有所增加，但未改变其分布特征。由于主流动通道在下端的减小，上端相对渗透率总体有所减小。孔压在试样中的分布受到热裂纹的影响较小。

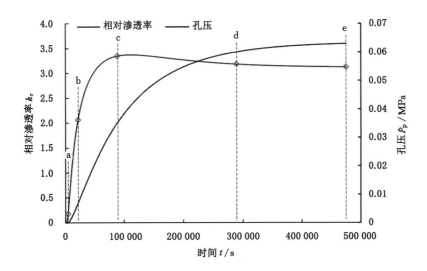

图 7-21　高温处理试样中心处相对渗透率和孔压随时间的演化（$T = 600$ ℃，$\sigma_3 = 20$ MPa）

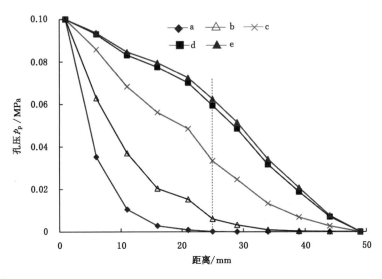

图 7-22　高温处理试样孔压随距离的演化($T = 600$ ℃$,\sigma_3 = 20$ MPa)

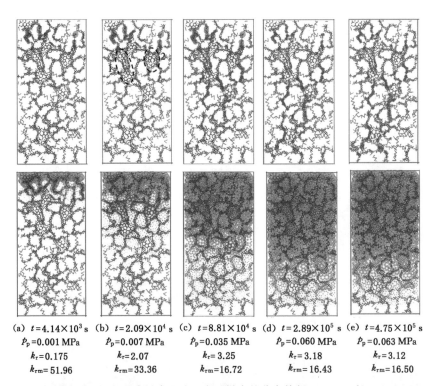

(a) $t = 4.14 \times 10^3$ s　　(b) $t = 2.09 \times 10^4$ s　　(c) $t = 8.81 \times 10^4$ s　　(d) $t = 2.89 \times 10^5$ s　　(e) $t = 4.75 \times 10^5$ s

$p_p = 0.001$ MPa　　　$p_p = 0.007$ MPa　　　$p_p = 0.035$ MPa　　　$p_p = 0.060$ MPa　　　$p_p = 0.063$ MPa

$k_r = 0.175$　　　　　$k_r = 2.07$　　　　　$k_r = 3.25$　　　　　$k_r = 3.18$　　　　　$k_r = 3.12$

$k_{rm} = 51.96$　　　　$k_{rm} = 33.36$　　　　$k_{rm} = 16.72$　　　　$k_{rm} = 16.43$　　　　$k_{rm} = 16.50$

图 7-23　高温处理试样相对渗透率和孔压在试样内的分布特征($T = 600$ ℃$,\sigma_3 = 20$ MPa)

750 ℃高温作用后热裂纹相对 600 ℃时有少量增加,但总体上对试样的渗透特征影响较小,如图 7-24～图 7-26 所示。

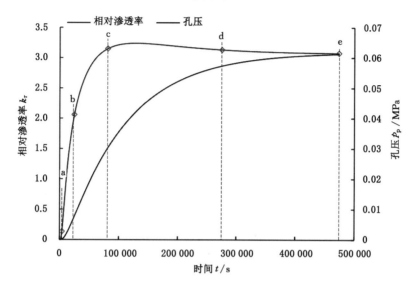

图 7-24　高温处理试样中心处相对渗透率及孔压随时间的演化($T=750$ ℃,$\sigma_3=20$ MPa)

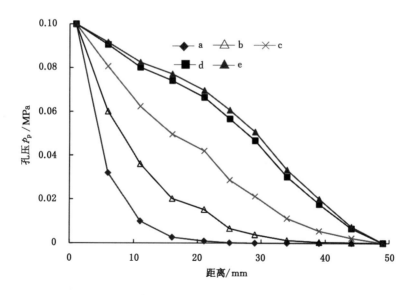

图 7-25　高温处理试样孔压随距离的演化($T=750$ ℃,$\sigma_3=20$ MPa)

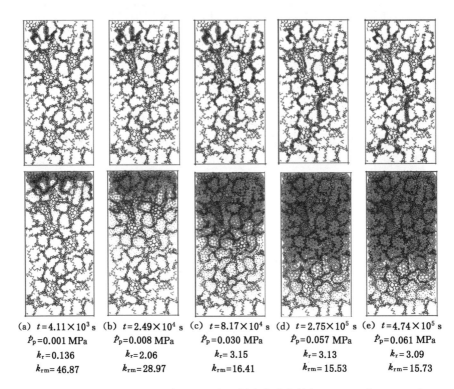

(a) $t=4.11\times10^3$ s   (b) $t=2.49\times10^4$ s   (c) $t=8.17\times10^4$ s   (d) $t=2.75\times10^5$ s   (e) $t=4.74\times10^5$ s

$p_p=0.001$ MPa $p_p=0.008$ MPa $p_p=0.030$ MPa $p_p=0.057$ MPa $p_p=0.061$ MPa

$k_r=0.136$ $k_r=2.06$ $k_r=3.15$ $k_r=3.13$ $k_r=3.09$

$k_{rm}=46.87$ $k_{rm}=28.97$ $k_{rm}=16.41$ $k_{rm}=15.53$ $k_{rm}=15.73$

图 7-26   高温处理试样相对渗流率及孔压在试样内的分布特征（$T=750$ ℃，$\sigma_3=20$ MPa）

  对比不同高温作用后试样渗透特征可以看出，当试样中裂纹较少，不足以形成贯通通道时（$T\leqslant300$ ℃），渗透特征几乎不受热裂纹影响。此时相对渗透率达到最大值后趋于稳定，孔压在试样中随距离增加逐渐由下凹形转变为直线形。渗透率主要分布在平行于孔压梯度方向的晶粒边界上，且在试样整体分布差异较小。孔压在左右方向上分布相对均匀，在流体刚流通的位置可以看到孔压随着晶粒边界到晶粒内部逐渐减小，但在孔压相对稳定的位置晶粒边界及内部孔压分布较均匀。

  当试样中裂纹较多，足以形成贯通通道时（$T\geqslant450$ ℃），渗透特征受热裂纹影响较大。此时相对渗透率达到最大值后会有所减小，后期不断趋于稳定。孔压在试样中随着距离增加由下凹形逐渐转变为直线形，后期会继续转变为上凸形。相对渗透率主要分布在贯通的热裂纹上，随着从上端到下端，主流动通道数目有所减小。这主要是因为上端加渗透压时是对整条线进行加压，所以热裂纹贯通的通道易形成主流动通道；而液体沿着流动通道扩展，对下端贯通通道来说属于点加孔压,当热裂纹贯通通道出现间断时,液体无法进入,从而导致主流动通道不断减少。渗透前期,孔压受到热裂纹的影响较大,主要分布在热裂纹形成的贯通通道两侧,后期孔压在试样中不断扩散,在左右方向上分布逐渐趋于均匀。

图 7-27(a)给出了 $\sigma_3 = 20$ MPa 时不同高温作用后试样中最大相对渗透率随序号的变化,序号即为图 7-10～图 7-26 中取点的顺序,代表时间增加。从图中可以看出总体上相对最大渗透率随序号增加非线性降低,后期趋于稳定,说明试样在前期渗透过程中会出现较大的最大相对渗透率,后期不断降低并趋于稳定。当 $T \leqslant 300$ ℃时,高温对最大相对渗透率的影响较小,同时随序号降低不明显;当 $T = 450$ ℃时,最大相对渗透率总体有所增加,随序号降低速率有所增加;当 $T \geqslant 600$ ℃时,最大相对渗透率进一步上升,同时降低速率也同步上升。最大相对渗透率稳定点一般对应试样整体渗透率相对稳定点,说明当整体渗透率相对稳定时,对应的最大相对渗透率也会出现稳定。

图 7-27(b)给出了渗透率最终稳定后不同高温作用后最大相对渗透率随围压的变化,从图中可以看出最大相对渗透率随围压增加呈非线性减小。当 $T \leqslant$ 300 ℃时,温度对最大相对渗透率影响较小;而当 $T = 450$ ℃和 600 ℃时,最大相对渗透率有所增加,同时随着最大相对渗透率增加,其随围压的降低速率有所增加;当 $T = 750$ ℃时,其最大相对渗透率几乎与 $T = 600$ ℃时相同。

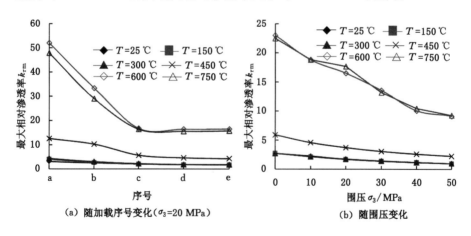

(a) 随加载序号变化($\sigma_3 = 20$ MPa)　　(b) 随围压变化

图 7-27　高温处理试样内最大相对渗透率随加载序号及围压的变化

图 7-28 给出了不同围压条件下高温处理试样渗透稳定后孔压随距离的变化,从图中可以看出当 $T = 25$ ℃时稳定后孔压随距离增加几乎线性减小,而当

$T=600$ ℃时孔压随距离的变化表现为明显的非线性。但从图中还可以看出围压对试样内最终稳定后孔压的分布影响不大,说明围压虽然在一定程度上影响试样的渗透率,但对孔压的最终分布影响不大。

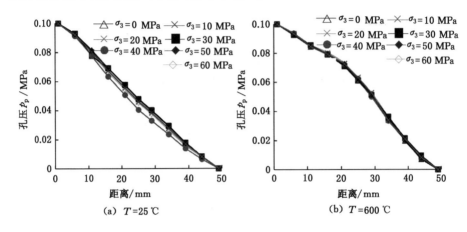

(a) $T=25$ ℃   (b) $T=600$ ℃

图 7-28   不同围压条件下高温处理后试样内孔压随距离的变化

图 7-29 给出了 $\sigma_3=20$ MPa 时不同高温处理试样内孔压随距离的变化,从图中可以看出:当 $T\leqslant300$ ℃时,试样内孔压随距离线性减小,不同温度下孔压曲线相互重合;当 $T=450$ ℃时,孔压在试样中的分布总体变化不大,只在试样中部出现少许上凸;而当 $T\geqslant600$ ℃时,孔压在试样中部上凸更加明显。从上述分析可以看出孔压的分布受到试样内流动通道的分布特征影响较大,而试样内流动通道同时减小或者增大对孔压分布影响不大。

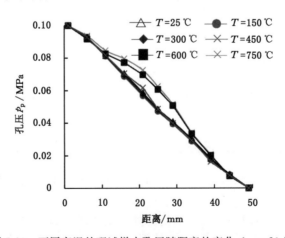

图 7-29   不同高温处理试样内孔压随距离的变化($\sigma_3=20$ MPa)

　　图 7-30 为不同围压下高温处理试样内稳定渗透率的分布特征,从图中可以看出高温会对渗透率的分布产生影响,而围压虽然对渗透率的大小产生影响,但对渗透率的分布特征影响不大。当 $T \leqslant 300$ ℃时,试样中虽然会存在一定数量的热裂纹,但并不能贯通形成连续渗流通道,渗透率主要分布在晶粒边界;当 $T = 450$ ℃时,高温引入大量的晶粒边界裂纹,并形成连续的渗流通道,渗透率主要分布在连续的渗流通道上,由于热裂纹贯通的连续渗流通道相较于晶粒边界贯穿的连续通道少,所以 $T = 450$ ℃时试样内的主流动通道数目有所减少;当 $T \geqslant 600$ ℃时,由于石英相变,在试样内出现较多的穿晶裂纹,进而出现了较宽的流动通道,而穿晶裂纹并不连续,当流体经过较宽的穿晶裂纹后再经过晶粒边界裂纹形成的流体通道时,穿晶裂纹形成的流体通道里的流体渗透率会有所降低,进而渗透率在试样中表现为明显的非均匀特征。

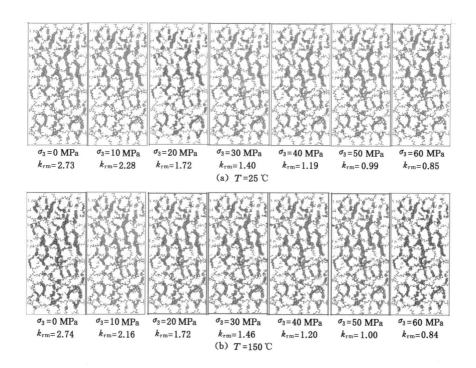

$\sigma_3 = 0$ MPa	$\sigma_3 = 10$ MPa	$\sigma_3 = 20$ MPa	$\sigma_3 = 30$ MPa	$\sigma_3 = 40$ MPa	$\sigma_3 = 50$ MPa	$\sigma_3 = 60$ MPa
$k_{rm} = 2.73$	$k_{rm} = 2.28$	$k_{rm} = 1.72$	$k_{rm} = 1.40$	$k_{rm} = 1.19$	$k_{rm} = 0.99$	$k_{rm} = 0.85$

(a) $T = 25$ ℃

$\sigma_3 = 0$ MPa	$\sigma_3 = 10$ MPa	$\sigma_3 = 20$ MPa	$\sigma_3 = 30$ MPa	$\sigma_3 = 40$ MPa	$\sigma_3 = 50$ MPa	$\sigma_3 = 60$ MPa
$k_{rm} = 2.74$	$k_{rm} = 2.16$	$k_{rm} = 1.72$	$k_{rm} = 1.46$	$k_{rm} = 1.20$	$k_{rm} = 1.00$	$k_{rm} = 0.84$

(b) $T = 150$ ℃

图 7-30　不同围压下高温处理试样内稳定渗透率的分布特征

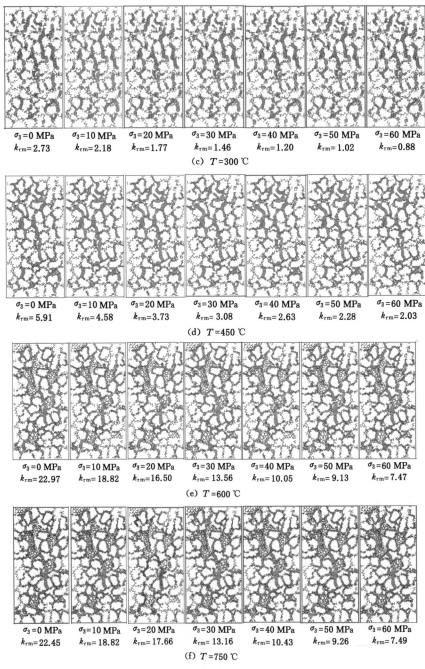

$\sigma_3=0$ MPa　$\sigma_3=10$ MPa　$\sigma_3=20$ MPa　$\sigma_3=30$ MPa　$\sigma_3=40$ MPa　$\sigma_3=50$ MPa　$\sigma_3=60$ MPa
$k_{rm}=2.73$　　$k_{rm}=2.18$　　$k_{rm}=1.77$　　$k_{rm}=1.46$　　$k_{rm}=1.20$　　$k_{rm}=1.02$　　$k_{rm}=0.88$

(c) $T=300$ ℃

$\sigma_3=0$ MPa　$\sigma_3=10$ MPa　$\sigma_3=20$ MPa　$\sigma_3=30$ MPa　$\sigma_3=40$ MPa　$\sigma_3=50$ MPa　$\sigma_3=60$ MPa
$k_{rm}=5.91$　　$k_{rm}=4.58$　　$k_{rm}=3.73$　　$k_{rm}=3.08$　　$k_{rm}=2.63$　　$k_{rm}=2.28$　　$k_{rm}=2.03$

(d) $T=450$ ℃

$\sigma_3=0$ MPa　$\sigma_3=10$ MPa　$\sigma_3=20$ MPa　$\sigma_3=30$ MPa　$\sigma_3=40$ MPa　$\sigma_3=50$ MPa　$\sigma_3=60$ MPa
$k_{rm}=22.97$　$k_{rm}=18.82$　$k_{rm}=16.50$　$k_{rm}=13.56$　$k_{rm}=10.05$　$k_{rm}=9.13$　　$k_{rm}=7.47$

(e) $T=600$ ℃

$\sigma_3=0$ MPa　$\sigma_3=10$ MPa　$\sigma_3=20$ MPa　$\sigma_3=30$ MPa　$\sigma_3=40$ MPa　$\sigma_3=50$ MPa　$\sigma_3=60$ MPa
$k_{rm}=22.45$　$k_{rm}=18.82$　$k_{rm}=17.66$　$k_{rm}=13.16$　$k_{rm}=10.43$　$k_{rm}=9.26$　　$k_{rm}=7.49$

(f) $T=750$ ℃

图 7-30 （续）

由于围压及高温对试样中孔压分布影响较小,此处将不对围压及温度对孔压分布的影响进行单独讨论。同时由于围压虽然在一定程度上影响渗透率的大小,但对其渗流特征影响不大,所以此处也省略对围压对渗流特征影响的讨论。

7.4　本章小结

本章在考虑晶粒内部、晶粒边界及裂纹渗透特征差异的基础上,对原有流固耦合算法进行了改进,模拟了不同高温作用后花岗岩试样在不同围压下的渗透特征,主要得到如下结论:

(1)综合考虑计算效率和计算精度,得到了一组可以反映高温及围压对花岗岩试样渗透特征影响的渗流细观参数。试样稳定渗透率随着围压总体表现为非线性降低的趋势,其随温度变化特征与试验结果相似。

(2)相对渗透率随着时间总体上呈现先缓慢增加、再线性稳定增加、后减速增加并在后期逐渐趋于稳定的趋势。随着围压增加,相对渗透率稳定时间不断增加,线性上升段斜率及最终稳定后相对渗透率不断降低。当 $T \leqslant 300$ ℃时,高温对相对渗透率随时间的变化影响不大,而当 $T \geqslant 450$ ℃时,相对渗透率稳定时间不断减小,线性上升段斜率及最终稳定相对渗透率明显增加,且相对渗透率曲线在达到最大值后会出现降低后再稳定的特征。

(3)当 $T \leqslant 300$ ℃时,渗透率主要分布在晶粒边界上,其形成的通道与孔压梯度平行;当 $T = 450$ ℃时,高温引入大量的晶粒边界裂纹,并形成连续的渗流通道,渗透率主要分布在连续的渗流通道上;当 $T \geqslant 600$ ℃时,在试样内出现较多的穿晶裂纹,进而出现了较宽的流动通道,而穿晶裂纹并不连续,当流体经过较宽的穿晶裂纹后再经过晶粒边界裂纹形成的流体通道时,穿晶裂纹形成的流体通道里的流体渗透率会有所降低,进而渗透率在试样中表现为明显的非均匀特征。由于晶粒边界及穿晶裂纹形成的流动通道并不能保证完全连续,所以会出现渗透率在达到最大值后再降低的现象。

参考文献

[1] TANG C A, THAM L G, LEE P K K, et al.Coupled analysis of flow, stress and damage（FSD）in rock failure［J］.International journal of rock mechanics and mining sciences, 2002, 39(4): 477-489.

[2] LIU Q Q,CHENG Y P,WANG H F,et al.Numerical assessment of the effect of equilibration time on coal permeability evolution characteristics [J].Fuel,2015,140:81-89.

[3] ALEMDAG S. Assessment of bearing capacity and permeability of foundation rocks at the Gumustas Waste Dam Site (NE Turkey) using empirical and numerical analysis[J].Arabian journal of geosciences,2015,8 (2):1099-1110.

[4] KJØLLER C,TORSÆTER M,LAVROV A,et al.Novel experimental/ numerical approach to evaluate the permeability of cement-caprock systems[J]. International journal of greenhouse gas control, 2016, 45: 86-93.

[5] CAO C. Transient surface permeability test: experimental results and numerical interpretation [J]. Construction and building materials, 2017, 138:496-507.

[6] CAO C. Numerical interpretation of transient permeability test in tight rock[J].Journal of rock mechanics and geotechnical engineering,2018,10 (1):32-41.

[7] XIONG F,JIANG Q H,CHEN M X.Numerical investigation on hydraulic properties of artificial-splitting granite fractures during normal and shear deformations[J].Geofluids,2018,2018:9036028.

[8] OGATA S,YASUHARA H,KINOSHITA N,et al.Modeling of coupled thermal-hydraulic-mechanical-chemical processes for predicting the evolution in permeability and reactive transport behavior within single rock fractures[J].International journal of rock mechanics and mining sciences, 2018,107:271-281.

[9] LIU R C,LI B,JIANG Y J,et al.A numerical approach for assessing effects of shear on equivalent permeability and nonlinear flow characteristics of 2-D fracture networks[J].Advances in water resources,2018,111:289-300.

[10] DAISH C,BLANCHARD R,PIROGOVA E,et al.Numerical calculation of permeability of periodic porous materials:application to periodic arrays of spheres and 3D scaffold microstructures[J].International journal for numerical methods in engineering,2019,118(13):783-803.

[11] YAO C,JIANG Q H,SHAO J F.A numerical analysis of permeability evolution in rocks with multiple fractures[J].Transport in porous media,

2015,108(2):289-311.

[12] CHEN W,KONIETZKY H,LIU C,et al.Hydraulic fracturing simulation for heterogeneous granite by discrete element method[J].Computers and geotechnics,2018,95:1-15.

[13] TAN X,KONIETZKY H.Numerical simulation of permeability evolution during progressive failure of Aue granite at the grain scale level[J]. Computers and geotechnics,2019,112:185-196.

[14] MANSOURI M,DELENNE J Y,SERIDI A,et al.Numerical model for the computation of permeability of a cemented granular material[J]. Powder technology,2011,208(2):532-536.

[15] ZENG W, YANG S Q, TIAN W L, et al. Numerical investigation on permeability evolution behavior of rock by an improved flow-coupling algorithm in particle flow code[J].Journal of Central South University, 2018,25(6):1367-1385.

[16] HAZZARD J F, YOUNG R P, OATES S J. Numerical modeling of seismicity induced by fluid injection in a fractured reservoir[C]//Mining and Tunnel Innovation and Opportunity, Proceedings of the 5th North American Rock Mechanics Symposium, Toronto, Canada. [S. l.: s. n.]: 2002:1023-1030.

[17] AL-BUSAIDI A,HAZZARD J F,YOUNG R P.Distinct element modeling of hydraulically fractured Lac du Bonnet granite[J].Journal of geophysical research:solid earth,2005,110(B6):B06302.

[18] ZHAO X P,YOUNG R P.Numerical modeling of seismicity induced by fluid injection in naturally fractured reservoirs[J].Geophysics,2011,76 (6):WC167-WC180.

[19] ZHOU J, ZHANG L Q, BRAUN A, et al. Numerical modeling and investigation of fluid-driven fracture propagation in reservoirs based on a modified fluid-mechanically coupled model in two-dimensional particle flow code[J].Energies,2016,9(9):699.

[20] MATTHÄI S K, BELAYNEH M. Fluid flow partitioning between fractures and a permeable rock matrix[J].Geophysical research letters, 2004,31(7):L07602.

第8章 结论与展望

8.1 结论

本书以高放核废料地质处置为工程背景,以花岗岩为研究对象,借助岩石高温高压三轴试验系统、导热系数测量系统、声发射监测系统、低频核磁共振系统及岩石全自动气体渗透率测试系统,采用室内试验、理论分析和数值模拟相结合的研究方法,探讨了温度、围压及加载路径对花岗岩物理参数、力学参数、破裂模式、渗透率及细观裂纹分布特征的影响规律,主要得到以下结论:

(1) 高温对花岗岩三轴强度及变形特征的影响。

① 随着温度的升高,细晶花岗岩和粗晶花岗岩的高度和直径变化率逐渐升高,质量和密度变化率逐渐降低。当温度低于 200 ℃时,矿物中的附着水与层间弱结合水会失去,导致试样质量发生变化。当温度为 400 ℃左右时黑云母发生的氧化现象以及温度在 573 ℃时发生的 α-石英与 β-石英的相变导致试样的高度、直径和体积发生快速变化,矿物的结晶水和结构水发生脱水现象,加速了岩石质量变化率的降低。当温度超过 600 ℃时,矿物中的部分化学键发生断裂,严重破坏了试样的结构,使其发生了相应的物理性质的变化。

② 运用 SEM 微观测试技术,对高温作用后花岗岩的微观结构进行研究,结果表明试样损伤程度随着温度的升高而不断加剧:温度为 200 ℃左右时只出现极少微裂纹;温度达到 400 ℃后微裂纹数量有所增多,此时微裂纹为沿晶裂纹;当温度升高至 600 ℃、800 ℃时,由于岩石矿物的严重脱水和部分化学键发生断裂,试样内部出现了大量微裂纹,此时微裂纹中同时含有沿晶裂纹和穿晶裂纹。

(2) 高温后花岗岩循环加卸载强度及变形破裂研究。

① 三轴循环加卸载应力-应变曲线与单调加载应力-应变曲线吻合较好,但循环加卸载条件下试样的峰后残余强度较单调加载时的更加明显,这主要是由于循环加卸载在峰后应力下降过程中是分阶段的,导致应力释放不充分,同时形

成的宏观裂纹更加复杂,且表面更加粗糙。

② 在低围压和高温处理后,弹性模量上升后稳定和缓慢降低阶段明显缩短,这主要是由于此时试样一旦出现损伤较容易出现破坏。泊松比呈现先缓慢增加、后快速增加、最后基本稳定甚至出现下降的趋势。其后期出现稳定和下降趋势的原因为:宏观裂纹形成后,使得试样沿宏观裂纹面滑移,同时一定程度上降低了竖向裂纹的张开与闭合,导致弹性阶段环向变形减小并趋于稳定。

③ 轴向对试样的做功及耗散能与能量释放随着循环次数增加呈现先缓慢增加、后快速增加、最后再次缓慢增加的趋势,围压对加载前期耗散能的影响规律不明显,但明显增加快速上升段和最后稳定上升段的斜率。600 ℃高温处理后花岗岩的耗散能和应变能释放之和增多,但应变能明显降低,说明高温增加了晶粒之间的摩擦而降低了试样存储应变能的能力。

(3) 高温损伤后花岗岩渗透及裂纹特征研究。

① 初始渗透率和残余渗透率随温度的演化特征相似,在 25～300 ℃变化不大,在 300～600 ℃突增,而在 600～750 ℃再次稳定。孔隙率在 25～300 ℃变化不大,在 450 ℃开始有所上升,而在 450～600 ℃突增,并在 600～750 ℃进入稳定阶段。地层因数在 25～150 ℃有所上升,在 150～600 ℃快速下降,在600～750 ℃维持较小值。

② 裂纹半径和张开度在 150 ℃时有所升高,而裂纹密度和连通率有所降低,综合考虑花岗岩晶粒摩擦系数的升高,所以导致花岗岩渗透率、强度、弹性模量都会有所上升。$T = 300$ ℃时,裂纹张开度和半径有所降低,而裂纹密度和连通率有所升高,导致花岗岩渗透率上升,而强度和弹性模量变化不大。当 $T = 450$ ℃时,裂纹张开度、半径和连通率都有所上升,导致花岗岩渗透率上升,强度和弹性模量下降。当 $T = 600$ ℃时,由于石英发生相变,裂纹张开度、密度和连通率快速上升,导致花岗岩渗透率急剧上升,强度及弹性模量快速下降。当 $T = 750$ ℃时,裂纹密度和连通率上升速率放缓,导致花岗岩渗透率、强度和弹性模量变化不明显。建立了花岗岩强度及弹性模量随裂纹连通率的指数关系式,结果表明拟合结果与试验结果吻合较好。

③ 根据裂纹体积柔量随有效应力的变化关系,推导了裂纹张开度随有效应力的变化关系,得到的裂纹初始张开度和裂纹初始体积柔量存在较好的线性关系。残余孔隙率在 $T \leqslant 300$ ℃时变化不明显,在 $T = 450$ ℃时开始增大,其后随着温度升高快速增加。高温作用后花岗岩地层因数随着有效应力总体上呈现线性增长,斜率和截距随着温度升高总体上呈现下降趋势。花岗岩导热系数随有效应力呈

现非线性增加趋势,随着温度增加,导热系数有所降低,但对有效应力越来越敏感。

(4) 高温损伤后花岗岩常规三轴变形破坏细观机理。

① 构建的 GBM 单元可以较好地模拟花岗岩常规三轴压缩宏观力学行为,模拟得到的应力-应变曲线、强度参数、变形参数及试样的最终破裂模式与试验结果吻合较好。围压在一定程度上抑制了晶粒边界拉伸裂纹的扩展,而促进了穿晶拉伸裂纹扩展,导致试样的剪切特征随着围压增大而越来越明显。

② 高温作用后,当 $T \leqslant 300$ ℃时,微裂纹在试样内随机分布;当 $T = 450$ ℃时,微裂纹贯通形成明显的宏观裂纹;而当 $T \geqslant 600$ ℃时,晶粒周围裂纹贯通,同时在石英晶粒中出现明显的穿晶拉伸裂纹。单轴压缩下,随着温度升高,试样的破裂过程受到热裂纹的影响越来越大,但试样在峰后一般表现为穿晶拉伸裂纹导致的宏观劈裂破坏为主。

③ 数值模拟得到的花岗岩三轴压缩应力-应变曲线、峰值强度、损伤阈值、弹性模量、泊松比及最终破裂模式随温度及围压的变化与室内试验结果相同。当 $T \geqslant 600$ ℃时,随着围压升高试样峰后表现为明显的脆性特征。当 $T \leqslant 450$ ℃时,试样在三轴压缩下一般由多条剪切裂纹共同主导破坏;而当 $T \geqslant 600$ ℃时,试样一般由单一剪切裂纹主导破坏。

(5) 高温损伤后花岗岩循环加卸载变形破坏细观机理。

① 采用 PFC 中的 GBM 单元构建了花岗岩试样,开展了高温作用后常规三轴压缩及循环加卸载试验模拟,通过模拟获得的高温后花岗岩循环加卸载试验应力-应变曲线、弹性模量及最终破裂模式随温度及围压的演化与室内试验结果吻合较好。

② 弹性模量随循环次数变化主要分为峰前阶段、峰后破裂阶段及残余强度阶段。600 ℃处理后试样内存在大量热裂纹,弹性模量在峰前阶段会存在明显上升阶段,且对围压更加敏感。

③ 未经高温处理花岗岩在三轴压缩初始阶段主要产生晶粒边界裂纹,其后穿晶裂纹占主导地位。进入残余强度后,剪切带两侧反复摩擦,导致大量晶粒脱落。

④ 600 ℃高温处理后,单轴循环加卸载过程都会对应微裂纹增加(主要增加晶粒边界裂纹),所以循环加卸载峰值强度较单调加载的明显降低。高围压限制了卸载过程中微裂纹数目增加及 Felicity 效应,循环加卸载峰值强度与单调加载的差距明显减小。同时由于热处理导致晶粒强度降低,剪切带两侧反复摩擦,产生大量穿晶裂纹。

(6) 高温损伤后花岗岩渗流细观机理。

① 在考虑晶粒内部、晶粒边界及裂纹处渗流特征差异的基础上,对原有流固耦合算法进行改进,模拟了不同高温作用后花岗岩试样在不同围压下的渗流特征。综合考虑计算效率,得到了一组可以反映高温及围压对花岗岩试样渗流特征影响的渗流细观参数。

② 相对渗透率随时间总体上呈现先缓慢增加、再线性增加、后减速增加并在后期逐渐趋于稳定的趋势。随着围压增加,相对渗透率稳定时间不断增加,线性上升段斜率及最终稳定后相对渗透率不断降低。当 $T \leqslant 300$ ℃时,高温对相对渗透率随时间的变化影响不大;而当 $T \geqslant 450$ ℃时,相对渗透率稳定时间不断减小,线性上升段斜率及最终稳定相对渗透率明显增加,且相对渗透率曲线在达到最大值后会出现降低后再稳定的特征。

③ 当 $T \leqslant 300$ ℃时,渗透率主要分布在晶粒边界上;当 $T \geqslant 450$ ℃时,高温引入大量的晶粒边界裂纹及穿晶裂纹,并形成连续的渗流通道,渗透率主要分布在连续的渗流通道上,由于晶粒边界裂纹及穿晶裂纹形成的流动通道并不能保证完全连续,所以会出现渗透率在达到最大值后再降低的现象。围压对试样内渗透率分布和孔压分布特征影响较小。

8.2 展望

本书在室内试验、理论分析和数值模拟等方面展开了一系列研究工作,研究结论对高放核废料处置库安全稳定运行具有重要的理论意义和参考价值。但是,花岗岩 THM 耦合作用效应及机制是一个非常复杂的问题,同时由于笔者在试验条件和研究水平的限制,尚有诸多不足之处有待进一步探索。

(1)限于试验条件,本书仅对高温处理后试样进行了力学及渗透试验,但高温处理后试样与实时高温工况还存在一定差距。未来将改进或研制实时高温三轴压缩设备,建立实时高温与高温处理后岩石力学行为之间的关系;进行实时高温环境下渗透试验,研究岩石在不同渗透介质、高温环境下的渗透特征。

(2)本书数值模拟中 THM 耦合属于弱耦合,未考虑渗透介质对试样的弱化、渗透介质与岩石之间的热交换及高温作用过程中水分蒸发的影响。在未来的研究中逐渐完善 THM 耦合算法,使其尽可能真实地反映现场工况。

(3)由于离散元模拟算法需要较大的工作量,目前工作主要集中在细观层面上的分析研究。未来要结合有限元计算速度较快的特点,耦合有限元和离散元,逐渐向工程应用靠拢。